居住的理想

建筑师的住宅设计手稿

美しい住まいのしつらえ

（日）丸山弹 著
谷文诗 译

日本当代**人气建筑师**手绘拆解
令人憧憬的住宅设计方法

于家中感受**四时流转**，
泥土、绿树、清风为伴，
享受**远离琐碎**日常的居住时光

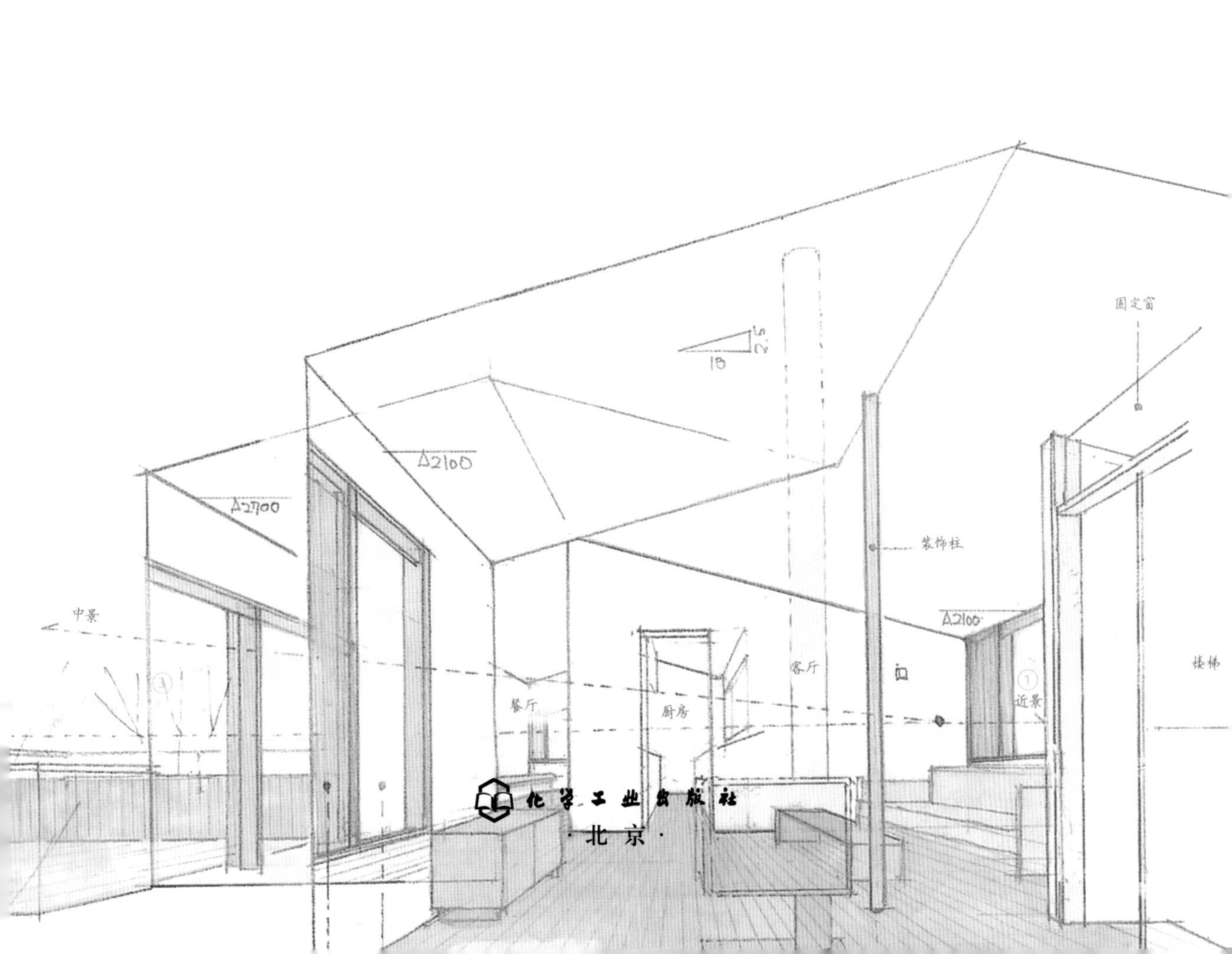
固定窗
Δ2100
Δ2700
装饰柱
中景
客厅
餐厅
厨房
楼梯
近景

化学工业出版社
·北京·

内容简介

本书精选当代日本优秀的住宅设计实例，剖析日本建筑师那些令人惊叹的设计手法。全书分为五个部分，从住宅布局、客厅和餐厅布置、厨卫区域的布置，到私人空间的布置，以及楼梯与走廊的设计手法等。图解式的内容讲述，每一个知识点都配有建筑师手绘的分析图，力求能让读者直观地感受设计者的构思，仿佛与建筑师本人面对面交流一般，加深理解与感悟。书中所有的案例均是实际落成的项目，没有不切实际的设计概念。每栋建筑物都是设计师根据业主需求打造出的定制化住宅，读者可以从中学到实用的设计指导。

无论是建筑设计的初学者，还是想要提高设计水准的住宅设计师，又或是自建住宅的业主，相信都能从本书中得到启发。

北京市版权局著作权合同登记号：01-2021-3837

图书在版编目（CIP）数据

居住的理想：建筑师的住宅设计手稿 /（日）丸山弹著；谷文诗译. -- 北京：化学工业出版社，2024.8
ISBN 978-7-122-45607-6

Ⅰ.①居… Ⅱ.①丸… ②谷… Ⅲ.①住宅－建筑设计 Ⅳ.①TU241

中国国家版本馆 CIP 数据核字（2024）第 092086 号

责任编辑：孙梅戈　　文字编辑：刘　璐　　封面设计：韩　飞
责任校对：王鹏飞　　装帧设计：对白设计

出版发行：化学工业出版社（北京市东城区青年湖南街 13 号　邮政编码 100011）
印　　装：北京军迪印刷有限责任公司
787mm×1092mm　1/16　印张 10¼　字数 240 千字　2024 年 9 月北京第 1 版第 1 次印刷

购书咨询：010-64518888　　售后服务：010-64518899
网　　址：http://www.cip.com.cn
凡购买本书，如有缺损质量问题，本社销售中心负责调换。

定　　价：89.00 元

目录

Contents

第1章 借助周边环境优势打造舒适住宅　1

第2章 如何布置客厅与餐厅　33

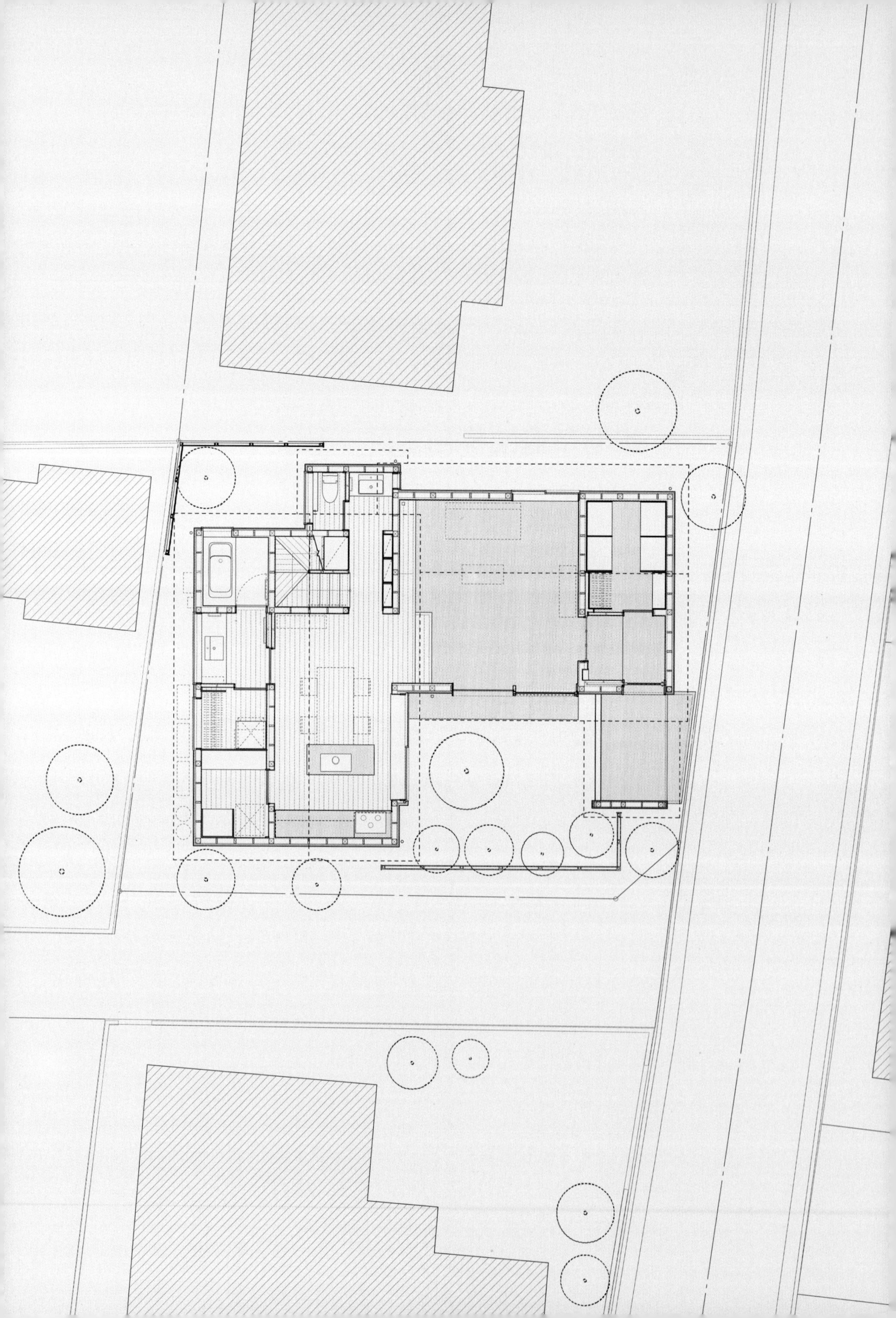

第1章 借助周边环境优势打造舒适住宅

在设计住宅时，我们首先要考虑的是如何在屋外创造留白。在一栋舒适宜居的住宅内，居住者的视线不会是毫无变化的直线，而是存在着高低起伏。想要令视线灵活多变，就必须在窗外创造留白空间。

室外留白与室内空间相辅相成，二者在面积上要保持比例和谐。人坐卧休息的位置（沙发或椅子）要与窗户保持适当距离，同时在窗外留白，使留白区成为室内空间与外部环境的缓冲地带，如此既可以确保居住者能够以舒适、自然的状态欣赏窗外风景，又不用担心开窗时会暴露室内隐私。

设计住宅的第一步就是在图纸上划定两个区域——居住区与留白区。要在综合考虑日照以及周边环境等因素的基础上，思考将居住区建在何处，将与居住区相对应的留白区建在何处，室内外区域面积比例是否和谐等问题。

如果要建造多个居住区，还需要考虑能否在室外设置多个与之对应的留白区。若室外留白面积较大时又该如何处理人坐卧休息的位置（沙发或椅子）与窗户之间的距离等问题。这些都是设计区域规划、空间结构、室内布局时的基础性工作。

此外，由于日本多雨，房檐必须伸出外墙墙面，屋顶的形状也必须方便雨水下流。正对留白区域的窗户，需设计下斜的窗檐，使得住宅整体外形与周边环境更好地融合在一起。

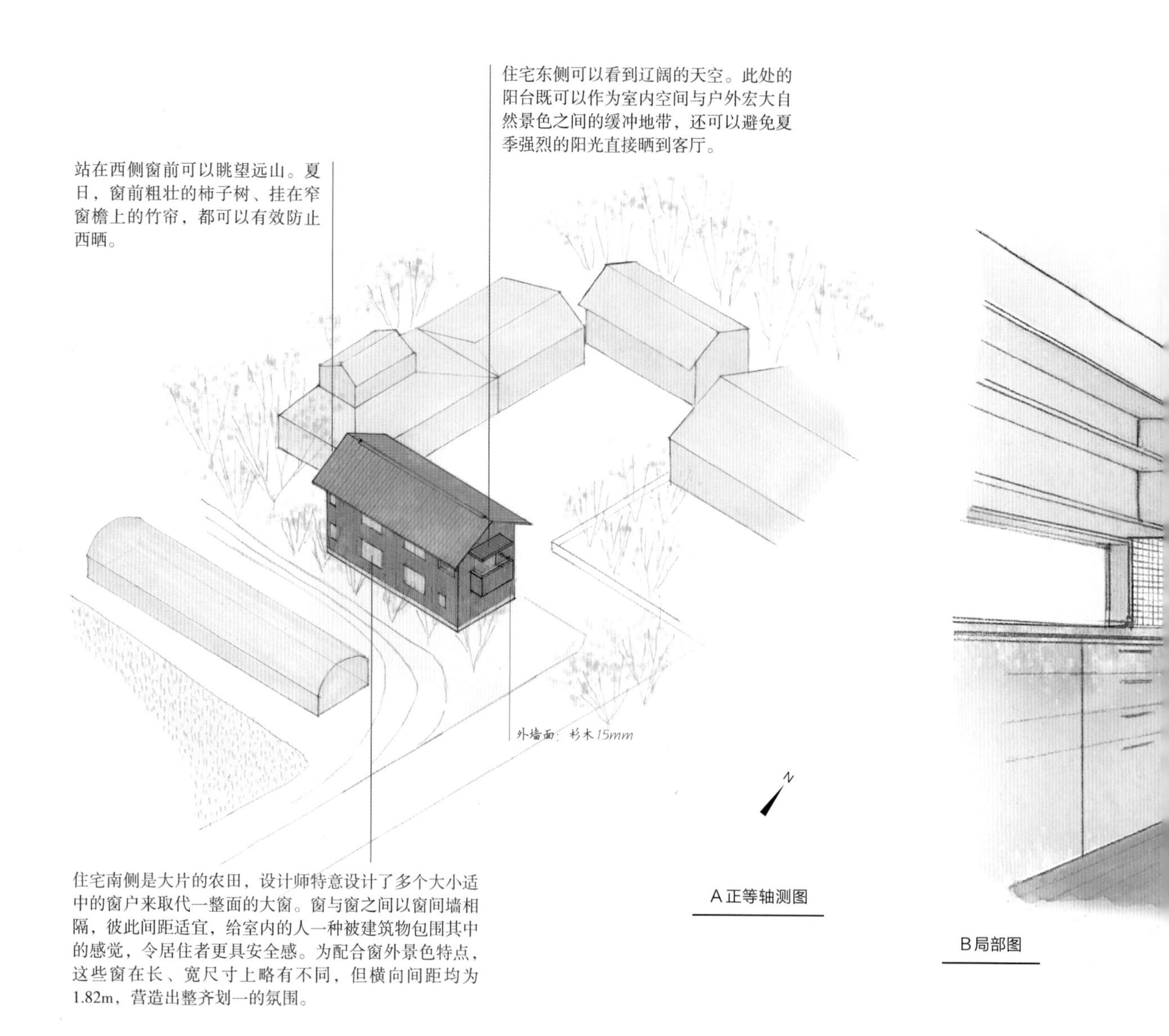
住宅东侧可以看到辽阔的天空。此处的阳台既可以作为室内空间与户外宏大自然景色之间的缓冲地带，还可以避免夏季强烈的阳光直接晒到客厅。
站在西侧窗前可以眺望远山。夏日，窗前粗壮的柿子树、挂在窄窗檐上的竹帘，都可以有效防止西晒。
外墙面：杉木15mm
N
住宅南侧是大片的农田，设计师特意设计了多个大小适中的窗户来取代一整面的大窗。窗与窗之间以窗间墙相隔，彼此间距适宜，给室内的人一种被建筑物包围其中的感觉，令居住者更具安全感。为配合窗外景色特点，这些窗在长、宽尺寸上略有不同，但横向间距均为1.82m，营造出整齐划一的氛围。

A正等轴测图

B局部图

住宅设计要贴合周边自然景观

K

如果住宅用地四周视野开阔，风景优美，那么在设计住宅时，就必须要明确每个朝向的窗户需具备何种功能与特色。若每一扇窗都能够与户外景色的特点相契合，居住者便可在家中全方位欣赏室外风景。

此处展示的住宅，住宅用地南侧是大片的农田，东侧则是辽阔的天空，西有远山，北有树林。在一块土地上，既要建主屋，还要建仓库，设计师考虑到二者间的连贯性，决定设计一栋东西向的长方形住宅，屋顶为悬山顶。住宅南北两侧的窗为观景窗。其中南侧为数个面积不大的腰窗，便于一览紧邻院落的农田。北侧为狭长的横窗，居住者站在厨房时可看到附近树林的枝丫。

东侧为落地窗及阳台，可以眺望远方的风景。阳台作为室内、室外的连接口（中间地带），能够在居住者的心理上大幅度拉近与远处景物的距离。遇到好天气，居住者还可以在阳台上支起桌椅吃早餐，或者挂起吊床躺一躺，悠闲自在，放松身心。西侧书房的天花板略低于其他房间，充当了户外空间与客厅的缓冲地带，使住宅东西两侧的布局在视觉上更加平衡。

近宽远窄式布局，将人的视线聚焦于窗外

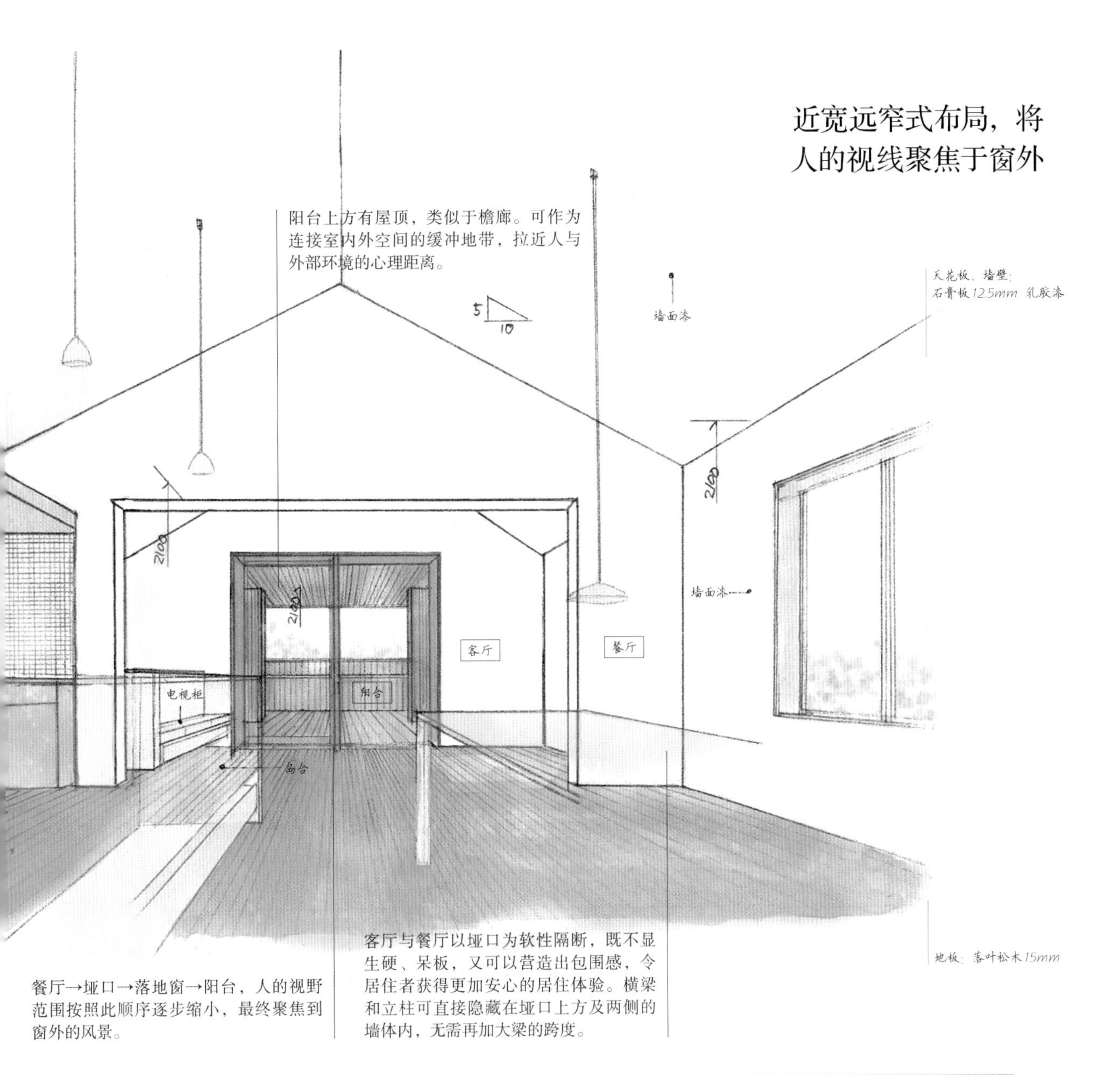
天花板、墙壁：
石膏板12.5mm 乳胶漆
墙面涂
5
10
2100
2100
2100
2100
墙面涂
客厅
餐厅
阳台
电视柜
岛台
地板：落叶松木15mm

阳台上方有屋顶，类似于檐廊。可作为连接室内外空间的缓冲地带，拉近人与外部环境的心理距离。

餐厅→垭口→落地窗→阳台，人的视野范围按照此顺序逐步缩小，最终聚焦到窗外的风景。

客厅与餐厅以垭口为软性隔断，既不显生硬、呆板，又可以营造出包围感，令居住者获得更加安心的居住体验。横梁和立柱可直接隐藏在垭口上方及两侧的墙体内，无需再加大梁的跨度。

阳台外侧房檐以及阳台吊顶的高度要与客餐厅间垭口的高度保持一致，营造整体感。居住者站在客厅看向阳台方向，会发现空间的高度在逐步降低。

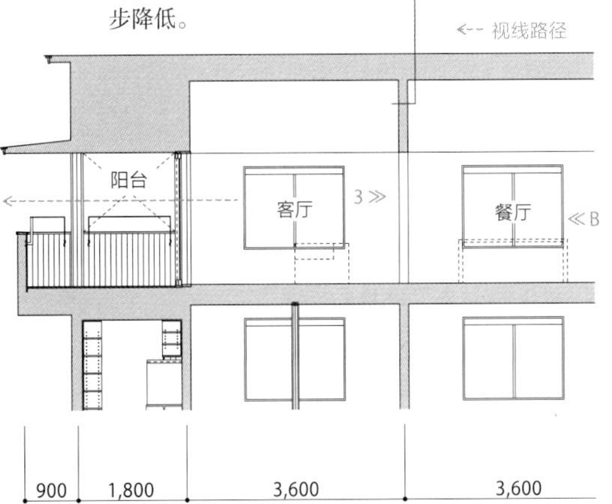
←-- 视线路径
阳台
客厅
3≫
餐厅
≪B
900
1,800
3,600
3,600

剖面图

1≫

住宅东侧外立面。一楼紧连着入户通道，所以未设置窗户。设计师将部分阳台伸出外墙，以调和悬山顶主立面硬朗、呆板的外观，让建筑物整体显得更轻巧。

正对阳台的西侧墙面设有外飘窗，以确保空间的整体平衡

部分阳台伸出东侧墙面，人在经过入户通道时可以透过阳台了解室内的情况。

阳台门窗框均为木质材料，墙面以木质板材饰面，地面铺有木地板，且与客厅的木地板铺贴方向一致。

住宅西侧也有宜人景色。为了方便居住者欣赏远方的风景，也为了与东侧阳台保持平衡，设计师在西侧墙面设置了一扇外飘窗，打造出了一个沟通室内外空间的连接口。外飘窗附近有高大的柿子树，夏季可以遮挡西晒。

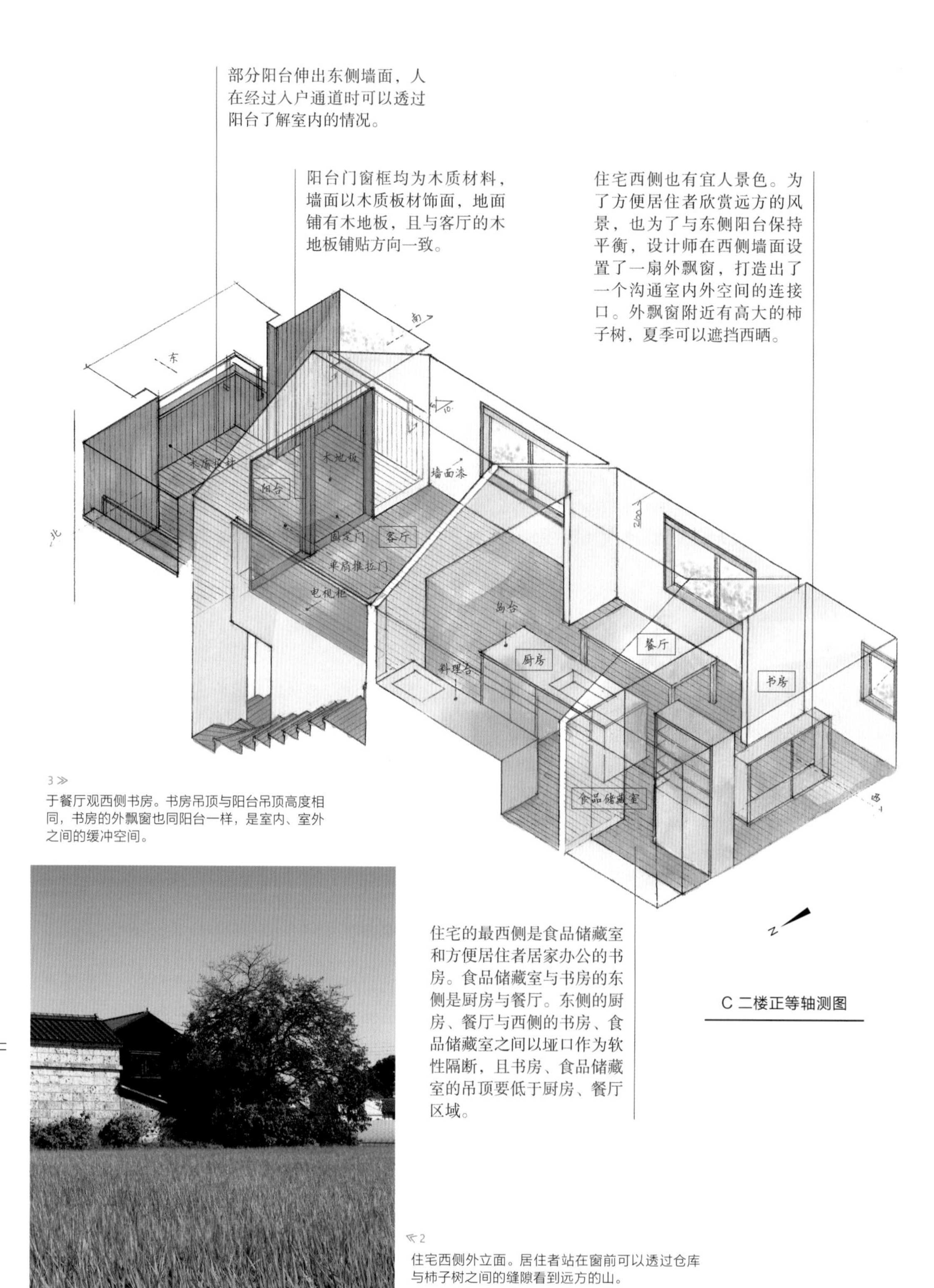

东
南
北
西
木地板
阳台
墙面漆
固定门
客厅
车房推拉门
电视柜
岛台
厨房
料理台
餐厅
书房
食品储藏室

3 ≫
于餐厅观西侧书房。书房吊顶与阳台吊顶高度相同，书房的外飘窗也同阳台一样，是室内、室外之间的缓冲空间。

住宅的最西侧是食品储藏室和方便居住者居家办公的书房。食品储藏室与书房的东侧是厨房与餐厅。东侧的厨房、餐厅与西侧的书房、食品储藏室之间以垭口作为软性隔断，且书房、食品储藏室的吊顶要低于厨房、餐厅区域。

C 二楼正等轴测图

≪ 2
住宅西侧外立面。居住者站在窗前可以透过仓库与柿子树之间的缝隙看到远方的山。

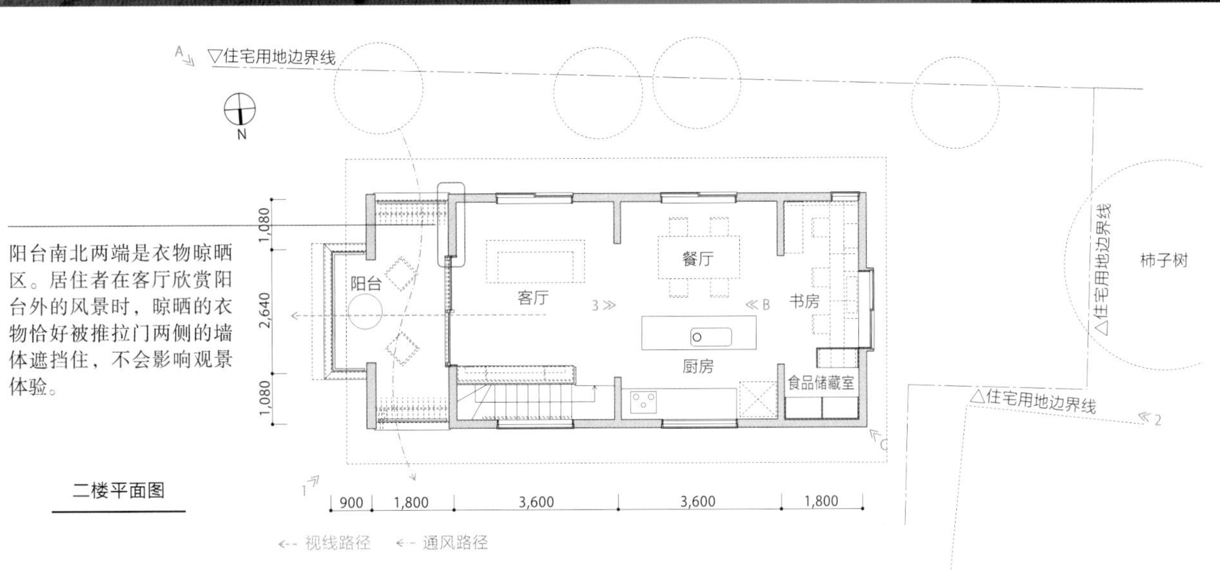

A
▽住宅用地边界线
N
1,080
2,640
1,080
阳台
客厅
餐厅
3
B
书房
厨房
食品储藏室
柿子树
△住宅用地边界线
△住宅用地边界线
2
1
900
1,800
3,600
3,600
1,800
视线路径
通风路径

阳台南北两端是衣物晾晒区。居住者在客厅欣赏阳台外的风景时，晾晒的衣物恰好被推拉门两侧的墙体遮挡住，不会影响观景体验。

二楼平面图

不要让窗户成为无法打开的摆设

如果住宅用地位于城市中心区域，周边建筑物密度高、间隔小，则不宜安装大面积的开放式玻璃窗，否则很容易暴露家中隐私。这种情况建议采取“房屋+庭院”式结构，居住者可以放心开窗，不会因担忧外界的视线而让窗户变成无法打开的摆设。

此处展示的这户住宅位于市中心，周围全部是三层建筑。住宅用地为“L”形。设计师并未将住宅用地全部占满建成房屋，而是将南侧的部分区域设计为用于采光的庭院。厨房与客厅位于住宅南端，与庭院相邻，在这两个功能区安装玻璃窗可以照顾到所有房间的采光需求。

玄关与公共道路之间需要保持适当的距离，这一点也很重要。一楼开放式车库（无卷帘门）的两面剪力墙将玄关与公共道路隔开，在感官上拉开了两者间的距离。入户门外有两层空间，最外层是宠物狗脚部清洗区，第二层是可以坐下休息、放置行李的长椅区。这两层空间面积虽小，却能大大提高住宅私密性。

D

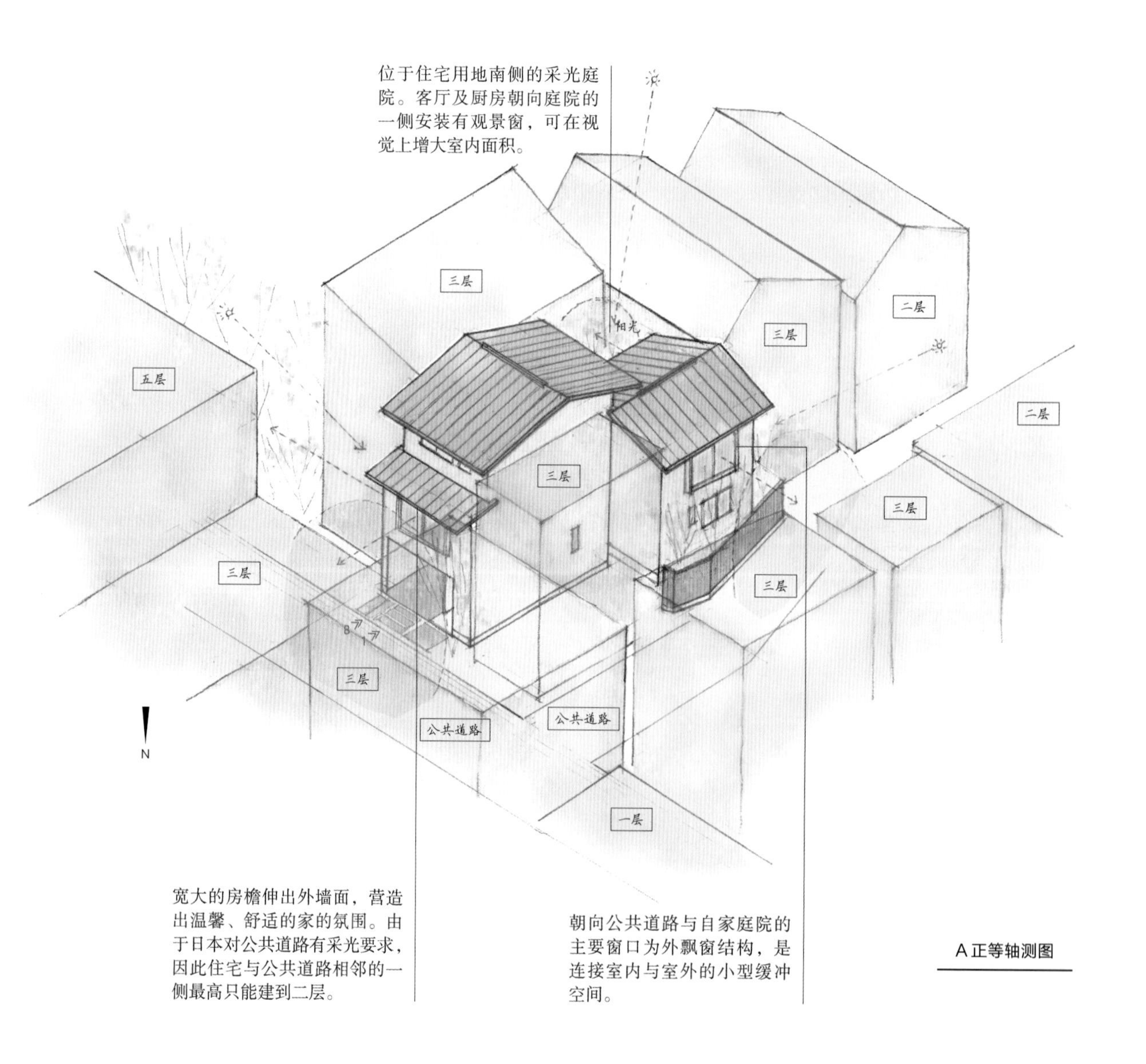
位于住宅用地南侧的采光庭院。客厅及厨房朝向庭院的一侧安装有观景窗，可在视觉上增大室内面积。
三层
二层
三层
五层
二层
三层
三层
三层
三层
三层
三层
B
公共道路
公共道路
N
一层
宽大的房檐伸出外墙面，营造出温馨、舒适的家的氛围。由于日本对公共道路有采光要求，因此住宅与公共道路相邻的一侧最高只能建到二层。
朝向公共道路与自家庭院的主要窗口为外飘窗结构，是连接室内与室外的小型缓冲空间。

A正等轴测图

入户门外设置多层空间，在心理上加大玄关与公共道路之间的距离

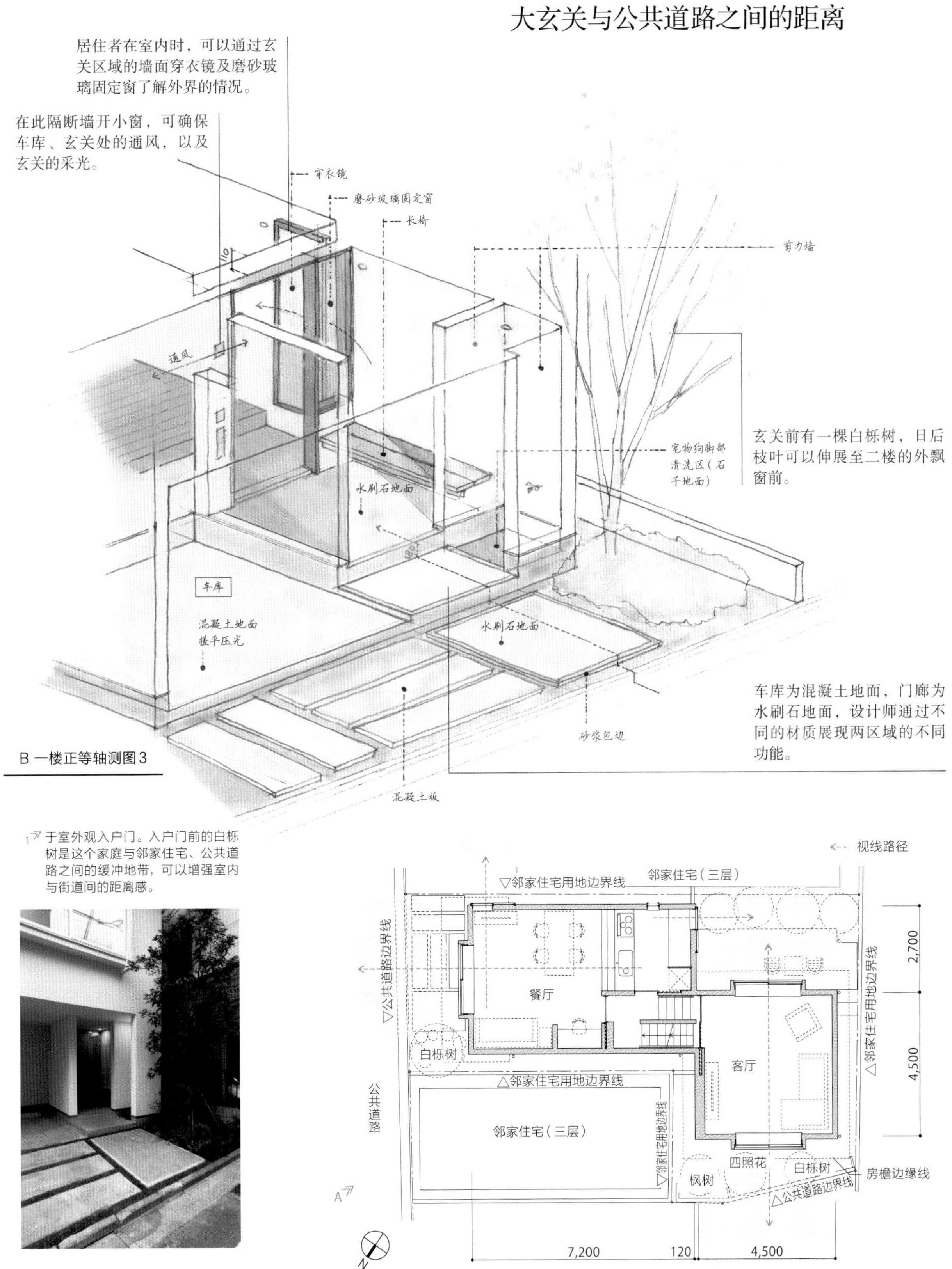

居住者在室内时，可以通过玄关区域的墙面穿衣镜及磨砂玻璃固定窗了解外界的情况。
在此隔断墙开小窗，可确保车库、玄关处的通风，以及玄关的采光。
穿衣镜
磨砂玻璃固定窗
长椅
剪力墙
通风
宠物狗脚部清洗区（石子地面）
玄关前有一棵白栎树，日后枝叶可以伸展至二楼的外飘窗前。
水刷石地面
车库
混凝土地面
搓平压光
水刷石地面
砂浆包边
车库为混凝土地面，门廊为水刷石地面，设计师通过不同的材质展现两区域的不同功能。
B 一楼正等轴测图3
混凝土板
视线路径
▽邻家住宅用地边界线
邻家住宅（三层）
▽公共道路边界线
餐厅
白栎树
客厅
△邻家住宅用地边界线
△邻家住宅用地边界线
公共道路
邻家住宅（三层）
▽邻家住宅用地边界线
四照花
枫树
白栎树
房檐边缘线
△公共道路边界线
2,700
4,500
7,200
120
4,500
A
N
二楼平面图

1 于室外观入户门。入户门前的白栎树是这个家庭与邻家住宅、公共道路之间的缓冲地带，可以增强室内与街道间的距离感。

利用中庭
延长视线路径

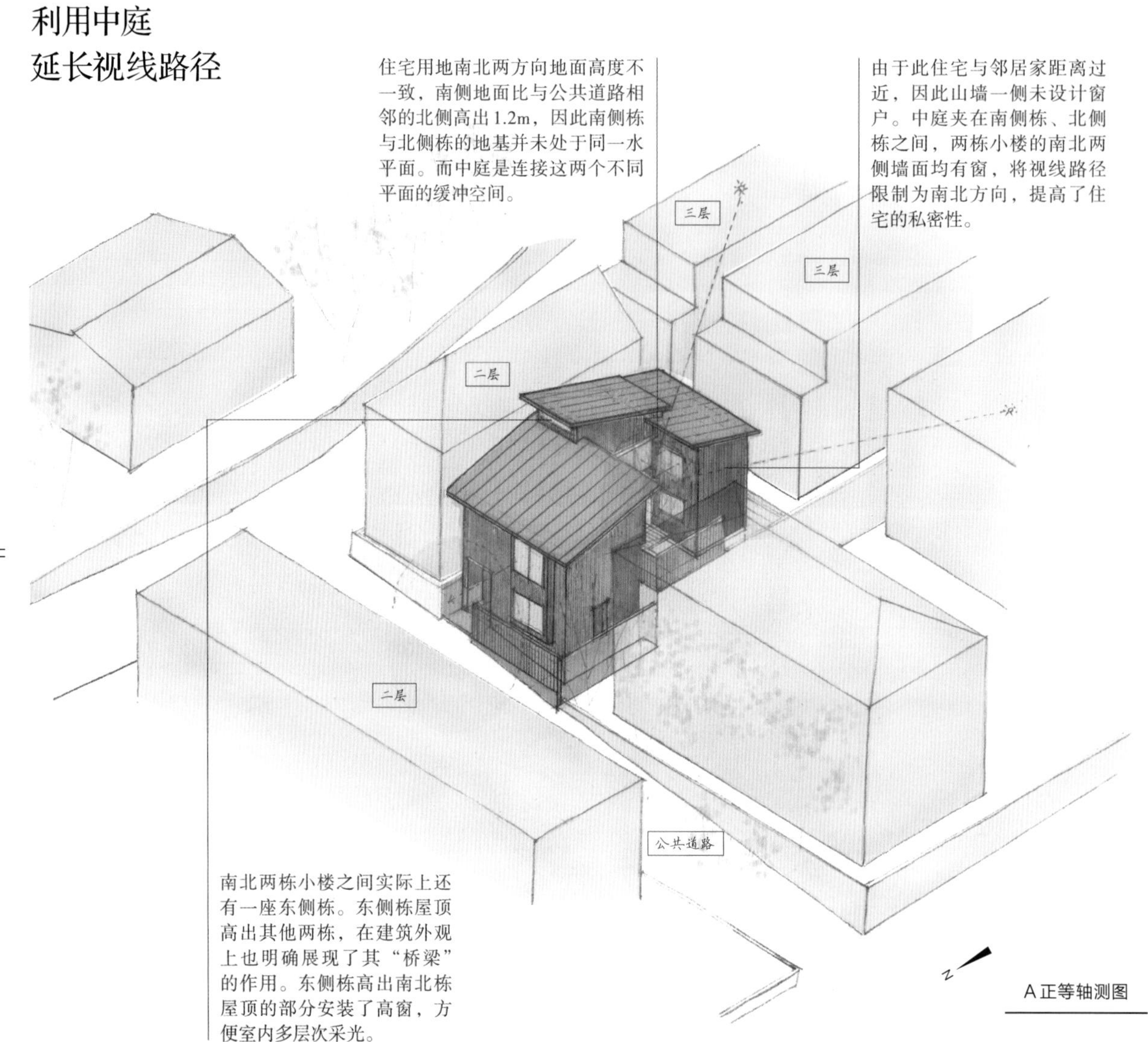
住宅用地南北两方向地面高度不一致，南侧地面比与公共道路相邻的北侧高出1.2m，因此南侧栋与北侧栋的地基并未处于同一水平面。而中庭是连接这两个不同平面的缓冲空间。
由于此住宅与邻居家距离过近，因此山墙一侧未设计窗户。中庭夹在南侧栋、北侧栋之间，两栋小楼的南北两侧墙面均有窗，将视线路径限制为南北方向，提高了住宅的私密性。
三层
三层
二层
二层
公共道路
南北两栋小楼之间实际上还有一座东侧栋。东侧栋屋顶高出其他两栋，在建筑外观上也明确展现了其“桥梁”的作用。东侧栋高出南北栋屋顶的部分安装了高窗，方便室内多层次采光。
N

A正等轴测图

1 住宅北侧外观。北侧窗为外飘窗，门廊向内凹陷，以此拉开室内空间与公共道路间的距离。

如果住宅处于其他建筑物的包围之中，视野范围狭窄，建议利用中庭扩大视野范围。中庭不仅能够开阔视野，确保室内良好的采光，还能够传递声音信息，使身处不同房间的家人隐约感受到彼此的存在。此处展示的住宅，南侧是隔壁邻居家的三层住宅楼。如果在客厅的南侧开一扇窗，就会直接看到邻家北侧外墙。为避免这一现象，设计师将住宅分为南北两栋，南侧栋体积略小于北侧栋，二者中间以中庭相连。客厅位于北侧栋，居住者在客厅时可以看到中庭和南侧栋，但并不会看到隔壁邻居家大面积的外墙。

住宅正面紧邻公共道路，因此设计师在两者之间竖起了一面木板墙，增强隐私保护。为了消除玄关的封闭感，设计师将入户通道做成了阶梯式（如第9页 B局部图所示），用台阶连接室内外空间，模糊二者间的分界线。入户门外设计了一个带檐的小型门廊，进一步增强室内外空间的层次感。

关闭入户门后，玄关也毫无封闭感

入户门外安装有150mm宽的门檐。门檐虽窄，一样可以烘托出家的氛围。

木板墙的压顶及侧面皆为镀铝锌钢板，与外墙面材质相同。建筑主立面整体材质保持一致。

设计师利用多级小台阶连接室内外空间，模糊两者的分界线。

公共道路与木板墙、门廊（水刷石地面）之间的区域铺有小石子。石子地面积虽小，却能起到分隔内外空间的作用。

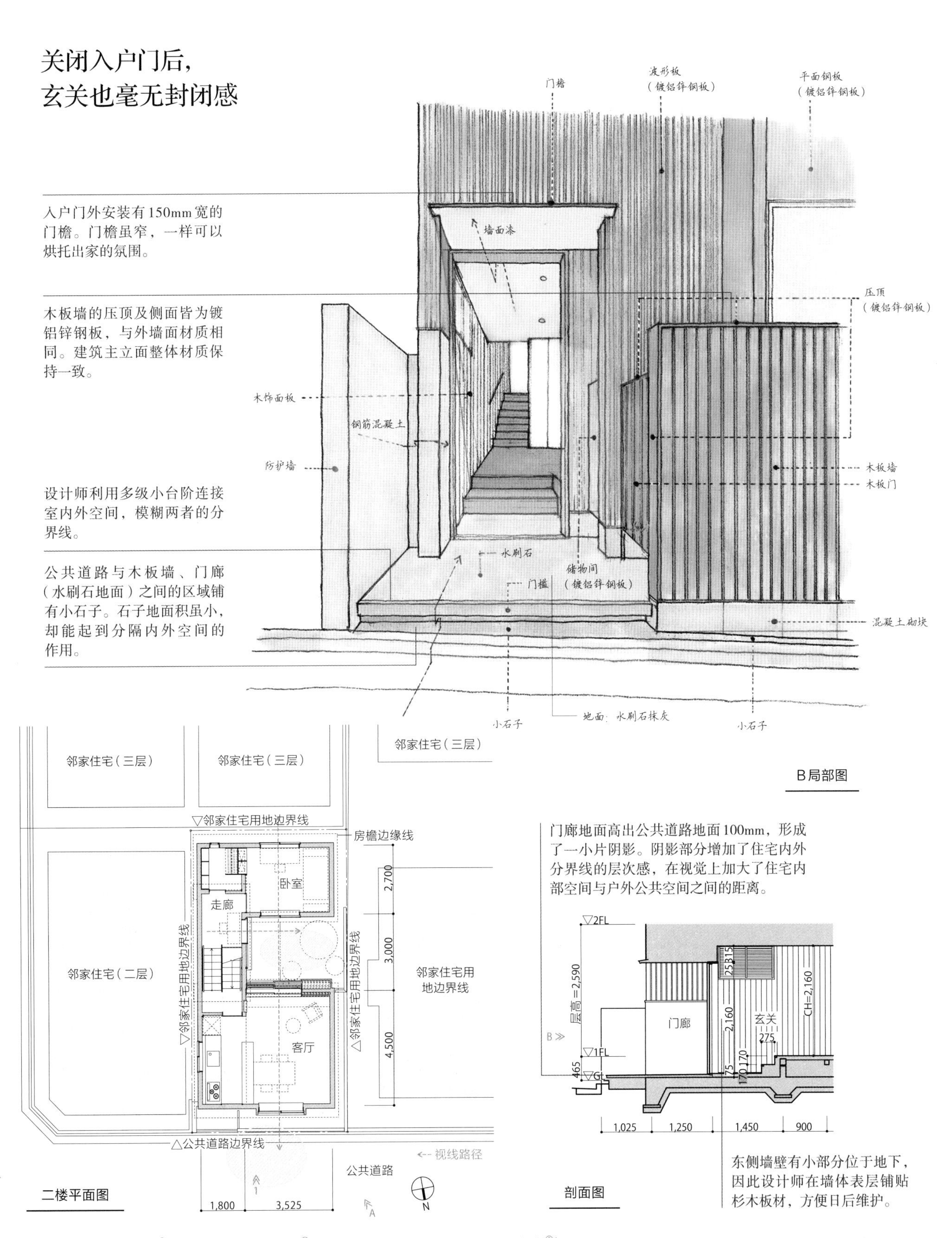

门檐
波形板
（镀铝锌钢板）
平面钢板
（镀铝锌钢板）
墙面漆
压顶
（镀铝锌钢板）
木饰面板
钢筋混凝土
防护墙
木板墙
木板门
水刷石
储物间
（镀铝锌钢板）
门槛
混凝土砌块
小石子
地面：水刷石抹灰
小石子
B局部图
邻家住宅（三层）
邻家住宅（三层）
邻家住宅（三层）
▽邻家住宅用地边界线
房檐边缘线
卧室
走廊
邻家住宅（二层）
▽邻家住宅用地边界线
△邻家住宅用地边界线
邻家住宅用地边界线
客厅
2,700
3,000
4,500
△公共道路边界线
视线路径
公共道路
1,800
3,525
N
A
二楼平面图
▽2FL
层高=2,590
门廊
玄关
CH=2,160
2,160
25
315
275
B
▽1FL
465
▽GL
75
170
170
1,025
1,250
1,450
900
剖面图

门廊地面高出公共道路地面100mm，形成了一小片阴影。阴影部分增加了住宅内外分界线的层次感，在视觉上加大了住宅内部空间与户外公共空间之间的距离。

东侧墙壁有小部分位于地下，因此设计师在墙体表层铺贴杉木板材，方便日后维护。

（缩写：GL：地面标高① 1FL：一楼楼层标高② 2FL：二楼楼层标高 CH：吊顶高度③）

① 地面标高：指住宅用地的土地表面高度，即±0。（译者注）
② 楼层标高：指当前楼层相对于地面标高（±0）的高度。（译者注）
③ 吊顶高度：指吊顶与该楼层地板间的距离。（译者注）

A

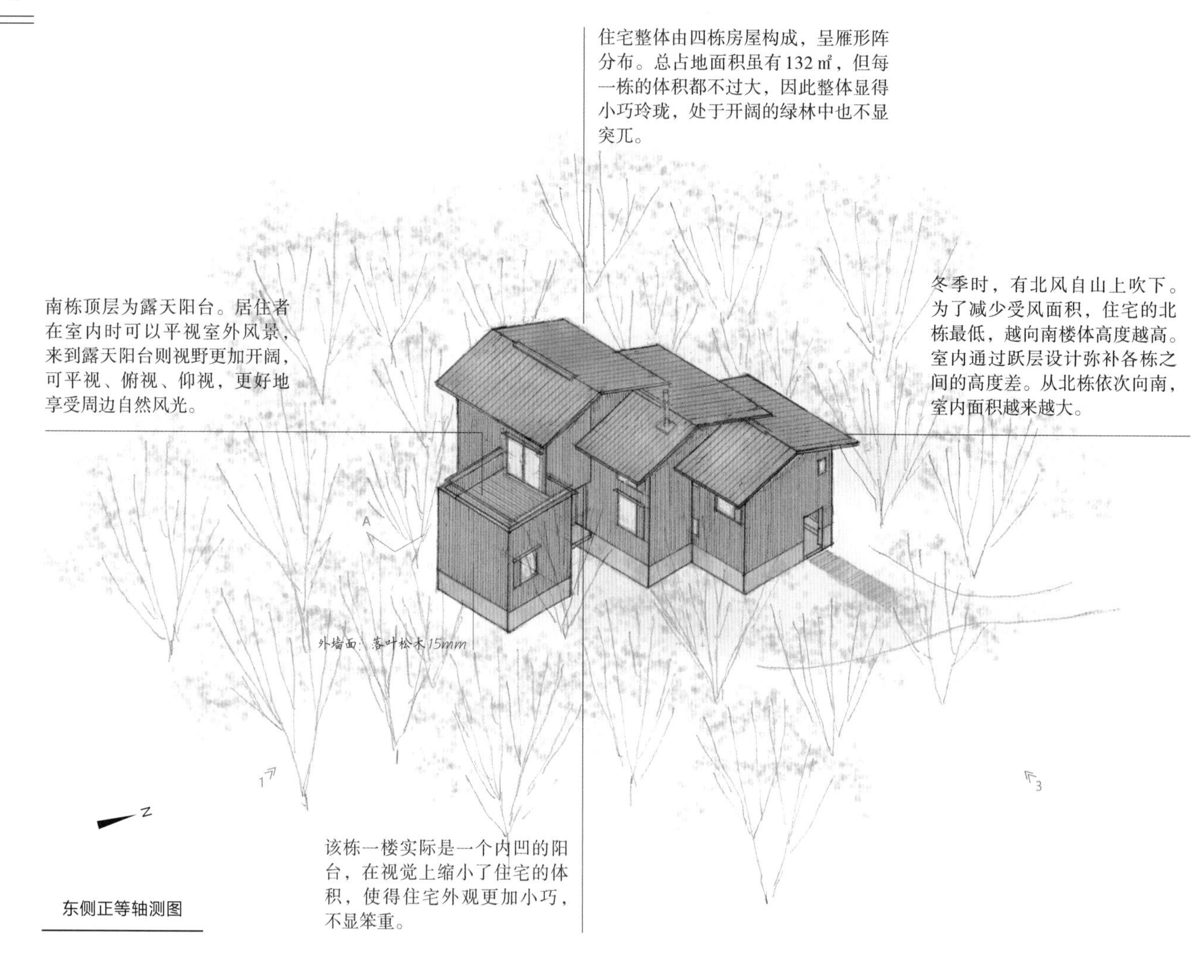
住宅整体由四栋房屋构成，呈雁形阵分布。总占地面积虽有132㎡，但每一栋的体积都不过大，因此整体显得小巧玲珑，处于开阔的绿林中也不显突兀。
南栋顶层为露天阳台。居住者在室内时可以平视室外风景，来到露天阳台则视野更加开阔，可平视、俯视、仰视，更好地享受周边自然风光。
冬季时，有北风自山上吹下。为了减少受风面积，住宅的北栋最低，越向南楼体高度越高。室内通过跃层设计弥补各栋之间的高度差。从北栋依次向南，室内面积越来越大。
A
外墙面：落叶松木15mm
1
3
N
该栋一楼实际是一个内凹的阳台，在视觉上缩小了住宅的体积，使得住宅外观更加小巧，不显笨重。
东侧正等轴测图

绿树环绕下的林中密宅

此处展示的住宅，所在社区与省道相邻，各住宅用地按照省道走向进行划分。因此，其他住宅均正对省道修建。但是这样建成的房屋，室内采光较差，居住者透过窗户还会看到隔壁的邻居，无法享受户外风景。于是设计师在设计此处住宅时，将房屋改为南北朝向，既可确保充足的采光，又方便居住者通过四周的窗欣赏树林美景。

如第13页C局部图所示，住宅入户门外便是树林，玄关与入户通道之间还存在两层空间，其一是安装有长椅的门廊，另一层则是兼具防风功能的水刷石地面区。入户通道→门廊→入户门→水刷石地面区→玄关，一步步指引人进入到室内。此外，设计师还通过改变饰面材质与吊顶高度来展现各个空间不同的特点。设计师利用多层次的空间设计，模糊了室外空间与室内空间之间的界限，使住宅更好地融入周围开阔的自然环境之中。

延长视线路径，尽享周边风景

住宅坐北朝南，居住者在室内时，视线不会正对邻家住宅，可以看到更远的风景。

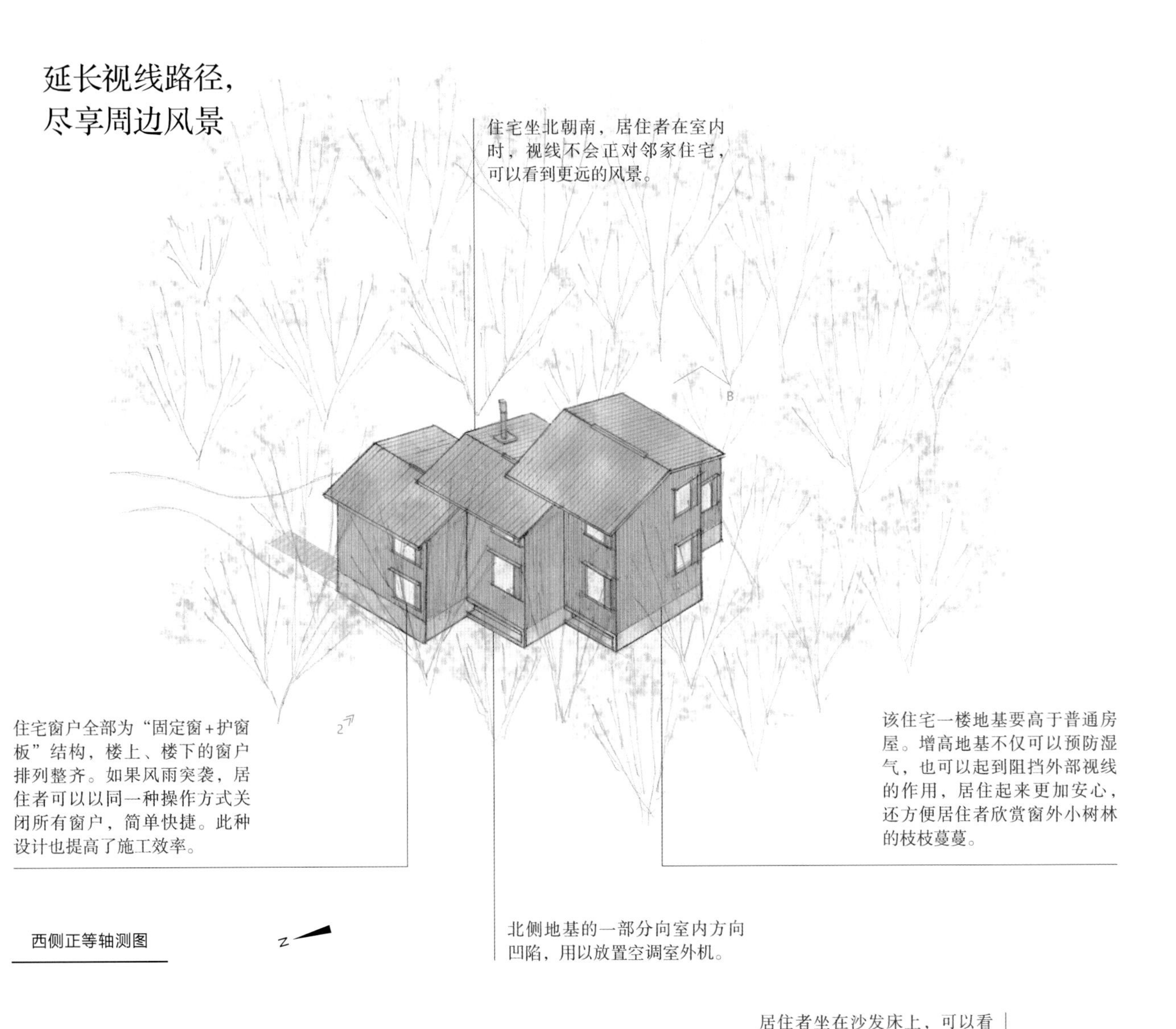

B
2

住宅窗户全部为“固定窗+护窗板”结构，楼上、楼下的窗户排列整齐。如果风雨突袭，居住者可以以同一种操作方式关闭所有窗户，简单快捷。此种设计也提高了施工效率。

该住宅一楼地基要高于普通房屋。增高地基不仅可以预防湿气，也可以起到阻挡外部视线的作用，居住起来更加安心，还方便居住者欣赏窗外小树林的枝枝蔓蔓。

西侧正等轴测图

北侧地基的一部分向室内方向凹陷，用以放置空调室外机。

居住者坐在沙发床上，可以看到南侧的餐厅、阳台以及远处的风景。

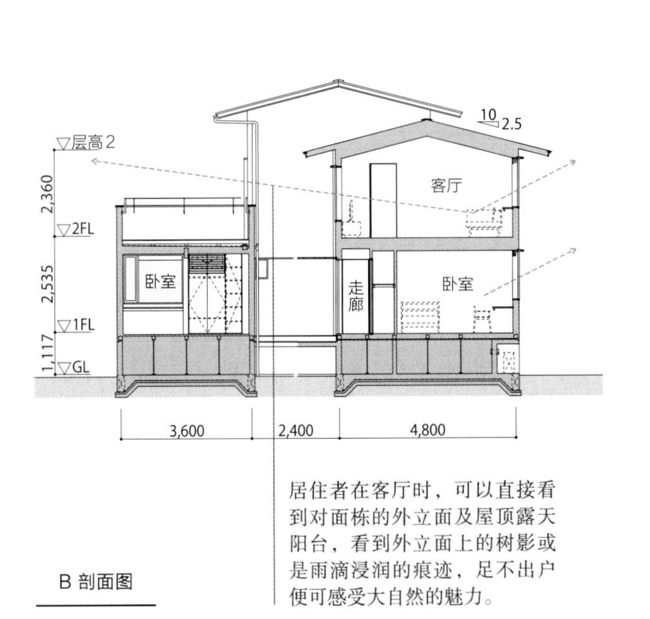

▽层高2
10
2.5
2,360
▽2FL
2,535
▽1FL
1,117
▽GL
客厅
卧室
走廊
卧室
3,600
2,400
4,800

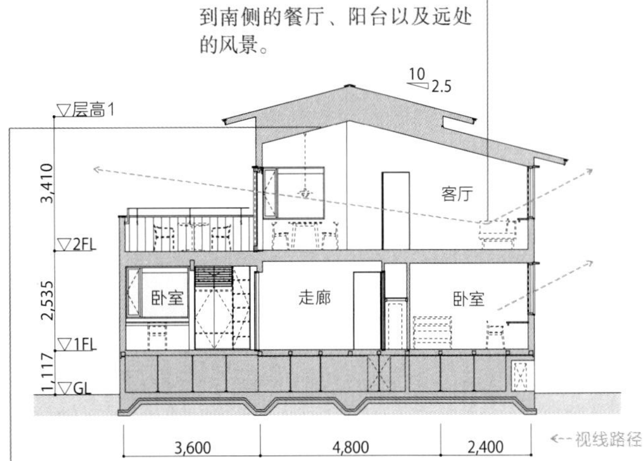

▽层高1
10
2.5
3,410
▽2FL
2,535
▽1FL
1,117
▽GL
客厅
卧室
走廊
卧室
3,600
4,800
2,400
←-- 视线路径

居住者在客厅时，可以直接看到对面栋的外立面及屋顶露天阳台，看到外立面上的树影或是雨滴浸润的痕迹，足不出户便可感受大自然的魅力。

B 剖面图

客厅吊顶为斜面吊顶，与屋顶走向相同。如图所示，客厅所在空间左右两侧吊顶倾斜角度相同，但长度不同，左短右长，形成了一个不等边的悬山顶造型。

A 剖面图

1 南侧外立面。为了控制楼高和体积，设计师将南栋楼顶设计为露天阳台。

2 北侧外立面。同等规格的木窗错落分布，窗台距地面高度依据室内空间实际情况确定。

3 绿树环绕的林中住宅。悬山顶加雁形阵布局，使得建筑物外观更显小巧。

设计巧妙的玄关
令住宅融入周边自然环境之中

玄关是室内外空间之间的缓冲地带，吊顶较低，居住者走出玄关进入室内后，会有豁然开朗之感。

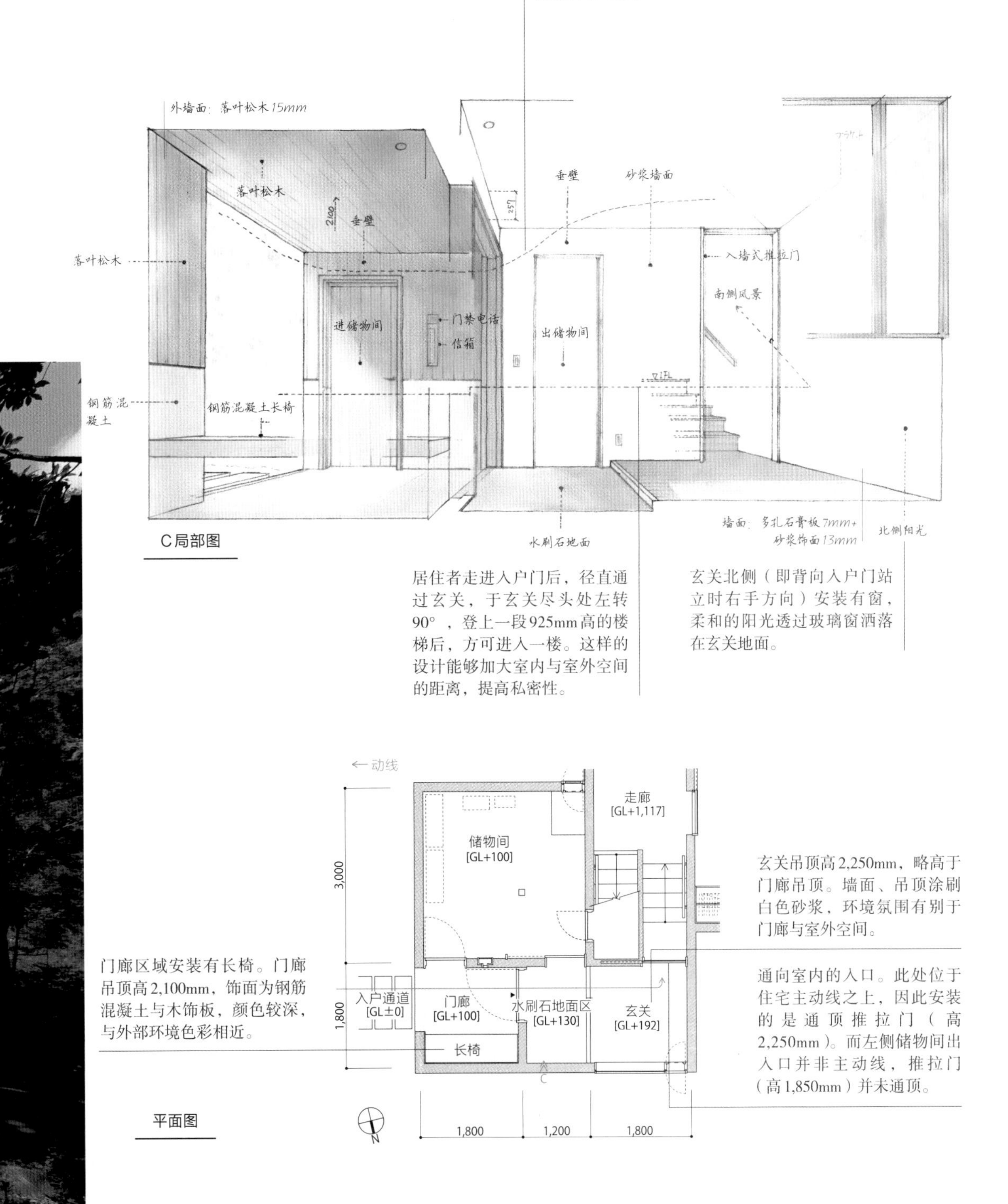

外墙面：落叶松木15mm
落叶松木
2100
垂壁
落叶松木
257
垂壁
砂浆墙面
入墙式推拉门
南侧风景
进储物间
门禁电话
信箱
出储物间
钢筋混凝土
钢筋混凝土长椅
水刷石地面
墙面：多孔石膏板7mm+砂浆饰面13mm
北侧阳光
← 动线
走廊
[GL+1,117]
储物间
[GL+100]
3,000
1,800
入户通道
[GL±0]
门廊
[GL+100]
水刷石地面区
[GL+130]
玄关
[GL+192]
长椅
C
N
1,800
1,200
1,800

C局部图

居住者走进入户门后，径直通过玄关，于玄关尽头处左转90°，登上一段925mm高的楼梯后，方可进入一楼。这样的设计能够加大室内与室外空间的距离，提高私密性。

玄关北侧（即背向入户门站立时右手方向）安装有窗，柔和的阳光透过玻璃窗洒落在玄关地面。

玄关吊顶高2,250mm，略高于门廊吊顶。墙面、吊顶涂刷白色砂浆，环境氛围有别于门廊与室外空间。

门廊区域安装有长椅。门廊吊顶高2,100mm，饰面为钢筋混凝土与木饰板，颜色较深，与外部环境色彩相近。

通向室内的入口。此处位于住宅主动线之上，因此安装的是通顶推拉门（高2,250mm）。而左侧储物间出入口并非主动线，推拉门（高1,850mm）并未通顶。

平面图

兼顾观景与采光需求

住宅用地东北侧开阔、无遮挡，因此设计师在这一侧设置了木板围墙、庭院、两段式木地板露台、窗边走廊和楼梯，以增大室内外空间的距离。

公共道路与住宅地面间存在1,950mm的高度差，需要以楼梯相连。但如果在两者间直接搭建一段式楼梯，就需要在住宅与公共道路之间建起一面1,950mm高的防护墙充当楼梯侧边墙。而过高的墙体会带来极大的压迫感。因此，设计师将室外楼梯改为两段式结构，两段楼梯之间以转角平台相连。楼梯与公共道路相连的部分高1,440mm，与玄关相连的部分高900mm。宽敞的楼梯平台也成了孩子们的游戏区域。

公共道路
N

住宅西北侧的道路旁虽种有行道树，景色较佳，但车流量较大，不便开窗观景，因此这一侧墙面的窗户开口较小。而一楼、二楼的东北侧墙面均有大开口的观景窗，居住者可以通过这些观景窗看到西北方向的行道树。

A正等轴测图

住宅主屋与防护墙之间还有一间耳房，耳房房檐较宽，可作为门廊的廊顶。由于耳房地基表面恰好处于防护墙中间位置，站在墙外看耳房时，并不会觉得它很高，因此耳房作为主屋与公共道路间的缓冲地带，缓和了高大的临街建筑对路人产生的压迫感。

如果住宅的主要朝向并非南向，就必须考虑如何确保室内采光。此处展示的住宅，住宅用地东侧开阔无遮挡；南侧则是邻家住宅，不具备观景条件。因此设计师在南侧墙面安装了多扇采光窗，以确保室内采光；东侧墙面则安装落地窗，西侧安装腰窗，形成东西通透的格局。

客厅位于住宅西侧，居住者可以坐在客厅的沙发上享受午后温暖的阳光。南北墙面错落分布的小窗打破了东西走向的僵化格局，使空间更显开阔、通透。

东北侧窗用以赏景，南侧窗用于采光

1 于公共道路一侧观住宅外立面。防护墙→耳房→主屋，建筑物体积层层递增，缓解了高大临街建筑对公共道路的压迫感。

设计师将庭院建在视野开阔的东北侧。居住者在室内能够同时看到近景与远景两种不同视角的景色。远景与近景的对比可以在视觉上增加室内空间的进深。

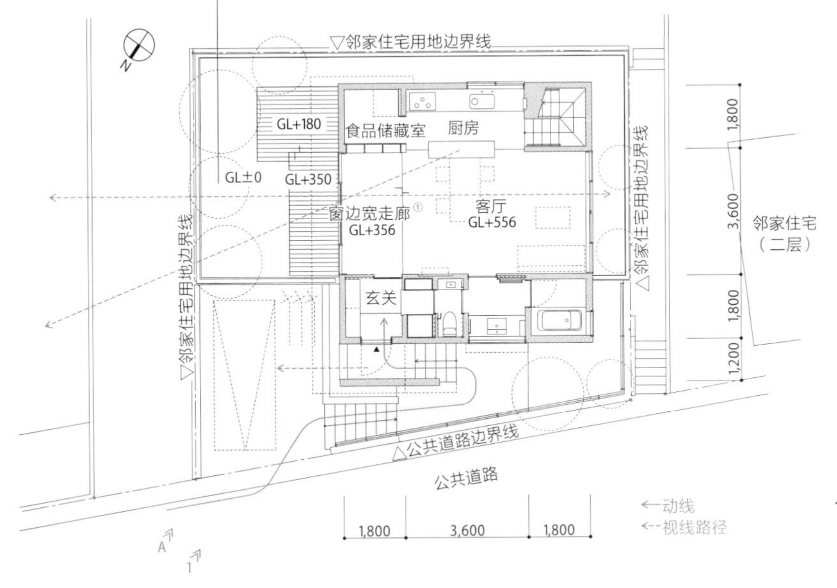

▽邻家住宅用地边界线
GL+180
食品储藏室
厨房
GL±0
GL+350
窗边宽走廊①
GL+356
客厅
GL+556
玄关
▽邻家住宅用地边界线
△邻家住宅用地边界线
△公共道路边界线
公共道路
邻家住宅
（二层）
1,800
3,600
1,800
1,200
1,800
3,600
1,800
←动线
←--视线路径
A
1

一楼平面图

① 窗边宽走廊：窗边走廊通常位于落地窗边。普通的窗边走廊宽91cm，而窗边宽走廊通常宽度超过120cm。

多视角欣赏中庭风景

如果家中有中庭，在设计住宅时就需要考虑如何使居住者能够在不同的房间以不同的视角欣赏中庭风景。此处展示的住宅，中庭与客厅及餐厅相邻，这两个功能区在地面高度、视线路径方向、窗户高度等细节处均有所不同，以确保居住者能够欣赏到不同视角的中庭风景。

客厅为砂浆地面，未铺设木地板，地面高度与中庭地面高度相近。沙发与窗户之间相距4.5m，确保室内休息区与中庭保持适度距离，居住者可以舒适地坐在沙发上眺望中庭风景。而餐厅区域，餐桌临窗摆放，与中庭距离极近，且窗户为外飘窗，居住者可以坐在飘窗台面上近距离感受中庭风景。

≪1 于公共道路观住宅门廊。图中正对公共道路的墙壁上，上下均有一条通风口，方便中庭通风。

令中庭远客厅，近餐厅

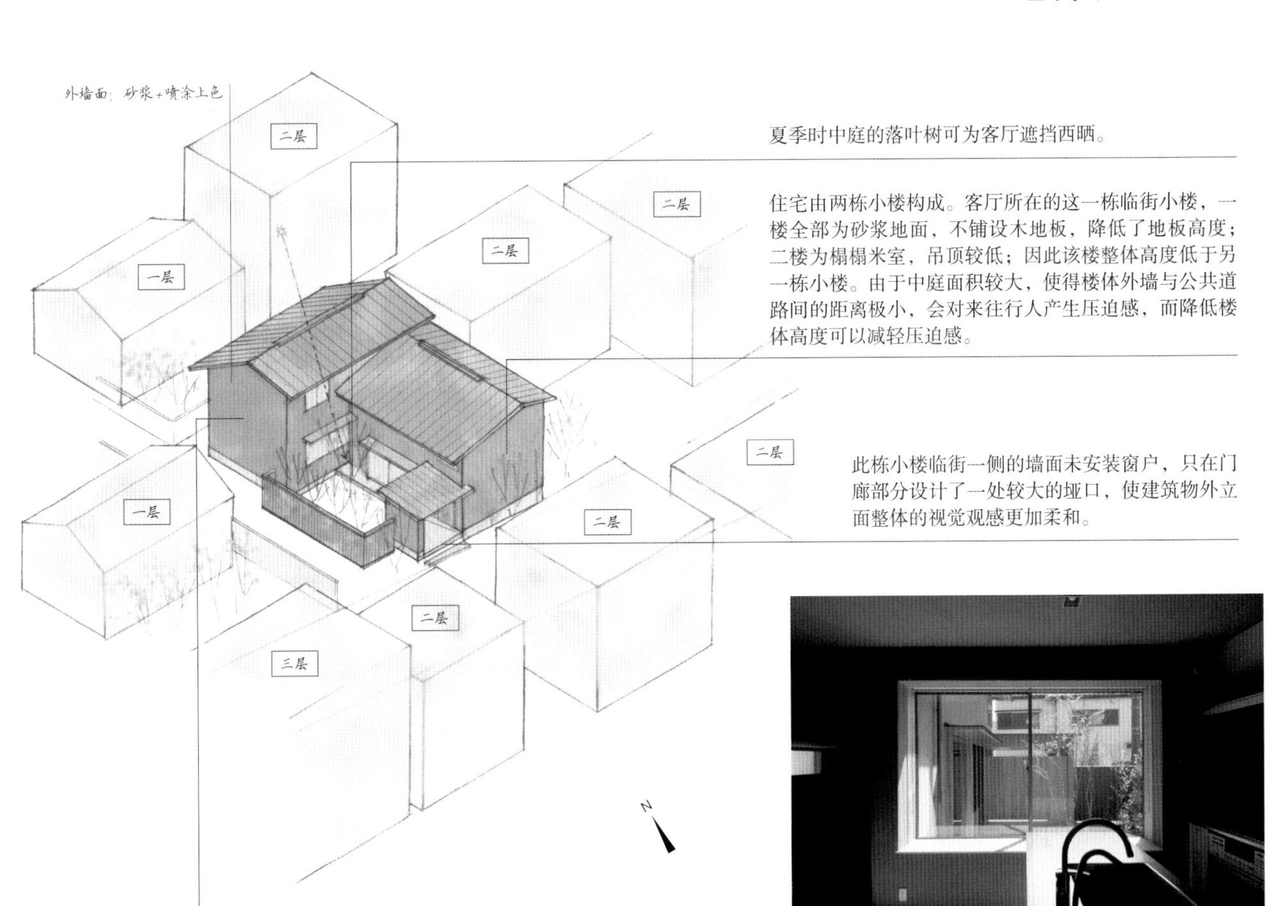

外墙面：砂浆+喷涂上色
二层
一层
二层
二层
一层
二层
二层
二层
三层
N

夏季时中庭的落叶树可为客厅遮挡西晒。

住宅由两栋小楼构成。客厅所在的这一栋临街小楼，一楼全部为砂浆地面，不铺设木地板，降低了地板高度；二楼为榻榻米室，吊顶较低；因此该楼整体高度低于另一栋小楼。由于中庭面积较大，使得楼体外墙与公共道路间的距离极小，会对来往行人产生压迫感，而降低楼体高度可以减轻压迫感。

此栋小楼临街一侧的墙面未安装窗户，只在门廊部分设计了一处较大的垭口，使建筑物外立面整体的视觉观感更加柔和。

此栋小楼临街一侧的墙面也未安装窗户，以保护室内隐私。为避免西晒，该栋楼也未设计西窗。

A 正等轴测图

2 ≫ 于餐厨区域观中庭。腰窗开口较大，是晒太阳的好地方。

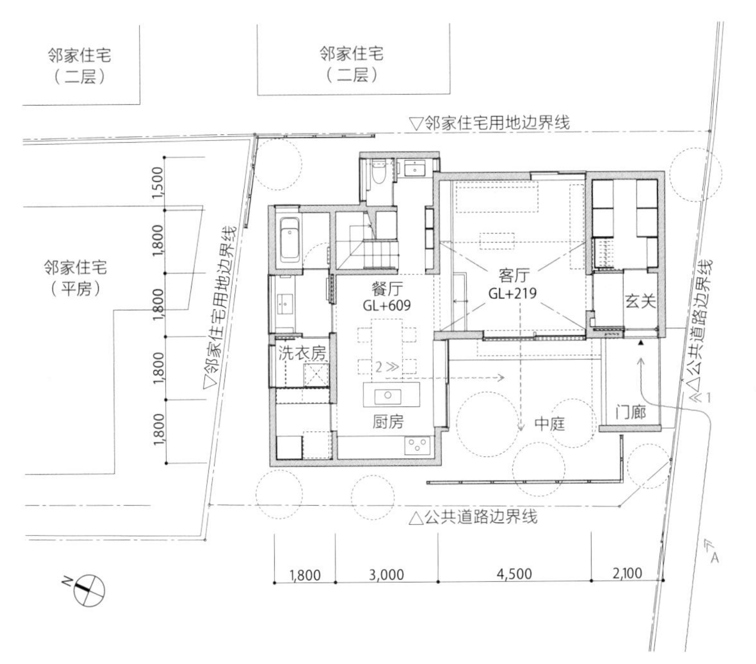

邻家住宅（二层）
邻家住宅（二层）
▽邻家住宅用地边界线
邻家住宅（平房）
▽邻家住宅用地边界线
1,500
1,800
1,800
1,800
1,800
餐厅 GL+609
客厅 GL+219
玄关
洗衣房
2 ≫
厨房
中庭
门廊
△公共道路边界线
1,800
3,000
4,500
2,100
N

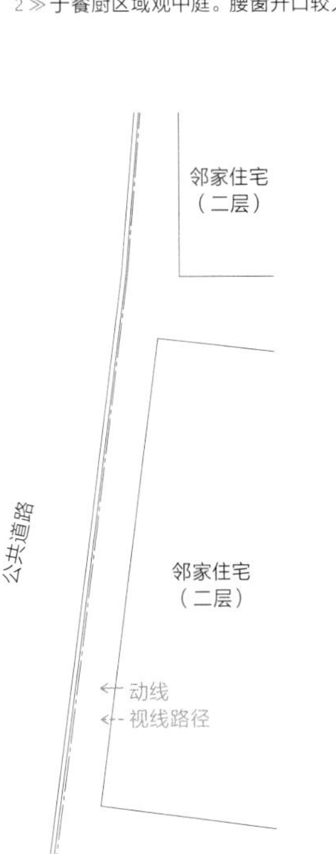

邻家住宅（二层）
△公共道路边界线
公共道路
邻家住宅（二层）
← 动线
←- 视线路径
A

一楼平面图

如何自然、巧妙地改变房屋朝向

从入户通道走向玄关时，外立面的这一条棱角是夺人眼球的亮点。二楼的餐厅也可以借助这一棱角安装角窗，方便居住者欣赏住宅南侧风景。

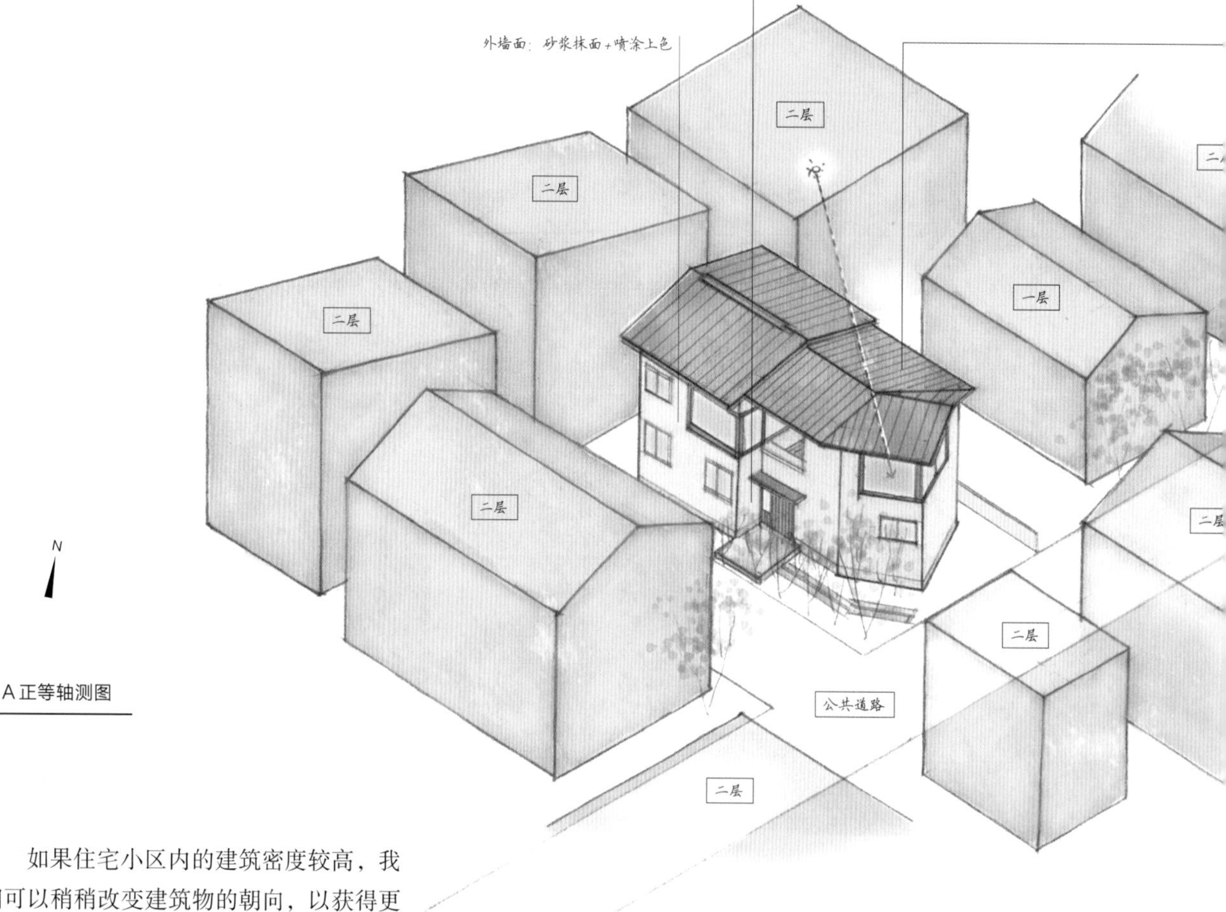
外墙面：砂浆抹面+喷涂上色
二层
二层
二层
二层
一层
二层
二层
二层
公共道路
N

A正等轴测图

如果住宅小区内的建筑密度较高，我们可以稍稍改变建筑物的朝向，以获得更加开阔的视野。该住宅用地为东南—西北走向。与公共道路相邻的东南侧外墙被分成了两段，分别为正南—正北走向与正东—正西走向。如此设计既可以确保客厅窗户朝向正南方向，又可以扩大室内的视野范围。客厅的平面图呈扇形。居住者坐在沙发上，可以透过窗户看到住宅南侧的风景，视野非常开阔。

由于更改了客厅朝向，住宅南侧外立面多出了一条阳角，为此，设计师在这一侧的入户通道两旁栽种了绿植，一定程度上柔和了主立面生硬的棱角感。住宅东侧是可容纳一辆车的停车位。如果能够巧妙处理，外立面多出来的棱角也可以变得更加自然、合理。

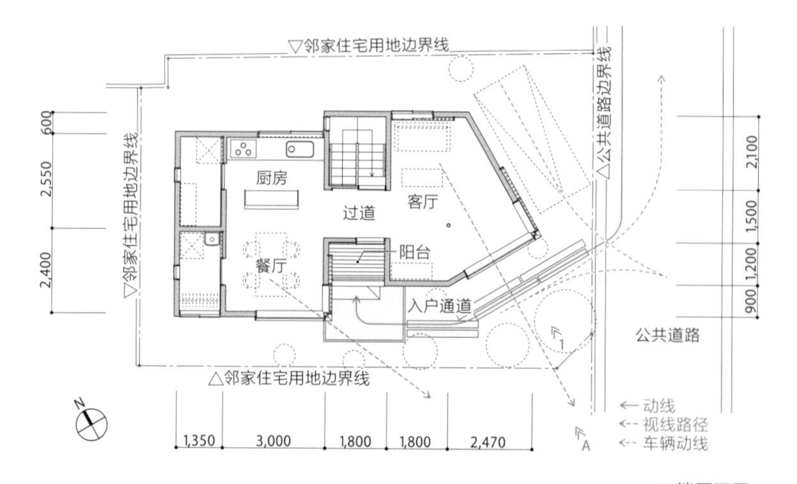
▽邻家住宅用地边界线
▽邻家住宅用地边界线
△邻家住宅用地边界线
△公共道路边界线
厨房
过道
客厅
餐厅
阳台
入户通道
公共道路
600
2,550
2,400
2,100
1,500
1,200
900
1,350
3,000
1,800
1,800
2,470
← 动线
←-- 视线路径
←-- 车辆动线
A
1
N

二楼平面图

住宅在外观上分为内侧栋、外侧栋两部分（邻近公共道路一侧的为外侧栋）。两栋小楼错位排列，来往的行人无法看到安装在内侧栋的空调室外机等设备。此外，内侧栋也可不受日本临街建筑高度限制线的制约，餐厅层高能够做得更高，居住者从餐厅角窗和客厅角窗看到的风景也会有所不同。

增加外墙棱角，拓宽室内视野

1
住宅南侧外立面。通向玄关的入户通道两侧种有绿植，营造出“欢迎回家”的氛围感。居住者在客厅时也可以欣赏到这一片郁郁葱葱的风景。

既要遮挡外部视线，又要确保视野开阔

独栋平层住宅如果要安装大尺寸的玻璃窗，在设计时就尤其需要注意保护居住隐私，避免周围的路人或邻居看到家中情形。此类情况建议采取“化整为零”的策略，将住宅拆分为数栋房屋，并使之呈雁形阵状排列。雁形阵布局有利于将窗户“隐藏”起来，在遮挡来自住宅外部的视线的同时，确保室内开阔的视野。

此处展示的住宅是一栋独栋大平层，住宅用地面积较大，房屋坐北朝南。正对面是邻家四层小楼的北侧外墙，窗户较少，无需担心会暴露家中隐私。因此，设计师在住宅南侧大面积安装玻璃窗，既确保了室内采光，又方便居住者欣赏庭院风景。住宅东侧临街，西侧有其他邻家住宅，需要注重隐私保护，为此，设计师将西侧栋（卧室所在栋）与东侧栋（玄关砂浆地面区域所在栋）南移，组成雁形阵的两只翅膀，将南侧的玻璃窗“隐藏”起来。

中间栋是住宅的主体部分，由于面积较大，室内中心区域很容易显得昏暗，为了解决这一问题，设计师采用了“越屋根”① 屋顶结构以确保采光。“越屋根”凸起的屋顶部分，南北两侧有高窗，方便通风，夏季时还可以排出室内的热空气。

此住宅的“越屋根”结构是在坡屋顶之上加盖一个小型悬山顶，类似中国的重檐结构。房檐伸出外墙，产生向四面八方延伸之感，柔和了雁形阵布局的尖锐感。

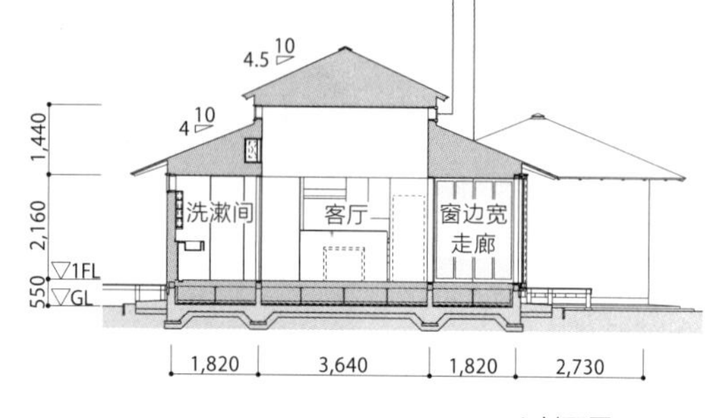

4.5
10
4
10
1,440
2,160
550
1FL
GL
洗漱间
客厅
窗边宽走廊
1,820
3,640
1,820
2,730

A剖面图

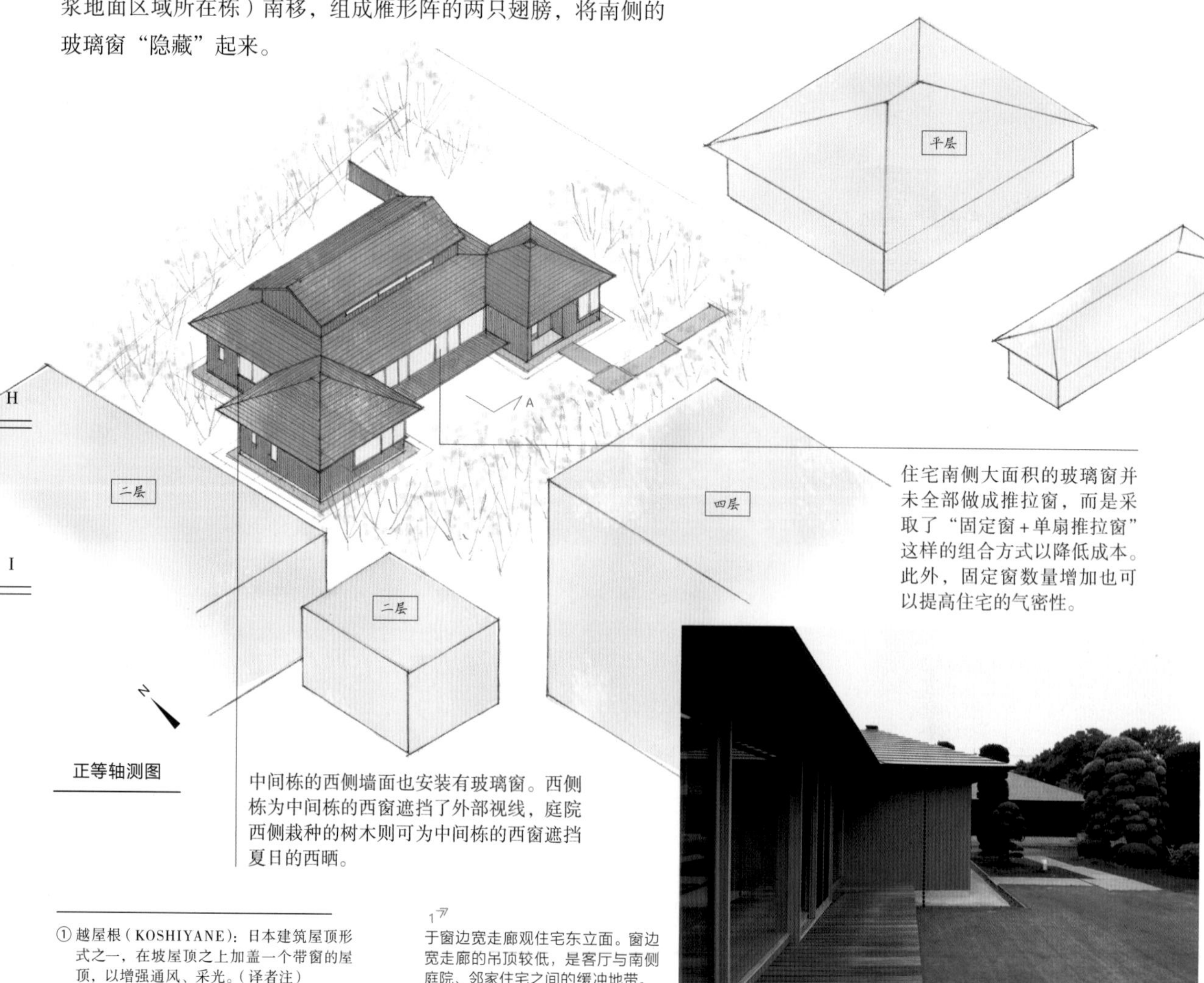

平层
H
二层
I
二层
四层
A
N

住宅南侧大面积的玻璃窗并未全部做成推拉窗，而是采取了“固定窗+单扇推拉窗”这样的组合方式以降低成本。此外，固定窗数量增加也可以提高住宅的气密性。

正等轴测图

中间栋的西侧墙面也安装有玻璃窗。西侧栋为中间栋的西窗遮挡了外部视线，庭院西侧栽种的树木则可为中间栋的西窗遮挡夏日的西晒。

1 于窗边宽走廊观住宅东立面。窗边宽走廊的吊顶较低，是客厅与南侧庭院、邻家住宅之间的缓冲地带。

① 越屋根（KOSHIYANE）：日本建筑屋顶形式之一，在坡屋顶之上加盖一个带窗的屋顶，以增强通风、采光。（译者注）

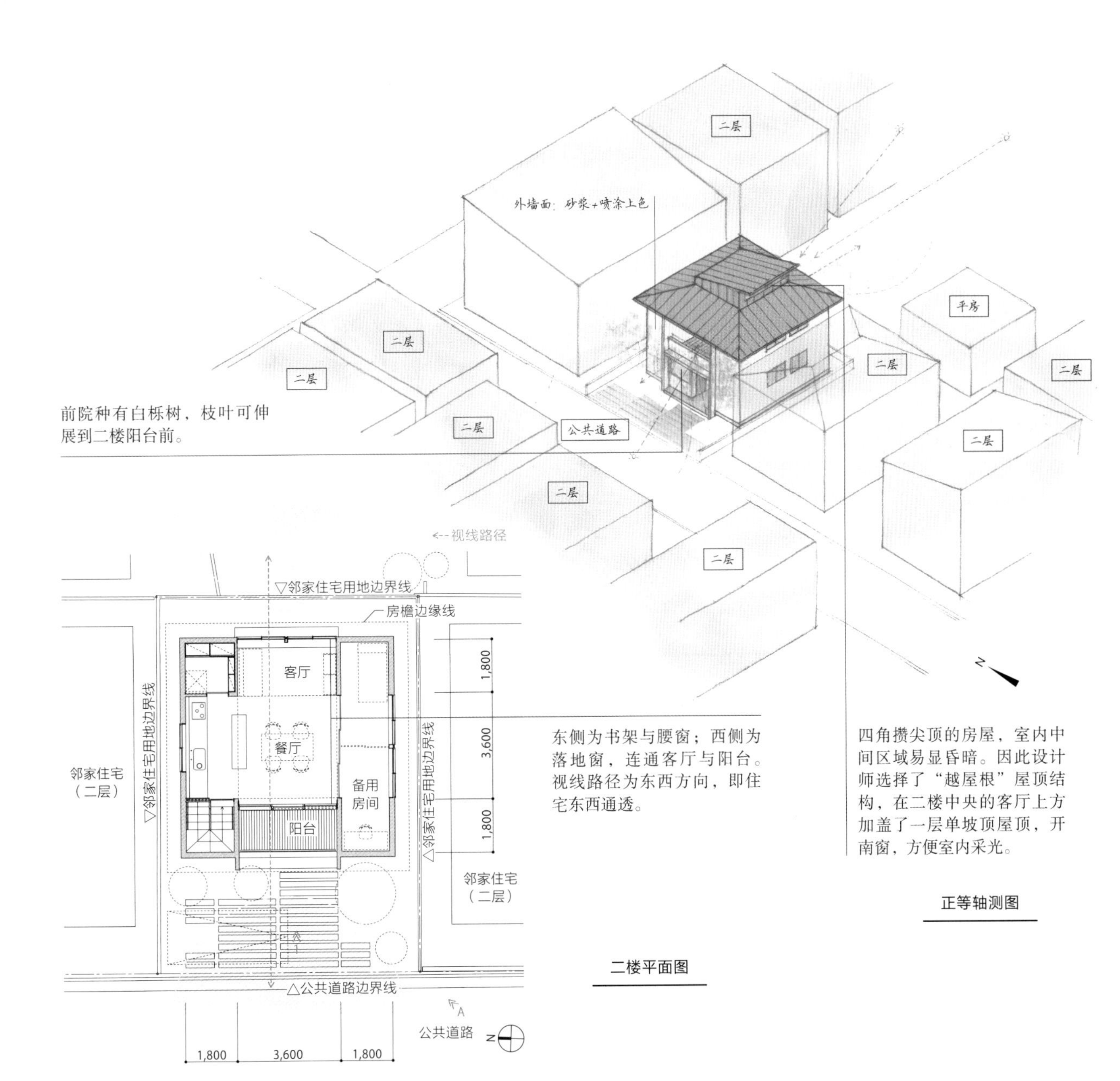
外墙面：砂浆+喷涂上色
二层
平房
公共道路
前院种有白栎树，枝叶可伸展到二楼阳台前。
←-视线路径
▽邻家住宅用地边界线
房檐边缘线
客厅
餐厅
备用房间
阳台
邻家住宅（二层）
▽邻家住宅用地边界线
△邻家住宅用地边界线
△公共道路边界线
公共道路
1,800
3,600
1,800
东侧为书架与腰窗；西侧为落地窗，连通客厅与阳台。视线路径为东西方向，即住宅东西通透。
四角攒尖顶的房屋，室内中间区域易显昏暗。因此设计师选择了“越屋根”屋顶结构，在二楼中央的客厅上方加盖了一层单坡顶屋顶，开南窗，方便室内采光。
正等轴测图
二楼平面图

1
房屋建在住宅用地靠东一侧，远离公共道路，院中种有各类植物，这些植物成为住宅与公共道路间的缓冲空间。

观景窗与采光窗

如果住宅南侧有邻家住宅，且距离较近，建议在家中明确区分观景用窗与采光用窗。在进行住宅设计前，设计师需要俯瞰整个住宅用地，确认视线路径方向。

此处展示的住宅，住宅用地东侧是开阔的空地，视线路径为东西方向，加之要确保房屋与西侧公共道路间保持适度距离，因此设计师在画图时，将代表房屋的正方形放在了住宅用地平面图中偏东的位置。西侧利用阳台加大室内环境与公共道路间的距离，提高客厅的私密性。南侧则未安装观景用的大玻璃窗，而是选择了“越屋根”屋顶与高窗，以确保室内采光。

在屋外设置多处小型缓冲空间

当与住宅用地相邻的公共道路车流量较大时，为了确保室内空间与公共道路间保持适度距离，设计师通常不会在临街一侧墙面安装窗户，而是会选择设计多个小型庭院，将窗户朝向庭院设置。

此处展示的住宅，临街一侧墙面没有窗户，住宅用地南侧、北侧、西侧共建有三处庭院，与卧室或客厅相邻。其中，北侧庭院与南侧庭院面积较大，北侧庭院可以增大室内空间与外侧道路间的距离，南侧庭院则能够看到附近公寓楼的停车场；西侧庭院面积较小，仅为3.3㎡，其主要功能是确保室内采光。

由于玄关与公共道路之间的距离过近，为确保室内空间与室外空间保持足够的距离，设计师将入户门旋转90°，由之前的朝北正对街道变为朝东。如此一来，居住者自公共道路进入室内，便会走出一条“凵”形动线，该动线在入户门前、玄关砂浆地面区发生了两次转弯。居住者在这两个转角处（停留点）需略停顿步伐，再转变前进方向，两个简单的动作便可以增大室内空间与室外空间之间的距离。

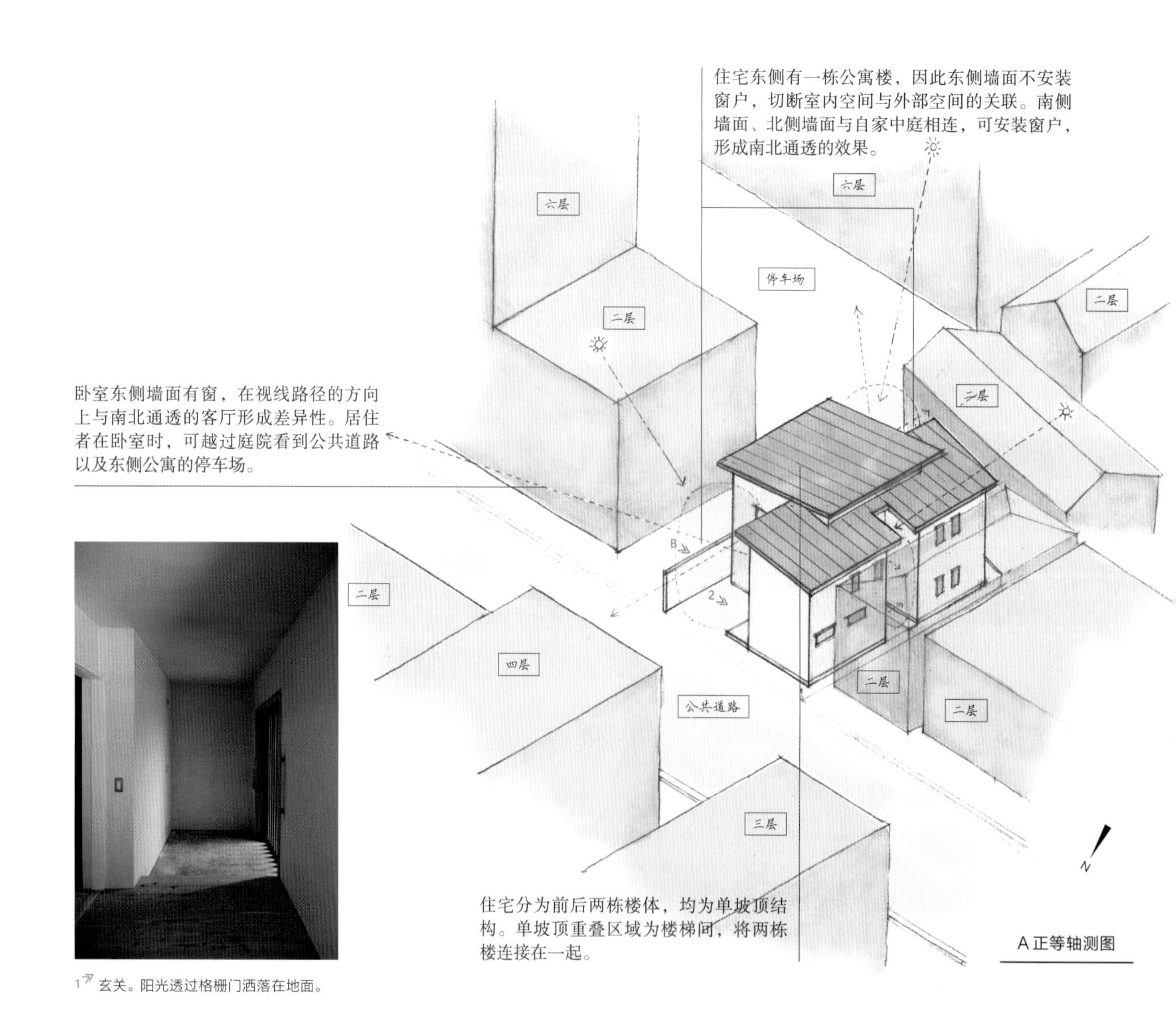

住宅东侧有一栋公寓楼，因此东侧墙面不安装窗户，切断室内空间与外部空间的关联。南侧墙面、北侧墙面与自家中庭相连，可安装窗户，形成南北通透的效果。
卧室东侧墙面有窗，在视线路径的方向上与南北通透的客厅形成差异性。居住者在卧室时，可越过庭院看到公共道路以及东侧公寓的停车场。
住宅分为前后两栋楼体，均为单坡顶结构。单坡顶重叠区域为楼梯间，将两栋楼连接在一起。
六层
六层
停车场
二层
二层
二层
二层
四层
公共道路
二层
二层
三层
B
2
N
A 正等轴测图

1 玄关。阳光透过格栅门洒落在地面。

利用“凵”形动线
加大室内与公共道路间的距离

玄关与厨卫区域之间以收纳柜作为隔断，收纳柜特意加大了进深，以增大两区域间的距离。

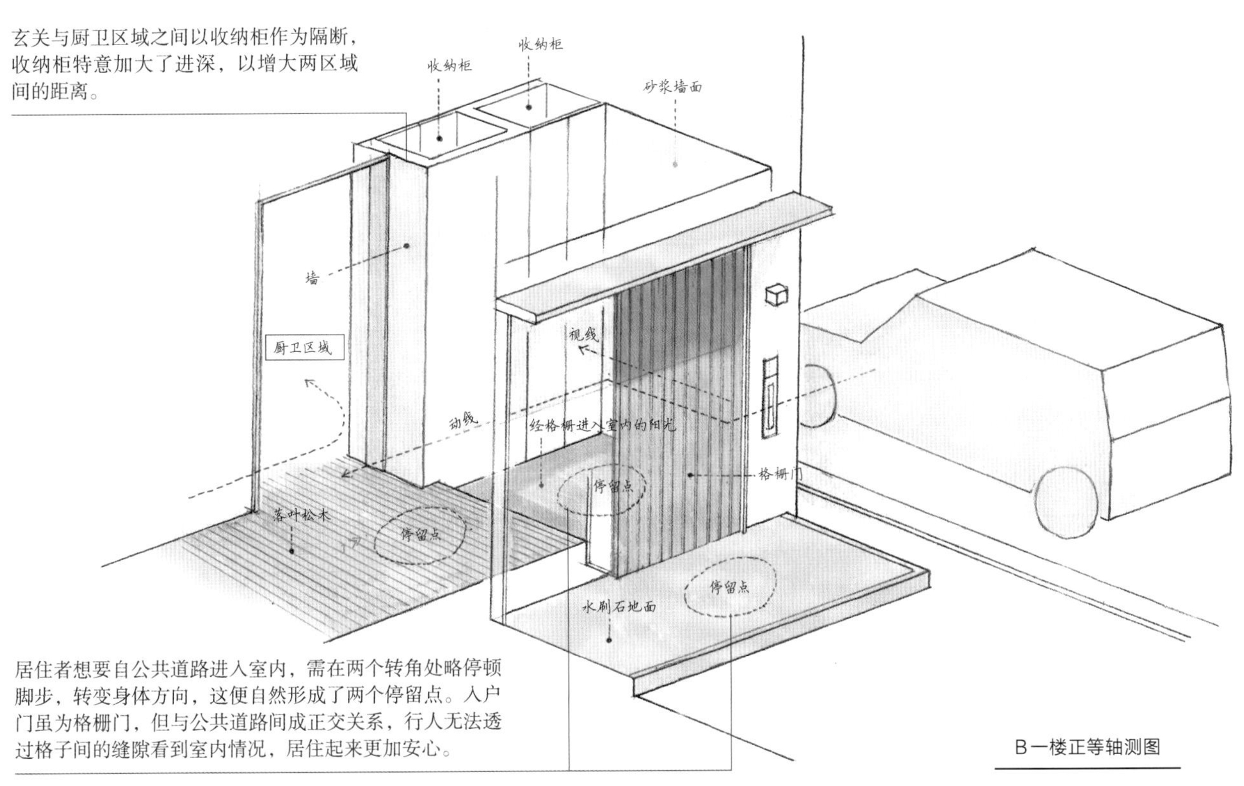

收纳柜
收纳柜
砂浆墙面
墙
厨卫区域
视线
动线
经格栅进入室内的阳光
停留点
格栅门
落叶松木
停留点
停留点
水刷石地面

居住者想要自公共道路进入室内，需在两个转角处略停顿脚步，转变身体方向，这便自然形成了两个停留点。入户门虽为格栅门，但与公共道路间成正交关系，行人无法透过格子间的缝隙看到室内情况，居住起来更加安心。

B一楼正等轴测图

2 ≫ 玄关正面。木质格栅门给人以柔和的印象。

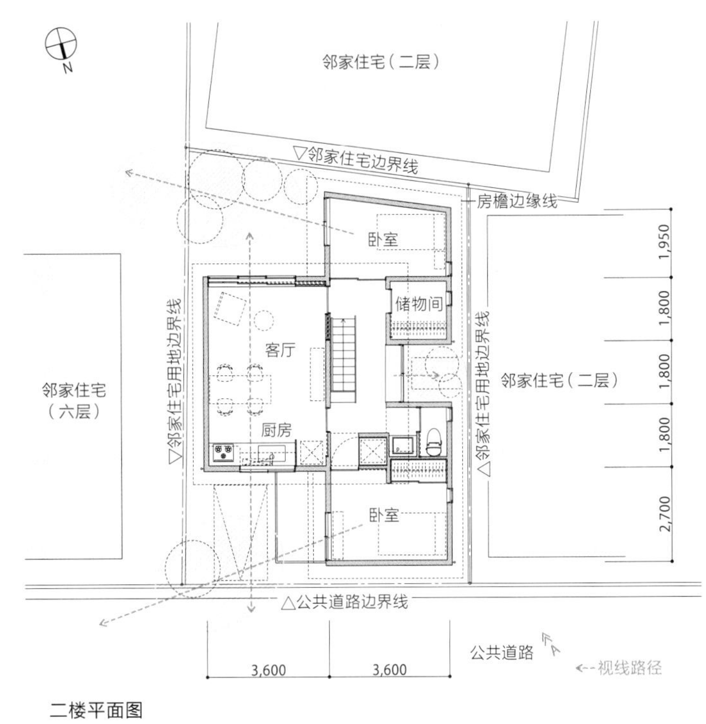

N
邻家住宅（二层）
▽邻家住宅边界线
房檐边缘线
卧室
储物间
客厅
厨房
卧室
▽邻家住宅用地边界线
△邻家住宅用地边界线
邻家住宅（六层）
邻家住宅（二层）
1,950
1,800
1,800
1,800
2,700
△公共道路边界线
3,600
3,600
公共道路
←--视线路径

二楼平面图

佳案赏析1　案例K

于家中感受阳光流动，欣赏四时风光

案例K的住户从大城市的商品楼搬进了家乡的自建房。

在设计住宅时，住户提出了两点需求，一是要能够让孩子亲近大自然；二是要确保夫妻二人在居家办公的同时，还可以顺便完成家务。

在餐厅感受夕阳余晖。
右：住宅南侧是大片的农田。

设计师第一次到案例K的住宅用地实地勘测，是在某一年的五月末。该住宅用地南侧是一大片农田，清澈的池水倒映着湛蓝的天空，嫩绿的幼苗焕发着勃勃生机；北侧则是护院林，林前是老宅的主屋、耳房，以及一间老旧仓库。重新设计后，新建的房屋为悬山顶结构，坐北朝南，东西方向长、南北方向短，方便居住者欣赏住宅南侧的田园风光。但在设计窗户时，设计师却遇到了难题，不知应该如何设计才能更好地展现田园风景。

就在设计师冥思苦想之际，在当地土生土长的住户提出了另一条要求："我希望站在二楼时，向东望去，能够看到辽阔的天空，向西望去可以看到栗子树和远处的山。"设计师从中获得了灵感——既然东南西北四个方向皆有秀丽的风景，为何不在四个方向都安装观景窗呢？南北方向为近景，东西方向为远景，屋内四方皆有窗，人无论在家中何处，都可以看到外界的自然风光。

一楼走廊为东西走向，主卧室、卫生间以及储物柜排布在走廊两侧。走廊较宽，尽头是洗漱台。两间儿童房之间以推拉门作为隔断。儿童房与主卧室内无储物柜，存取物品需走出房间来到走廊，这样的设计增加了家人之间接触的机会，拉近了彼此的距离。

走廊的东北角是通往二楼的楼梯，共十二级台阶。上楼后即是客厅，二楼的阳台、客厅、餐厅、办公区等各功能区之间仅以垭口进行软性区隔。垭口除具备隔断的功能之外，还可以在视觉上增加房屋东西方向的进深，令居住者在欣赏东西方向的远景时获得更好的观景体验。

左：无论户外是暴风骤雨，还是烈日当头，居住者都可以在嵌入式阳台欣赏窗外风景，不会受到天气因素的制约。
中：厨房与书房相邻。图中左侧区域便是书房，吊顶较低。
右上·右中：厨房吊柜内摆放着主人心爱的工艺品和餐具。
右下：窗边的工艺品。

清晨，阳光跃入东侧的阳台，拉开了一天的序幕。正午，明媚的阳光自南窗而入洒落地面，窗外是大片的农田。傍晚，夕阳柔和的余晖透过小小的西窗进入室内，在墙面上形成一层淡淡的阴影。居住者在家中办公、做家务时，能够通过光影及明暗的变化感受时间的流动，通过窗外水稻、树木的变化感受四季的变换。

虽然案例K只是建在农田旁的一栋结构简单的悬山顶自建房，但是却处处体现着设计的巧思，家中无一处不舒适、妥帖，居住者足不出户便可与自然亲密接触，感受时间的流淌。

左：居住者在工作间隙，可以抬头看一看小窗外秀美的自然风景。
中：食品储藏室正好掩藏在墙后。
右：走廊较宽，两侧可摆放家具，孩子们平时也可以在这里玩耍。

本页

右上：卧室门较窄，可营造出更加安静的休息环境。

右下：走廊的尽头是洗漱间。

左上：阳光穿过楼梯，洒落在走廊。

左中：两间儿童房之间以推拉门做隔断，住户计划未来将其改建为两个完全独立的房间。

左下：洗衣房与更衣室[①]分离，增大储物空间。

① 更衣室：本书中的更衣室指日本人洗澡前后穿脱衣服的场所。（译者注）

本页
右：玄关的小窗。设计师特意控制玄关的采光效果，使略显昏暗的玄关与明亮的室外风景形成对比。
左：住宅西侧的旧仓库。

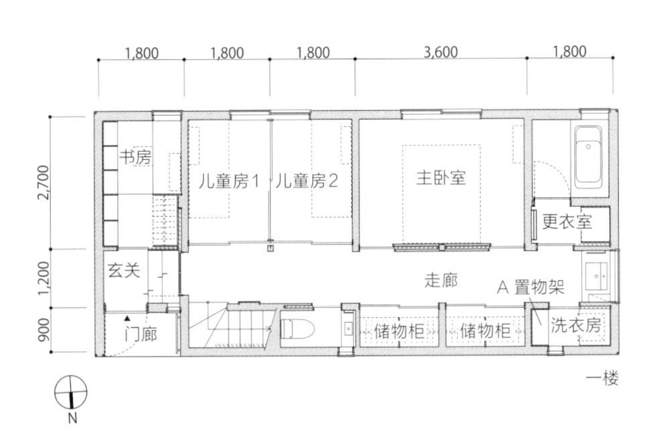
1,800
1,800
1,800
3,600
1,800
2,700
1,200
900
书房
儿童房1
儿童房2
主卧室
更衣室
玄关
走廊
A 置物架
门廊
储物柜
储物柜
洗衣房
一楼
N

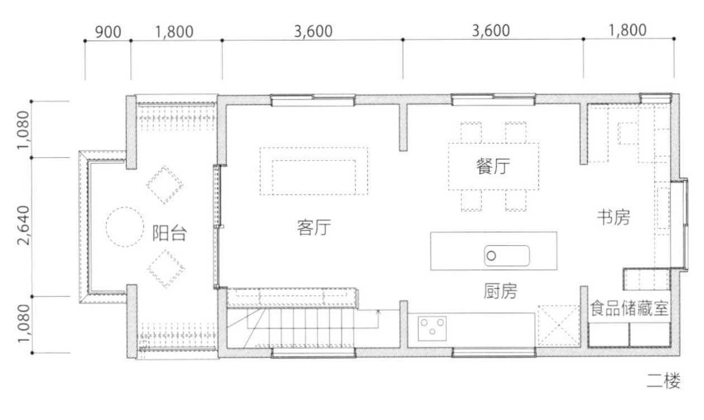
900
1,800
3,600
3,600
1,800
1,080
2,640
1,080
阳台
客厅
餐厅
书房
厨房
食品储藏室
二楼

平面图

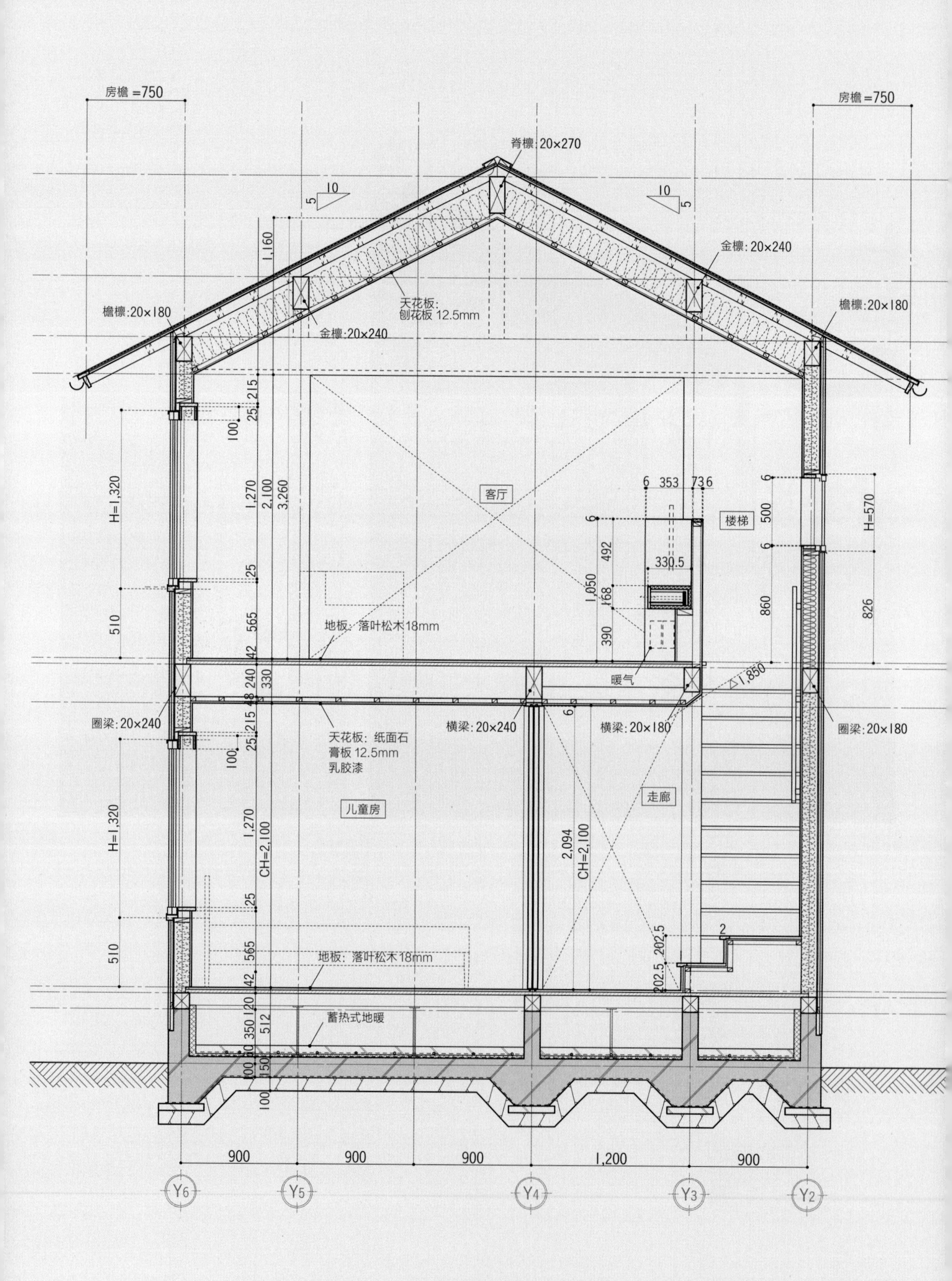

房檐 =750
房檐 =750
脊檩：20×270
金檩：20×240
天花板：刨花板 12.5mm
金檩：20×240
檐檩：20×180
檐檩：20×180
客厅
楼梯
暖气
地板：落叶松木 18mm
圈梁：20×240
天花板：纸面石膏板 12.5mm 乳胶漆
横梁：20×240
横梁：20×180
圈梁：20×180
走廊
儿童房
地板：落叶松木 18mm
蓄热式地暖
H=1,320
H=1,320
H=570
CH=2,100
CH=2,100
900
900
900
1,200
900
Y6
Y5
Y4
Y3
Y2

第2章

如何布置客厅与餐厅

家，应该是我们离开公司或学校后，与家人一起，或独自一人，平静享受悠闲时光的地方。但现在双职工的比例逐渐升高，夫妻二人白天要出门工作，下班回到家中还必须立刻投身家务，照顾子女。此外，随着互联网技术的发展，居家办公逐渐成为潮流，办公区、生活区混在一起，致使整个家常常处于忙乱的氛围之中。

既然家务与工作无法避免，那么至少要将家中的客厅布置为宁静、舒适的休闲空间，我们可以在这样的客厅中放松地与家人交谈，或是独自读书、观影、沉思、放空。过去日本的住宅通常是“客餐厅+独立厨房”的布局。但是现代人工作忙、生活节奏快，频繁来往于餐厅与厨房之间会显得忙乱，而且餐厅的忙乱气氛也会传到客厅。

因此，我们需要打破传统认知，对各个空间重新进行划分，将餐厅与厨房这两个“做饭”“吃饭”的动态场所合二为一，与客厅保持一定距离，确保客厅的宁静。此外，还可以通过合理设计各房间大小、窗户类型、家具及饰面材质等方式，营造恰到好处的休闲感，打造宁静舒适的居住空间。

西南侧腰窗的下窗框距地面610mm，居住者坐在沙发上时会感到更加安心。

吊顶：美洲杉木8mm
2100
窗边宽走廊
食品储藏室
厨房
餐厅
地板（露台）：
龙脑香木20mm
地板：樱桃木12mm

A局部图

玄关、木地板露台、窗边宽走廊区域的地面均比餐厅地面低200mm。设计师利用这种阶梯式布局增加室内空间与庭院间的距离感，营造出宁静的餐厅氛围。这200mm的高度差也恰好方便居住者坐下欣赏窗外的风景。

餐厅与窗边宽走廊、餐厅与厨房之间以垭口作为软性隔断。垭口、窗户上窗框以及窗边宽走廊安装的定制书柜三者高度一致，空间整体和谐统一。

J

在家中追寻阳光的脚步

窗边区域通常是家中阳光最充足的地方，在这里晒太阳，温暖又舒服。但家中阳光区的位置会随着太阳的移动而移动，如果能有效利用这一点，我们就可以在家中打造多个如窗边区域般的"晒太阳休闲区"。

此处展示的住宅，主人希望自己在家中也能看到东北方向大片的农田，因此设计师在设计方案时，以"便于观赏农田风景"为首要目标。如A局部图所示，整栋住宅以餐厅为中心，东北侧是带有落地窗的宽走廊，西南侧则是腰窗与沙发。上午阳光洒落在窗边宽走廊一带，中午移动到厨房区域，下午移动到沙发所在的角落。无论是上午还是下午，居住者在家中总能寻找到阳光充足的地方晒晒太阳，欣赏窗外风景。

1 于厨房观窗边宽走廊。家中的阳光区会随太阳的移动而移动，上午是窗边宽走廊一带，下午时阳光区则会移动到厨房及客厅。

充分利用
窗边区域的光线明暗变化

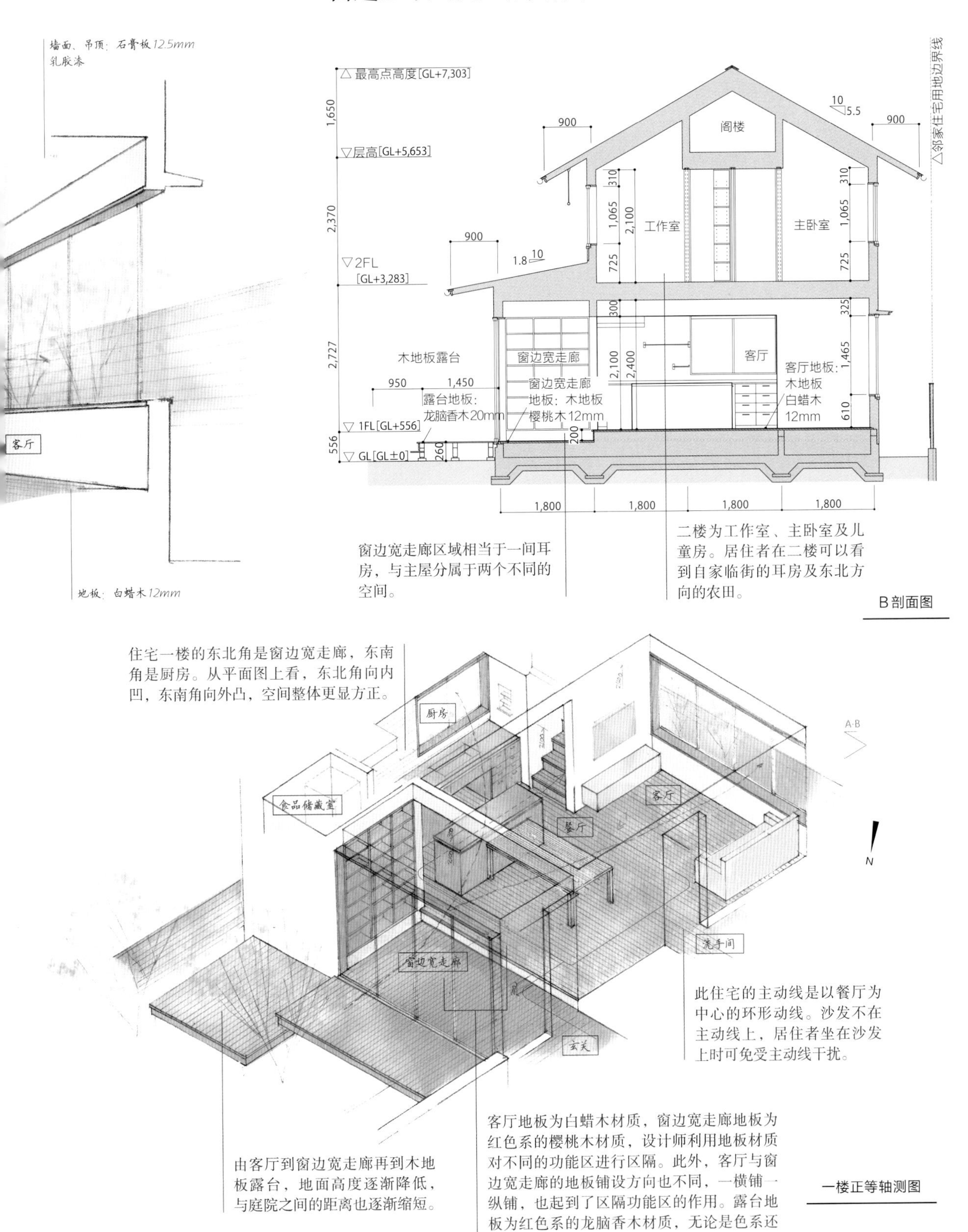

墙面、吊顶：石膏板12.5mm
乳胶漆
客厅
地板：白蜡木12mm
△最高点高度[GL+7,303]
▽层高[GL+5,653]
▽2FL
[GL+3,283]
▽1FL[GL+556]
▽GL[GL±0]
1,650
2,370
2,727
556
900
阁楼
工作室
主卧室
△邻家住宅用地边界线
木地板露台
窗边宽走廊
客厅
950
1,450
露台地板：
龙脑香木20mm
窗边宽走廊
地板：木地板
樱桃木12mm
客厅地板：
木地板
白蜡木
12mm
1,800
1,800
1,800
1,800
窗边宽走廊区域相当于一间耳房，与主屋分属于两个不同的空间。
二楼为工作室、主卧室及儿童房。居住者在二楼可以看到自家临街的耳房及东北方向的农田。
B剖面图
住宅一楼的东北角是窗边宽走廊，东南角是厨房。从平面图上看，东北角向内凹，东南角向外凸，空间整体更显方正。
厨房
食品储藏室
餐厅
客厅
洗手间
窗边宽走廊
玄关
N
此住宅的主动线是以餐厅为中心的环形动线。沙发不在主动线上，居住者坐在沙发上时可免受主动线干扰。
由客厅到窗边宽走廊再到木地板露台，地面高度逐渐降低，与庭院之间的距离也逐渐缩短。
客厅地板为白蜡木材质，窗边宽走廊地板为红色系的樱桃木材质，设计师利用地板材质对不同的功能区进行区隔。此外，客厅与窗边宽走廊的地板铺设方向也不同，一横铺一纵铺，也起到了区隔功能区的作用。露台地板为红色系的龙脑香木材质，无论是色系还是铺设方向均与窗边宽走廊相同。
一楼正等轴测图

1 于餐厅观客厅。在明亮的餐厅与客厅之间，是昏暗的过道，在视觉上加大了空间的进深。

利用过道转换心情，调节气氛

家中如果有小朋友，工作日时，餐厅和厨房总是略显忙乱。如果客厅紧邻餐厅、厨房，忙乱的气氛也会传到客厅，使得在客厅的人也无法静下心休息。针对此种情况，建议在餐厨区域与客厅之间设置一个缓冲空间，确保客厅不受干扰。

此处展示的住宅，楼梯旁是一条较宽的过道，过道有吊顶，吊顶高度低于两侧的餐厅与客厅。餐厅、厨房为动态区域，重心较高（此处重心指人坐在餐椅上时双眼的位置）；客厅为静态区域，重心较低（指人坐在沙发上时双眼的位置）。居住者往来于餐厨区域与客厅之间时，可以在中间的过道处转换心情。

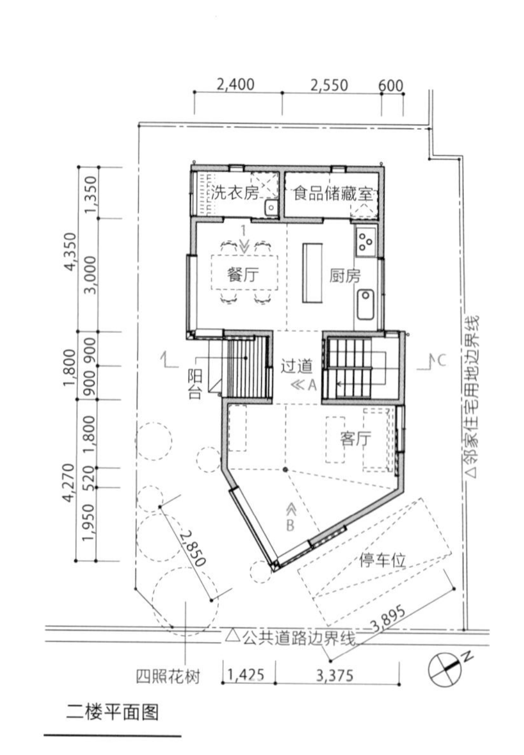

2,400
2,550
600
1,350
4,350
3,000
1,800
900
900
4,270
1,800
520
1,950
洗衣房
食品储藏室
餐厅
厨房
阳台
过道
A
C
客厅
B
2,850
停车位
3,895
△公共道路边界线
△邻家住宅用地边界线
四照花树
1,425
3,375
N

二楼平面图

打造功能型餐厅与休闲型客厅

过道将客厅与餐厨区域分割为两个空间。过道宽1,500mm，进深1,800mm，吊顶高2,100mm，吊顶内安装有各个房间的空调配件。

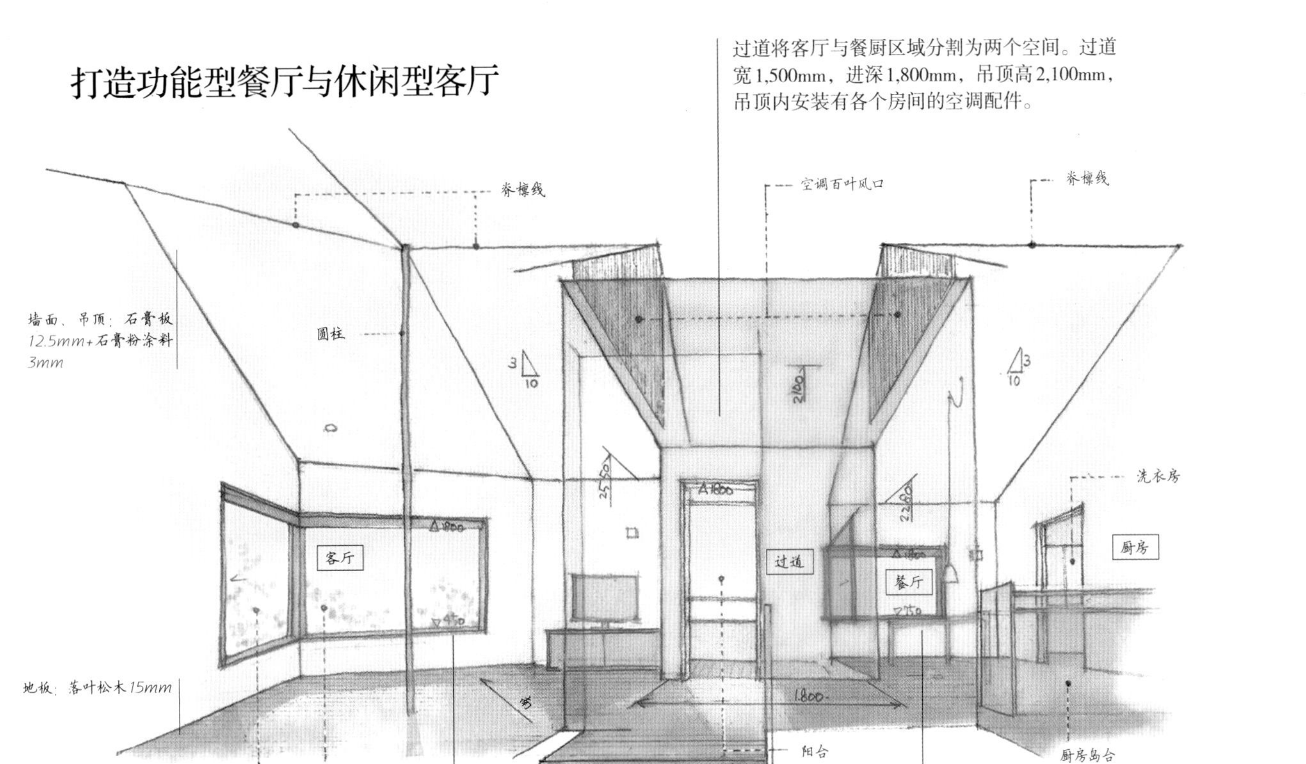

脊檩线
空调百叶风口
脊檩线
墙面、吊顶：石膏板12.5mm+石膏粉涂料3mm
圆柱
2180
2550
2280
洗衣房
客厅
过道
餐厅
厨房
1800
地板：落叶松木15mm
阳台
厨房岛台
单扇推拉门
固定窗

不同于餐厨区域的忙乱，客厅是家中宁静的休闲空间。腰窗位置较低，窗台距离地面450mm，降低了空间重心。

餐厨区域为紧凑型设计，以方便使用为第一原则。腰窗窗台高度与餐桌高度一致，使房间更显宽敞、通透。

A局部图

为确保室内通风，客厅南北两侧均安装有窗。沙发背后为木格窗。到了晚上，木格窗与整个墙面融为一体，温暖静谧。

脊檩线
空调百叶风口
墙面、吊顶：砂浆墙面+石膏粉涂料
圆柱
餐厅
客厅
木格窗
电视柜
厨房岛台
地板：落叶松木

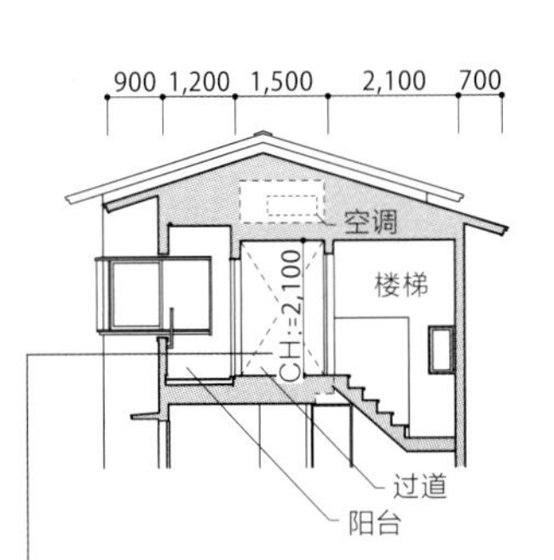

900
1,200
1,500
2,100
700
空调
楼梯
CH=2,100
过道
阳台

腰窗窗台距离地面仅450mm，居住者透过腰窗可以看到入户通道旁栽种的四照花树。四照花树开花时花瓣正面向上，适合在二楼俯视观赏。

沙发摆放在客厅西北角，不易看到餐厅和厨房内的情景，舒适又安静。

过道虽吊顶较低，但与阳台相邻，因此并无狭窄、压抑之感。过道与楼梯之间有推拉门，打开推拉门后，可以从楼梯看到窗外的风景。

C剖面图

B局部图

两代人同住，互不干扰

两代人同住的家庭，在设计住宅时必须考虑到彼此生活节奏的差异性。建议在客厅与餐厅间设置软性隔断，能够提高各房间的利用效率。

此处展示的住宅，由一栋房龄五十年的老房子改建而成，父母与成年子女两代人共同居住。设计主旨是确保两代人在生活中保持一种若即若离的状态，既不过分亲密，也不完全隔绝。例如，子女在餐厨区域用餐时，父母想在客厅休闲放松，这时可以在客厅与餐厨区域之间安装一扇玻璃推拉门充当隔断，两代人既能感受到彼此的存在，又可以互不干扰地享受自己的生活。

1 于餐厅观客厅。客厅落地窗为嵌入式窗框结构，极大地削弱了窗户的存在感。嵌入式窗框可以提高住宅的气密性。此外，这样的设计使得居住者在室内时不容易看到放在露台的拖鞋，也削弱了日常生活的琐碎、杂乱之感。

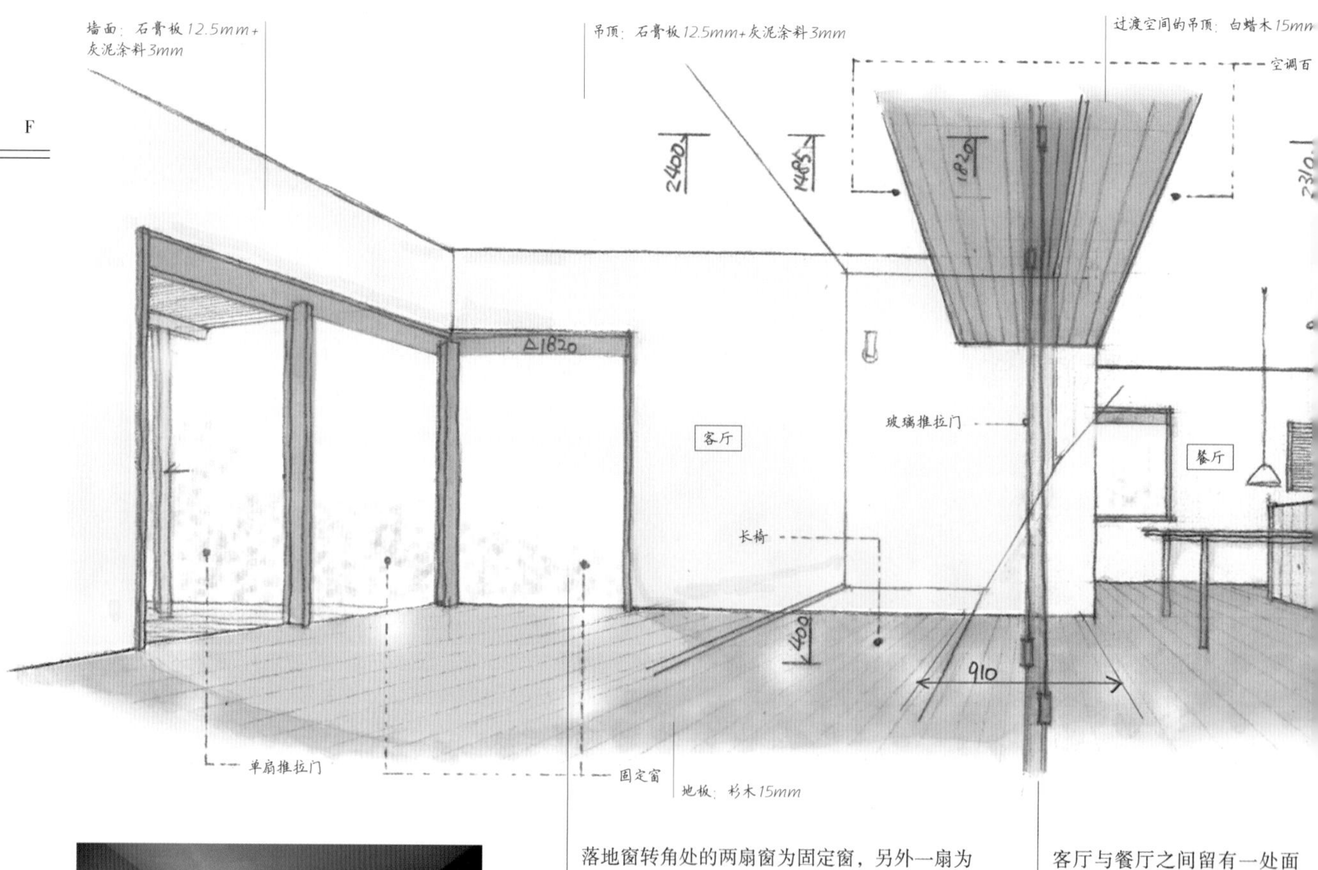
墙面：石膏板12.5mm+灰泥涂料3mm
吊顶：石膏板12.5mm+灰泥涂料3mm
过渡空间的吊顶：白蜡木15mm
2400
1485
1820
2310
△1820
客厅
玻璃推拉门
餐厅
长椅
400
910
单扇推拉门
固定窗
地板：杉木15mm

落地窗转角处的两扇窗为固定窗，另外一扇为推拉窗。设计师最大限度地压缩了室内落地窗的面积，提高了空间的气密性。此外，限定推拉窗的位置与数量也可以降低施工成本。

客厅与餐厅之间留有一处面宽1,810mm、高1,820mm的过渡空间作为两者间的分界。过渡空间的正中为玻璃推拉门，设计师尽可能削弱门框的存在感，使得客厅与餐厅并未完全隔断为两个独立的空间。

2 客厅东侧。“L”形落地窗安装有入墙式日式木窗格。白天将木窗格完全推入墙内后，居住者可以透过毫无遮挡的大玻璃窗欣赏庭院风景。

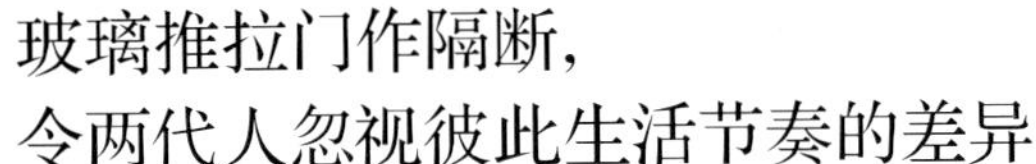

玻璃推拉门作隔断，令两代人忽视彼此生活节奏的差异

木地板露台
榻榻米室
客厅
榻榻米室
厨房
洗漱间
玄关
榻榻米室
改建前的一楼平面图
砂浆地面区域
木地板露台
榻榻米区
卧室
390
客厅
长椅
置物架
走廊
收纳柜
餐厅
更衣室
洗漱间
玄关
厨房
180
350
车位
耳房
门廊
公共道路边界线
动线
1,425
3,640
910
1,820
1,820
4,550
910
1,820
3,185
1,365
1,820
910
910
910
1,810
1,520
2,730
1,820
3,330
一楼平面图
厨房岛台
A局部图
楼梯
正对楼梯的换气窗
置物架
长椅靠背
客厅
长椅
收纳柜
空调百叶风口
百叶窗窗帘盒
餐厅
单扇推拉门
玻璃推拉门
固定窗
铝合金踢脚线
B局部图

玻璃推拉门所处的过渡空间面宽1,810mm，进深910mm，吊顶内部安装有各房间的空调配件，不浪费头顶的空间。

厨房岛台并未靠墙，四面皆可通行，形成了一条以该岛台为中心的环形动线，提高了做家务的效率。

考虑到两代人的生物钟不同，设计师将父母的卧室设置在一楼，父母可以从卧室直接前往厨卫和餐厅，无需经过客厅。

改建前，餐厅和厨房晒不到阳光。改建后，设计师改变了厨卫的位置，餐厨区域拥有了南窗，既确保了采光，还方便居住者在用餐时欣赏庭院的风景。

为了缩窄客厅与餐厨区域之间过渡空间的面宽，设计师在住宅最中央的位置设置了收纳柜与楼梯。住宅整体形成了以楼梯为中心的环形动线结构。

为了避免客厅与餐厨区域相连变为一个大开间，设计师在两区域间设计了一处过渡空间，过渡空间吊顶低于客厅与餐厨区域。较低的吊顶限制了玻璃推拉门的尺寸，一定程度上可以减轻门框的翘曲程度。

客厅北侧的部分空间恰好位于楼梯正下方，属于从餐厨方向看不到的死角区域。设计师在此布置了长椅与置物架，将其改造为休息区。

客厅与餐厨区域之间以玻璃推拉门为隔断。居住者站在厨房内向客厅方向望去，可以透过客厅的落地窗看到外界的风景，在视觉上加大了空间的进深。

在客厅南侧窗边享受阅读的快乐

厨房与客餐厅之间利用垭口作软性隔断，将视线路径限定为南北走向。垭口上方的墙体内安装有空调及抽油烟机的通风管道。

由于日本对临街建筑的高度有限制，因此该住宅临街栋采用单坡顶结构，屋顶北低南高。LDK区域位于临街栋二楼，临街的北侧采用与屋顶走向相同的斜坡式吊顶，南侧窗边附近则更换为平面式吊顶。设计师降低了吊顶的高度，削弱了斜坡式吊顶的方向性。

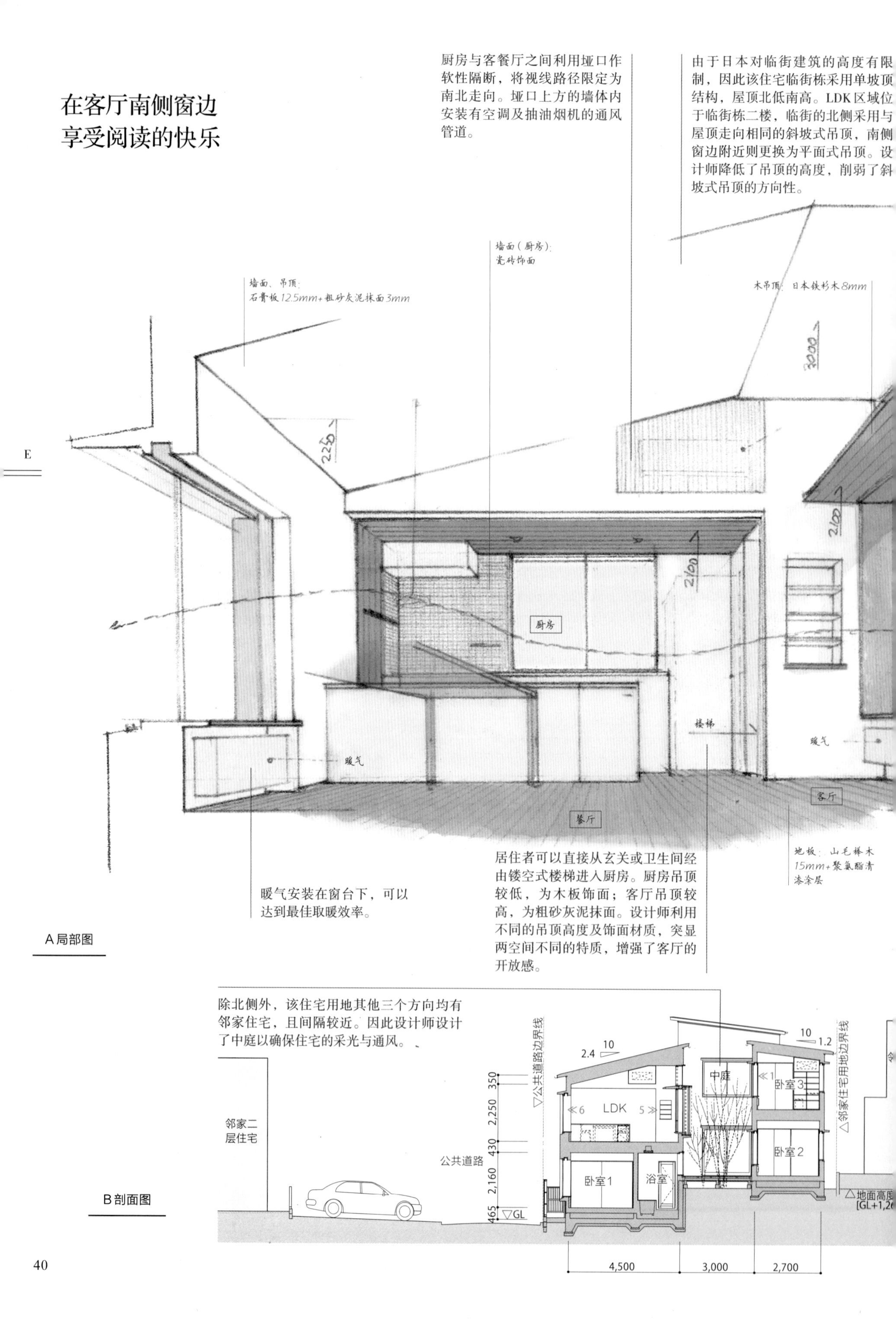

墙面、吊顶：
石膏板12.5mm+粗砂灰泥抹面3mm
墙面（厨房）：
瓷砖饰面
木吊顶：日本铁杉木8mm
2250
3000
2100
2100
2100
E
厨房
楼梯
暖气
暖气
餐厅
客厅
地板：山毛榉木15mm+聚氨酯清漆涂层
邻家二层住宅
公共道路
▽公共道路边界线
△邻家住宅用地边界线
△地面高度
[GL+1,2
2.4
10
10
1.2
LDK
≪6
5≫
中庭
≪1
卧室3
卧室2
卧室1
浴室
350
2,250
430
2,160
465
▽GL
4,500
3,000
2,700

居住者可以直接从玄关或卫生间经由镂空式楼梯进入厨房。厨房吊顶较低，为木板饰面；客厅吊顶较高，为粗砂灰泥抹面。设计师利用不同的吊顶高度及饰面材质，突显两空间不同的特质，增强了客厅的开放感。

暖气安装在窗台下，可以达到最佳取暖效率。

A局部图

除北侧外，该住宅用地其他三个方向均有邻家住宅，且间隔较近。因此设计师设计了中庭以确保住宅的采光与通风。

B剖面图

外墙面：镀铝锌钢板材质波形板
固定窗
中庭

住宅用地南北存在半层楼高的高度差，因此南侧栋与北侧栋并未建在同一平面上。LDK区域的地面只比中庭地面高半层楼，中庭树木顶端枝叶恰好伸展至LDK区域窗前，居住者坐在窗边即可近距离欣赏中庭风景。

集开放性与包围感于一体的客餐厅布局

LDK[①] 区域面积较小时，可以为每个功能区设计不同的特点，以达到增加空间进深的效果。此处展示的住宅，客厅与餐厅处于同一开间内，客厅位于南侧，窗外是中庭，空间开放，视野开阔；餐厅位于北侧，窗户面积较小，具备私密性及包围感。

此住宅用地三面被邻家住宅环绕，北侧临街，且临街一侧地面比南侧地面高出1,260mm。住宅主要由南北两栋小楼构成，以中庭相连，两栋小楼之间存在半层楼的高度差。为了确保采光，设计师将LDK区域布局在临街栋的二楼。LDK区域南侧窗外便是中庭，窗边是极佳的休闲区，可读书，可赏景，视野开阔，空间通透。而北侧的餐厅则被大面积的粗砂灰泥墙包围，确保用餐空间的安静与私密。

① LDK：指客厅、餐厅、厨房。（译者注）

∨ 1
于中庭观客厅（窗边区域）。在刚硬的镀铝锌钢板外墙饰面的对比之下，木质窗框更显柔和。

在餐厅北侧窗边
享受宁静的用餐时光

居住者从楼梯进入二楼LDK区域时，首先看到的是北侧包围感较强的用餐区域，视线左转则可以看到开阔的中庭。

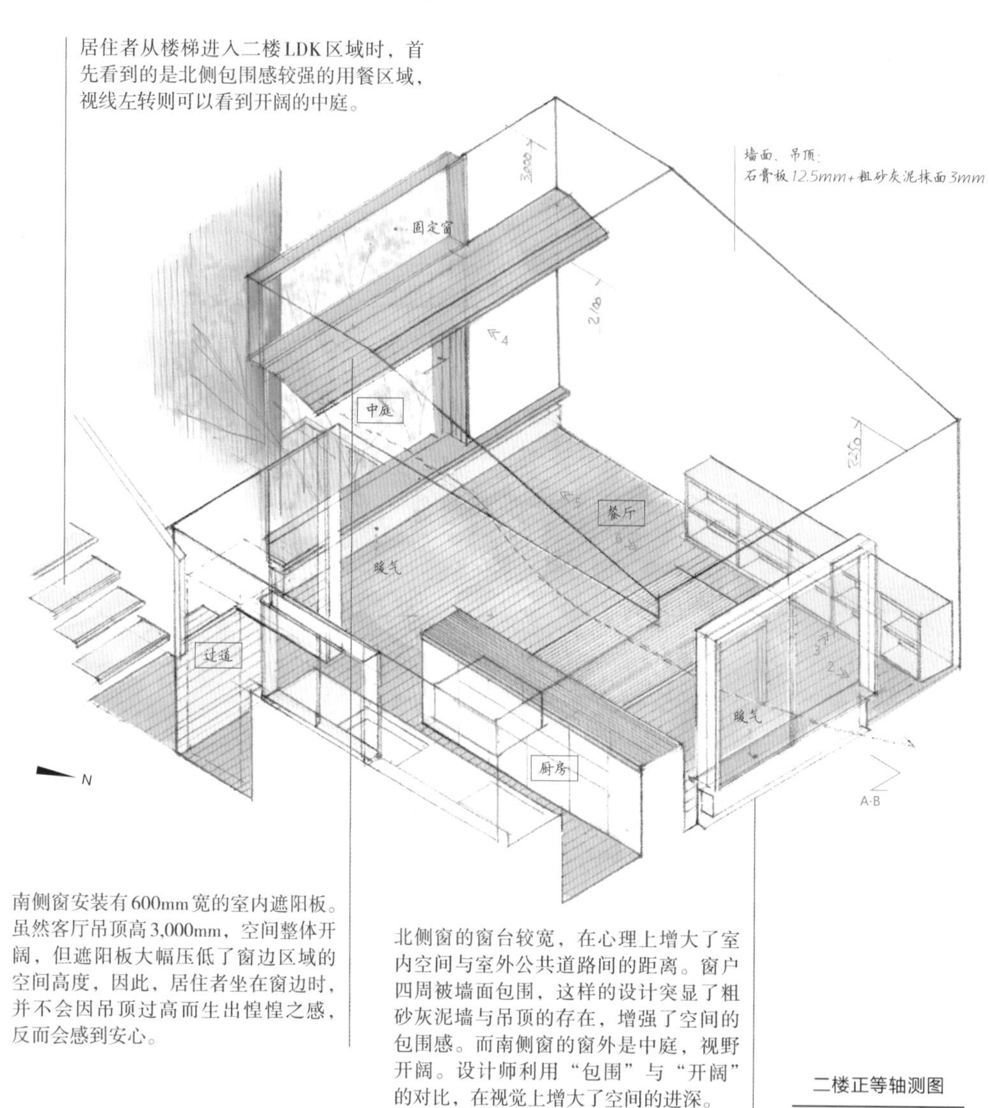

墙面、吊顶：
石膏板12.5mm+粗砂灰泥抹面3mm
3000
固定窗
2180
2250
中庭
餐厅
暖气
过道
厨房
暖气
N
A-B

南侧窗安装有600mm宽的室内遮阳板。虽然客厅吊顶高3,000mm，空间整体开阔，但遮阳板大幅压低了窗边区域的空间高度，因此，居住者坐在窗边时，并不会因吊顶过高而生出惶惶之感，反而会感到安心。

北侧窗的窗台较宽，在心理上增大了室内空间与室外公共道路间的距离。窗户四周被墙面包围，这样的设计突显了粗砂灰泥墙与吊顶的存在，增强了空间的包围感。而南侧窗的窗外是中庭，视野开阔。设计师利用“包围”与“开阔”的对比，在视觉上增大了空间的进深。

二楼正等轴测图

2 窗台边缘为圆弧状，居住者坐下后可以将手搭放在窗台边，安全又舒适。

3 北窗。窗户内侧墙面依然使用粗砂灰泥抹面。

4 遮阳板的边缘为圆弧状，显得轻巧、灵动。

E

5 于餐厅观客厅南侧窗边。由于北侧栋与南侧栋之间存在半层楼高的高度差，彼此间难以窥见对方的情况，因此居住者无需在意对面房间的视线。

6 北侧的餐厅。厨房岛台越过了垭口，占据了部分餐厅空间，将厨房与餐厅连在了一起。

餐厅吊顶全部用砂浆抹面，展现出包围感。客厅的斜面吊顶部分采用装饰薄木贴面，沙发区的吊顶部分采用普通木质板材饰面，展现出客厅空间的轻盈感，与餐厅的包围感形成反差。

客厅与餐厅之间的垭口并未
顶，垭口与吊顶之间有墙面
连，进一步加强了餐厅的包
感。外飘窗上窗框高度与垭
高度一致，窗框如同相框一
将中庭风景纳入其中。

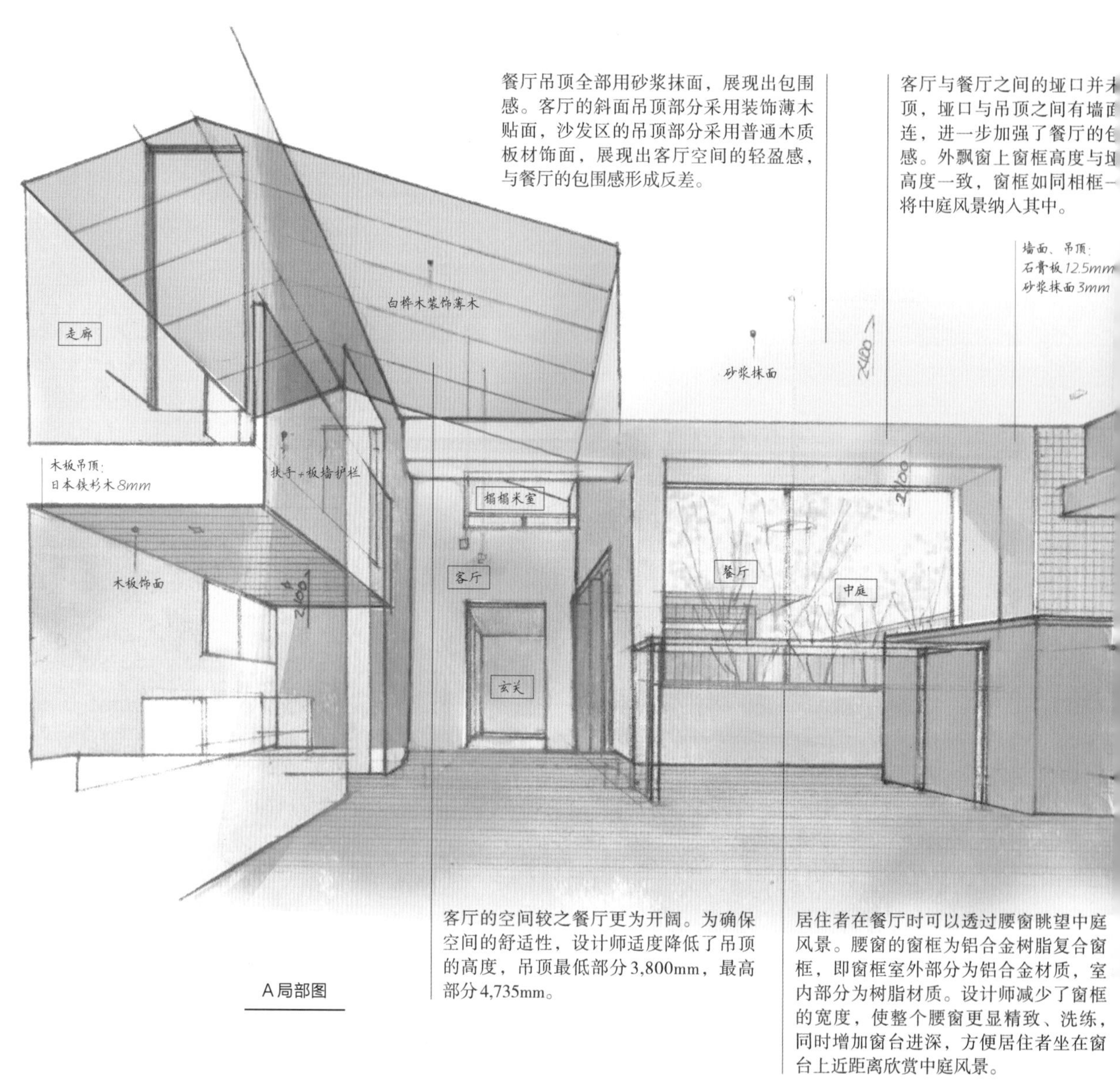

墙面、吊顶:
石膏板12.5mm
砂浆抹面3mm
白桦木装饰薄木
走廊
砂浆抹面
2400
木板吊顶:
日本铁杉木8mm
扶手+板墙护栏
榻榻米室
2100
客厅
餐厅
中庭
木板饰面
2100
玄关

客厅的空间较之餐厅更为开阔。为确保空间的舒适性，设计师适度降低了吊顶的高度，吊顶最低部分3,800mm，最高部分4,735mm。

居住者在餐厅时可以透过腰窗眺望中庭风景。腰窗的窗框为铝合金树脂复合窗框，即窗框室外部分为铝合金材质，室内部分为树脂材质。设计师减少了窗框的宽度，使整个腰窗更显精致、洗练，同时增加窗台进深，方便居住者坐在窗台上近距离欣赏中庭风景。

A局部图

以多种方式连接室内与中庭

有中庭的家庭都希望可以在家中随时随地欣赏到中庭的风景。针对此类情况，建议在整个家的中心位置设置一个类似酒店大厅的空间，利用该空间将中庭的气息传播到其他各房间。

此处展示的住宅，客厅邻中庭一侧墙面安装落地窗，室内为砂浆地面，不铺设木地板，地面高度也与中庭地面高度相近。客厅为挑高设计，上方挑空部分紧邻二楼走廊，该走廊也可作为书房使用。居住者在二楼走廊时，可以通过挑空感受中庭的气息。餐厨区域地面比中庭地面高609mm，从客厅进入餐厅需要登上两级台阶。客厅与餐厨区域之间无任何门窗作隔断，模糊了两者间的分界线，居住者在餐厨区域时也可感受到中庭的存在感。

1 阳光透过落地窗从南侧照进客厅。客厅为黑色砂浆地面，未铺设木地板，有利于冬季时保温。客厅装有地暖，利用挑空结构将热空气送入各个房间。

砂浆地面客厅
将中庭的气息传递到家中各处

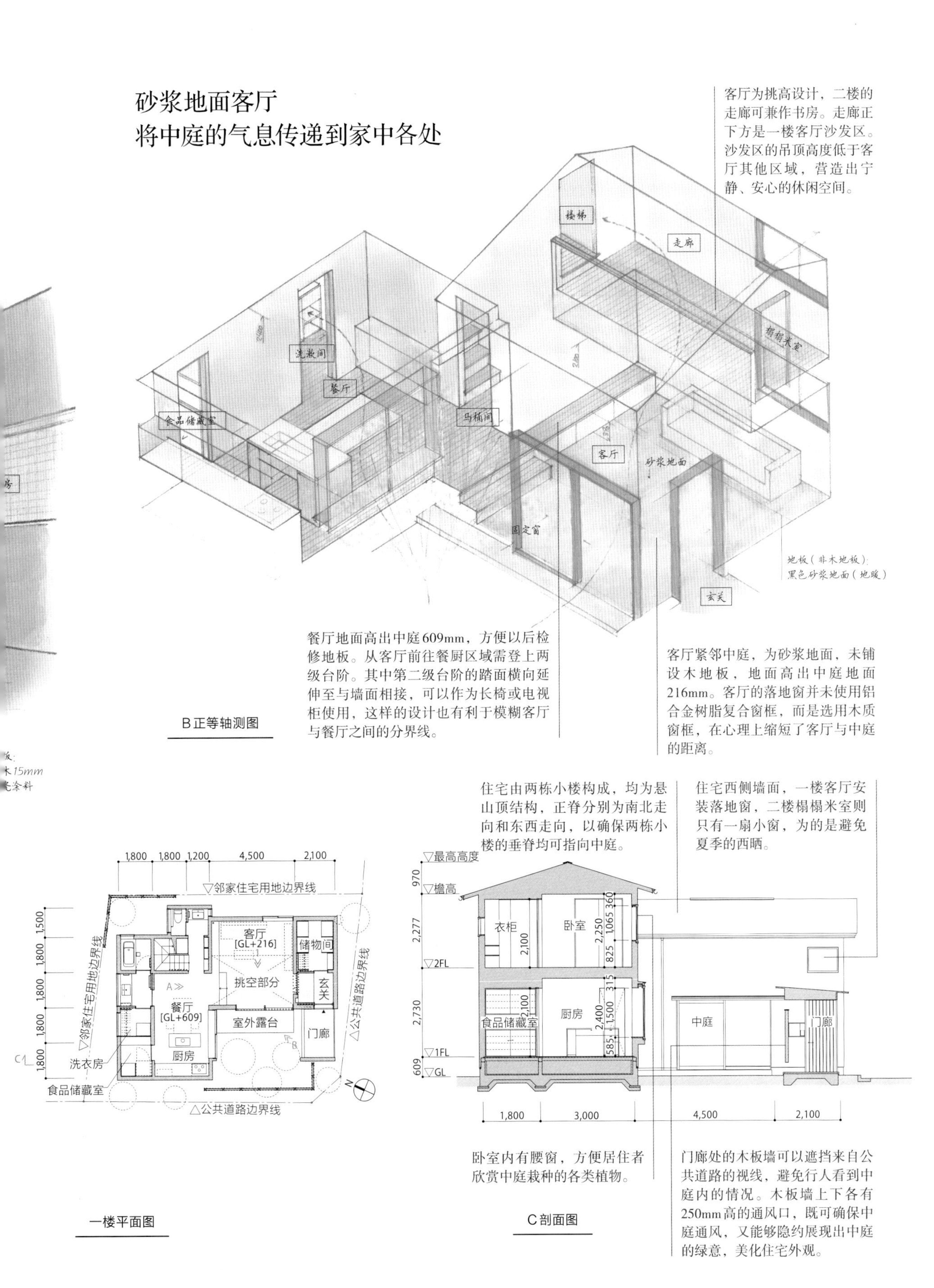

楼梯
走廊
榻榻米室
洗漱间
餐厅
食品储藏室
马桶间
客厅
砂浆地面
固定窗
玄关
地板（非木地板）：
黑色砂浆地面（地暖）
1,800 1,800 1,200 4,500 2,100
▽邻家住宅用地边界线
1,500 1,800 1,800 1,800 1,800
客厅 [GL+216]
储物间
挑空部分
玄关
餐厅 [GL+609]
室外露台
门廊
厨房
洗衣房
食品储藏室
▽邻家住宅用地边界线
△公共道路边界线
△公共道路边界线
▽最高高度
970
▽檐高
2,277
▽2FL
2,730
▽1FL
609
▽GL
衣柜
2,100
卧室
2,250
360
1,065
825
食品储藏室
2,100
厨房
2,400
315
1,500
585
中庭
门廊
1,800 3,000 4,500 2,100

客厅为挑高设计，二楼的走廊可兼作书房。走廊正下方是一楼客厅沙发区。沙发区的吊顶高度低于客厅其他区域，营造出宁静、安心的休闲空间。

餐厅地面高出中庭609mm，方便以后检修地板。从客厅前往餐厨区域需登上两级台阶。其中第二级台阶的踏面横向延伸至与墙面相接，可以作为长椅或电视柜使用，这样的设计也有利于模糊客厅与餐厅之间的分界线。

客厅紧邻中庭，为砂浆地面，未铺设木地板，地面高出中庭地面216mm。客厅的落地窗并未使用铝合金树脂复合窗框，而是选用木质窗框，在心理上缩短了客厅与中庭的距离。

B正等轴测图

住宅由两栋小楼构成，均为悬山顶结构，正脊分别为南北走向和东西走向，以确保两栋小楼的垂脊均可指向中庭。

住宅西侧墙面，一楼客厅安装落地窗，二楼榻榻米室则只有一扇小窗，为的是避免夏季的西晒。

卧室内有腰窗，方便居住者欣赏中庭栽种的各类植物。

门廊处的木板墙可以遮挡来自公共道路的视线，避免行人看到中庭内的情况。木板墙上下各有250mm高的通风口，既可确保中庭通风，又能够隐约展现出中庭的绿意，美化住宅外观。

一楼平面图

C剖面图

以柔和的方式连接室内外空间

如果室内外地面存在高度差，我们就需要考虑如何以柔和的方式连接室内外空间，使得两者间的高差不显得太突兀。而不同的连接方式也能赋予住宅不同的风格。此处展示的住宅，由玄关进入一楼室内空间时需登上一级台阶，设计师将这级台阶的踏面延长，将其变成了窗边宽走廊。窗边宽走廊位于客厅与木地板露台之间，且地板与露台地板处于同一高度，因此成为室内与室外空间之间的缓冲地带，以一种柔和的方式将室内外空间连在了一起。

设计师设计了两条动线由玄关通往LDK，分别是"玄关→窗边宽走廊→LDK"的主动线，以及"玄关→卫生间→LDK"的副动线。居住者回家后想要立即洗手，或是访客要借用卫生间时，就可以走这条副动线。

≪1 于玄关观窗边宽走廊。宽走廊的吊顶饰面也与其他房间不同，突显出空间转换之感。窗边宽走廊与LDK之间的垭口并未通顶，与吊顶之间有墙体相连，居住者可以直接席地而坐，欣赏窗外风景。

延长玄关台阶踏面，使其变为客厅的窗边宽走廊

窗边宽走廊的四面皆有墙面与吊顶相连，无论是推拉门、落地窗抑或是定制家具均未通顶。窗边宽走廊地面低于LDK区域200mm，方便居住者坐下休息。

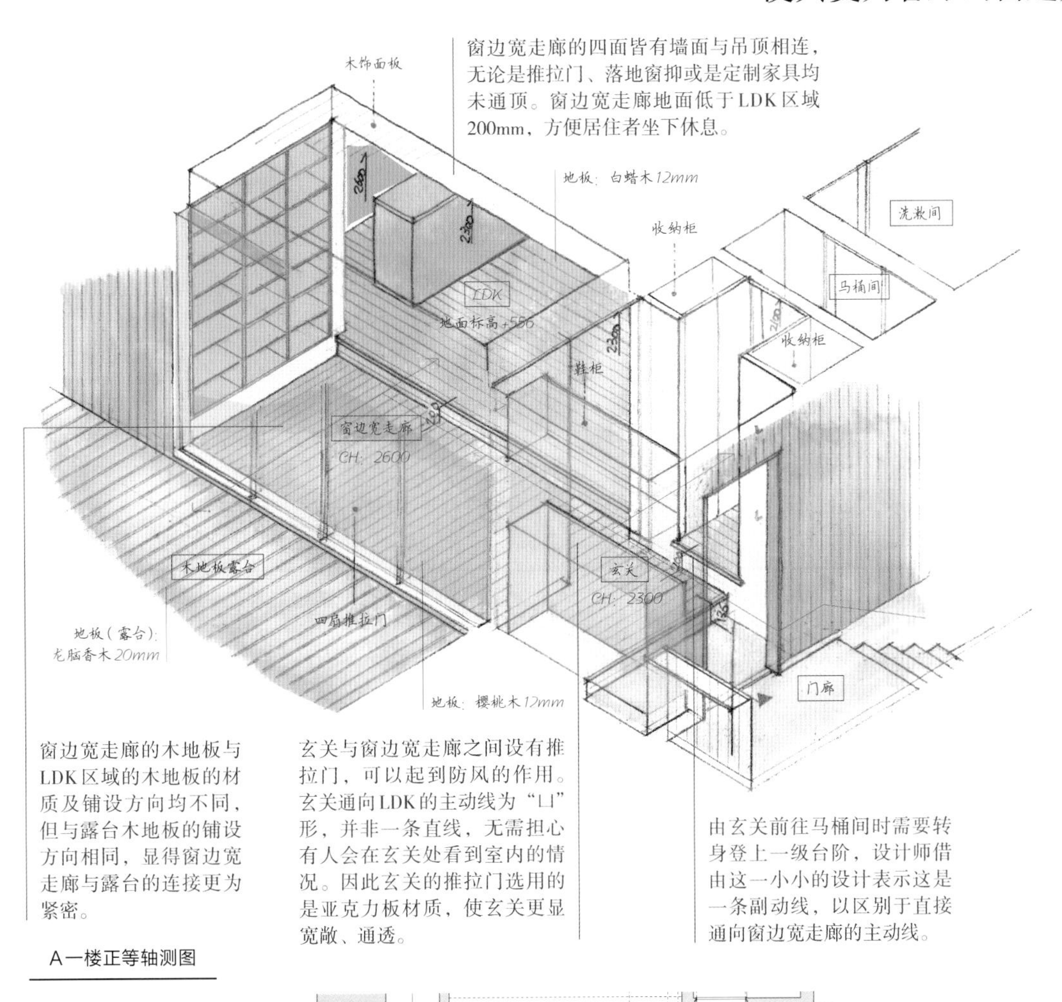

木饰面板
2600
2300
地板：白蜡木12mm
收纳柜
洗漱间
马桶间
收纳柜
LDK
地面标高+556
鞋柜
2300
窗边宽走廊
CH：2600
木地板露台
四扇推拉门
地板（露台）：
龙脑香木20mm
玄关
CH：2300
门廊
地板：樱桃木12mm

窗边宽走廊的木地板与LDK区域的木地板的材质及铺设方向均不同，但与露台木地板的铺设方向相同，显得窗边宽走廊与露台的连接更为紧密。

玄关与窗边宽走廊之间设有推拉门，可以起到防风的作用。玄关通向LDK的主动线为“L”形，并非一条直线，无需担心有人会在玄关处看到室内的情况。因此玄关的推拉门选用的是亚克力板材质，使玄关更显宽敞、通透。

由玄关前往马桶间时需要转身登上一级台阶，设计师借由这一小小的设计表示这是一条副动线，以区别于直接通向窗边宽走廊的主动线。

A一楼正等轴测图

居住者由公共道路经入户台阶进入门廊区域时，可以看到住宅东北方向广阔的农田。进入玄关后眼前景象骤变，瞬间被昏暗包围，但来自窗边宽走廊区域的阳光会引导人继续向前，重返阳光明媚的世界。

露台为两段式结构，一段高于庭院地面350mm，居住者可以直接席地而坐欣赏庭院风景。另一段高于庭院地面180mm，背靠食品储藏室的外墙而非落地窗，可摆放桌椅，不会影响到室内观景效果。

洗漱间
厨房
客厅与餐厅
[GL+556]
200
136
玄关
≪1
◀门廊
窗边宽走廊
[GL+356]
食品储藏室
木地板露台
[GL+180]
木地板露台
[GL+350]
自行车车位
← 动线
汽车车位
1,800
900
900
1,800
1,800　3,600　1,800　1,200

一楼平面图

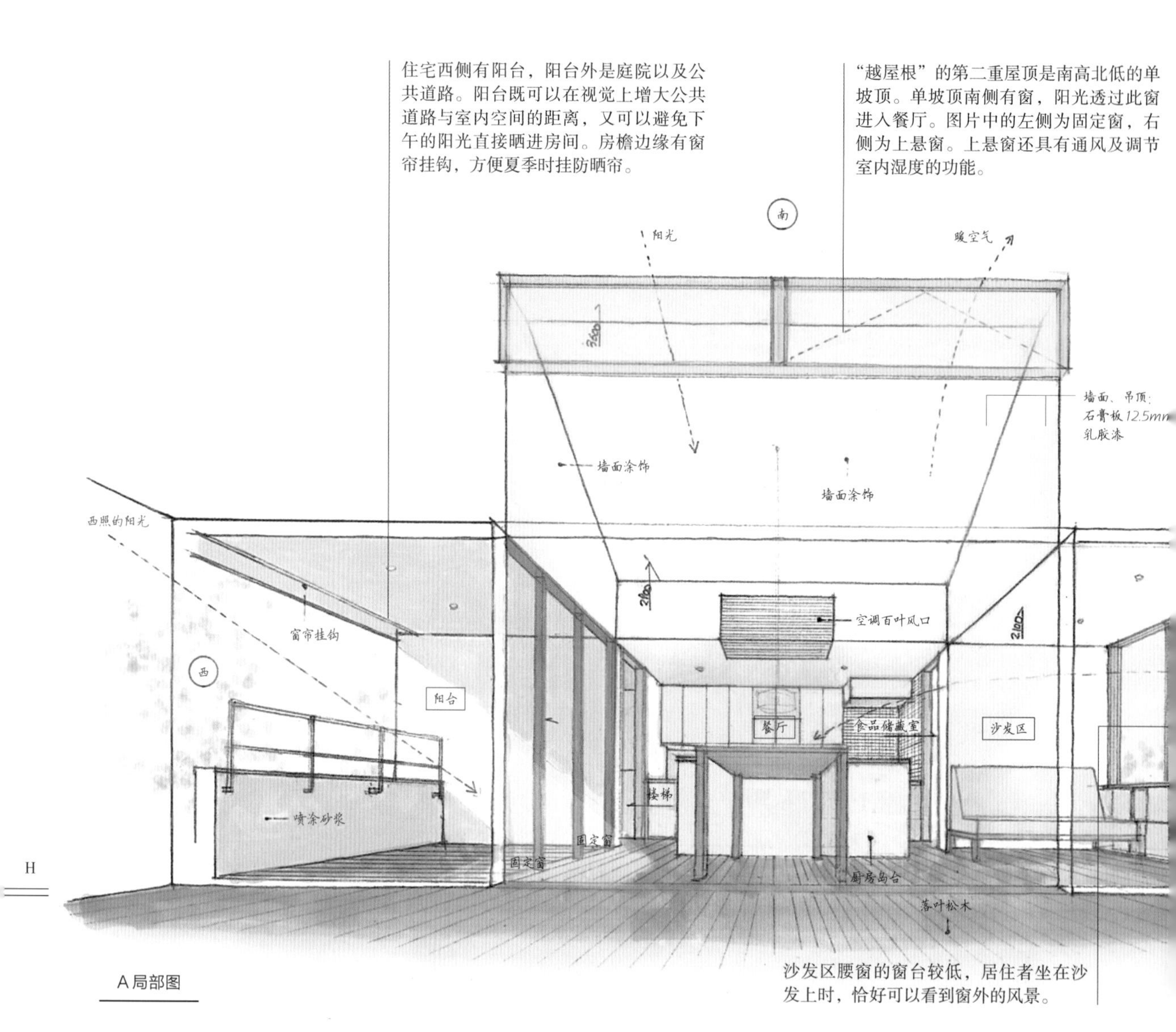
住宅西侧有阳台，阳台外是庭院以及公共道路。阳台既可以在视觉上增大公共道路与室内空间的距离，又可以避免下午的阳光直接晒进房间。房檐边缘有窗帘挂钩，方便夏季时挂防晒帘。
“越屋根”的第二重屋顶是南高北低的单坡顶。单坡顶南侧有窗，阳光透过此窗进入餐厅。图片中的左侧为固定窗，右侧为上悬窗。上悬窗还具有通风及调节室内湿度的功能。
南
阳光
暖空气
墙面、吊顶：
石膏板12.5mm
乳胶漆
墙面涂饰
墙面涂饰
西照的阳光
窗帘挂钩
西
阳台
空调百叶风口
餐厅
食品储藏室
沙发区
楼梯
喷涂砂浆
固定窗
固定窗
厨房岛台
落叶松木
沙发区腰窗的窗台较低，居住者坐在沙发上时，恰好可以看到窗外的风景。
A局部图

阖家欢聚区与休闲放松区

城市地区建筑密度大，很多住宅没有办法在房屋南侧设置大面积的玻璃窗。针对这种情况，建议选用“越屋根”结构的屋顶，以确保室内的通风与采光。

此处展示的住宅，如第49页的二楼正等轴测图所示，四角攒尖顶的正中心加盖了一重单坡顶。设计师控制了四角攒尖顶的高度，加盖的单坡顶南高北低，保证了室内的通风与采光。二楼的吊顶形状与屋顶形状相同，中间高、四周低。中间有单坡顶的部分阳光充沛，是阖家欢聚之地——餐厅；四周吊顶较低的部分则分布着厨房、阳台以及休闲放松的沙发区。

1 于餐厅观沙发区。客厅阳光充沛且吊顶较高，而沙发区（窗边）、厨房（图左）的吊顶较低，窗户面积较小，更加安静也更加私密。

利用吊顶的高度差，划分不同的功能区域

书房计划被改建为儿童房。书房与餐厅吊顶高度不同，设计师以此柔和的方式对两空间进行了分隔。关闭推拉门后，书房就变为一个完全独立的空间。今后还可以在书房正中建隔断墙，将书房分为两个约6.62㎡的房间。

窗台下方做书柜，可在感官上加大室内与室外的距离。设计师通过降低家具高度以降低空间重心，与餐厅形成对比。

阳台南侧为隔断墙，既可以营造出“包围感”，又可以确保阳台与防火区[①]之间有5m的距离，便于安装木质窗框。

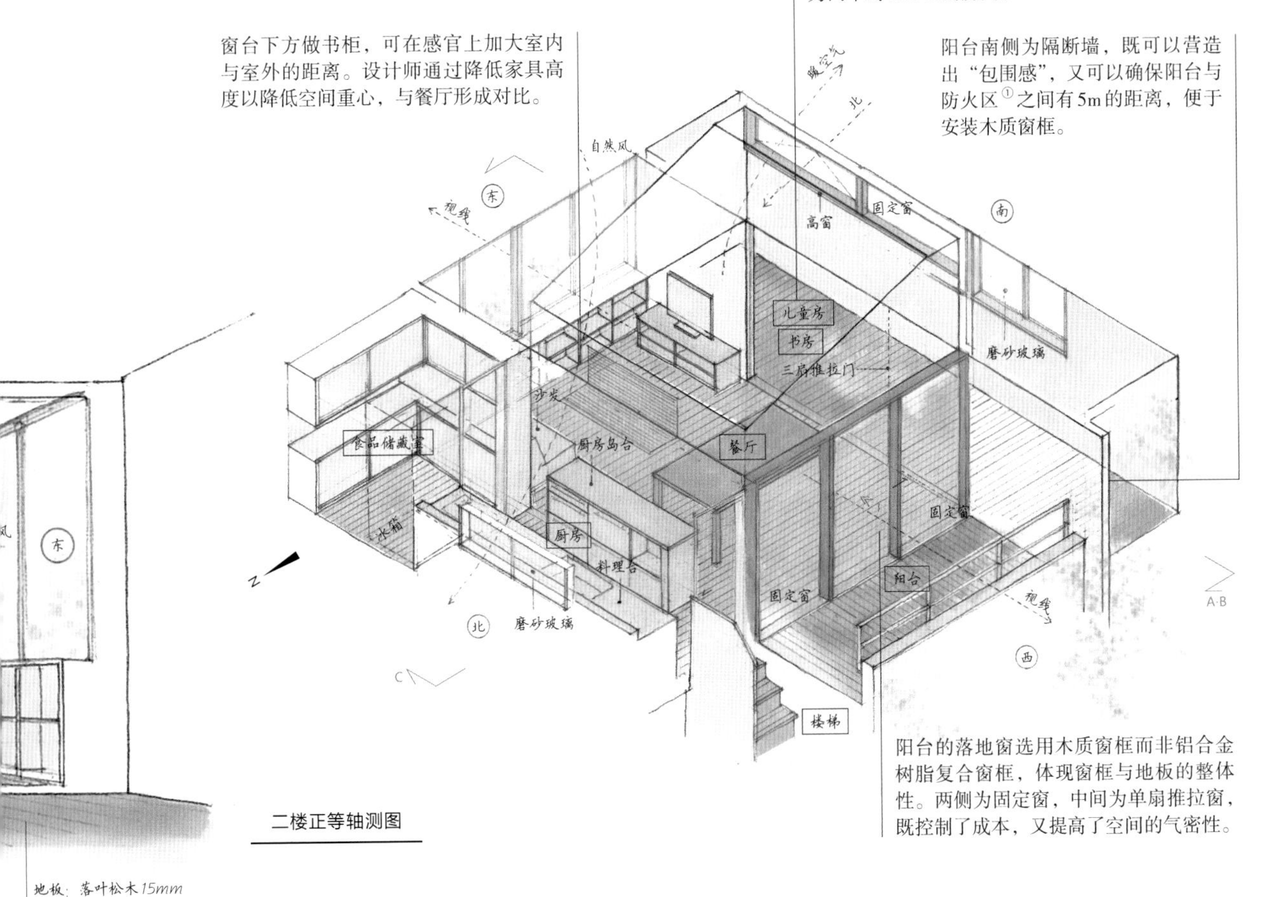

自然风
东
南
北
西
高窗
固定窗
儿童房
书房
三扇推拉门
磨砂玻璃
沙发
食品储藏室
厨房岛台
餐厅
水箱
厨房
料理台
固定窗
阳台
楼梯

阳台的落地窗选用木质窗框而非铝合金树脂复合窗框，体现窗框与地板的整体性。两侧为固定窗，中间为单扇推拉窗，既控制了成本，又提高了空间的气密性。

二楼正等轴测图

地板：落叶松木15mm

阳台为嵌入式阳台，下雨天时居住者也可以自由出入。入户通道两侧种有白栎树和枫树，顶端部分的枝叶恰好伸展至阳台前方。

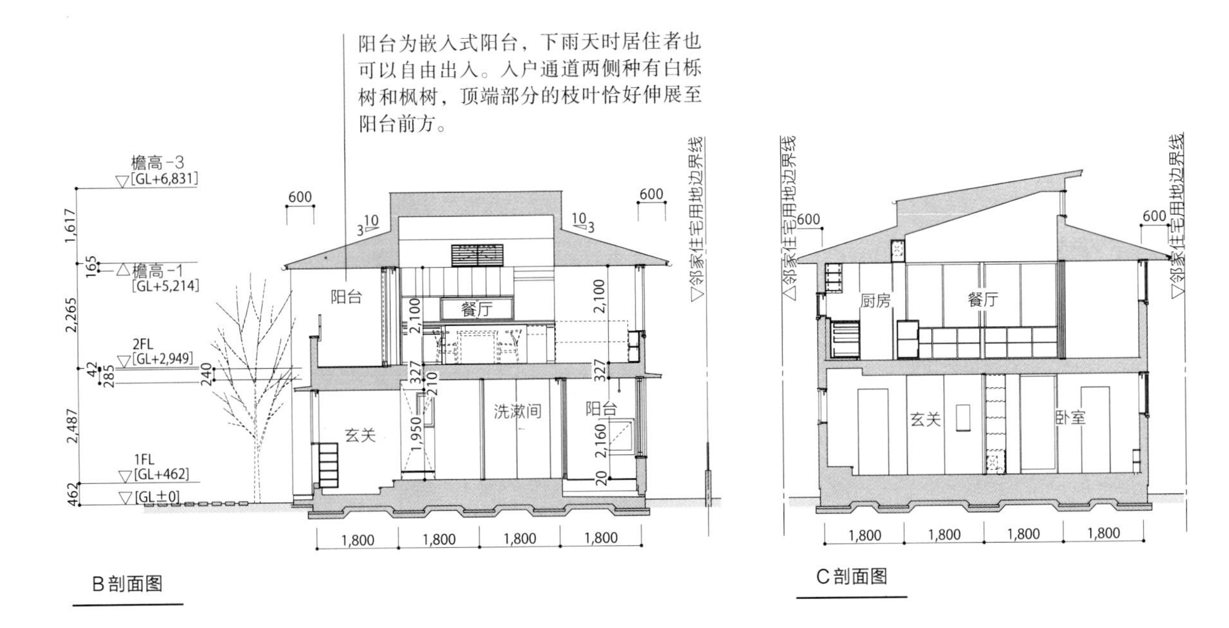

檐高-3
[GL+6,831]
檐高-1
[GL+5,214]
2FL
[GL+2,949]
1FL
[GL+462]
[GL±0]
阳台
餐厅
玄关
洗漱间
阳台
邻家住宅用地边界线
厨房
餐厅
玄关
卧室
1,800

B剖面图

C剖面图

① 防火区：日本法律规定，住宅一楼距离周边住宅用地边界线或公共道路中心线3m内、住宅二楼距离周边住宅用地边界线或公共道路中心线5m内的区域为防火区。

利用榻榻米与推拉门打造多功能空间

客厅面积不宜过大。在日本，即使是盂兰盆节或新年这种众多亲朋围坐聚餐的日子，超大客厅的热效率依然会下降，而且超大客厅的日常清洁也非常费时费力。此处展示的住宅，设计师将原本的超大客厅一分为二，隔出了一个约13.25㎡大小的榻榻米区，可铺八张标准大小的榻榻米地垫。

榻榻米区是客厅的延伸空间，摆放有矮桌，可以充当用餐区域。关闭推拉门后，榻榻米区就变成了完全独立的空间，有客人留宿时可以作为客卧使用。

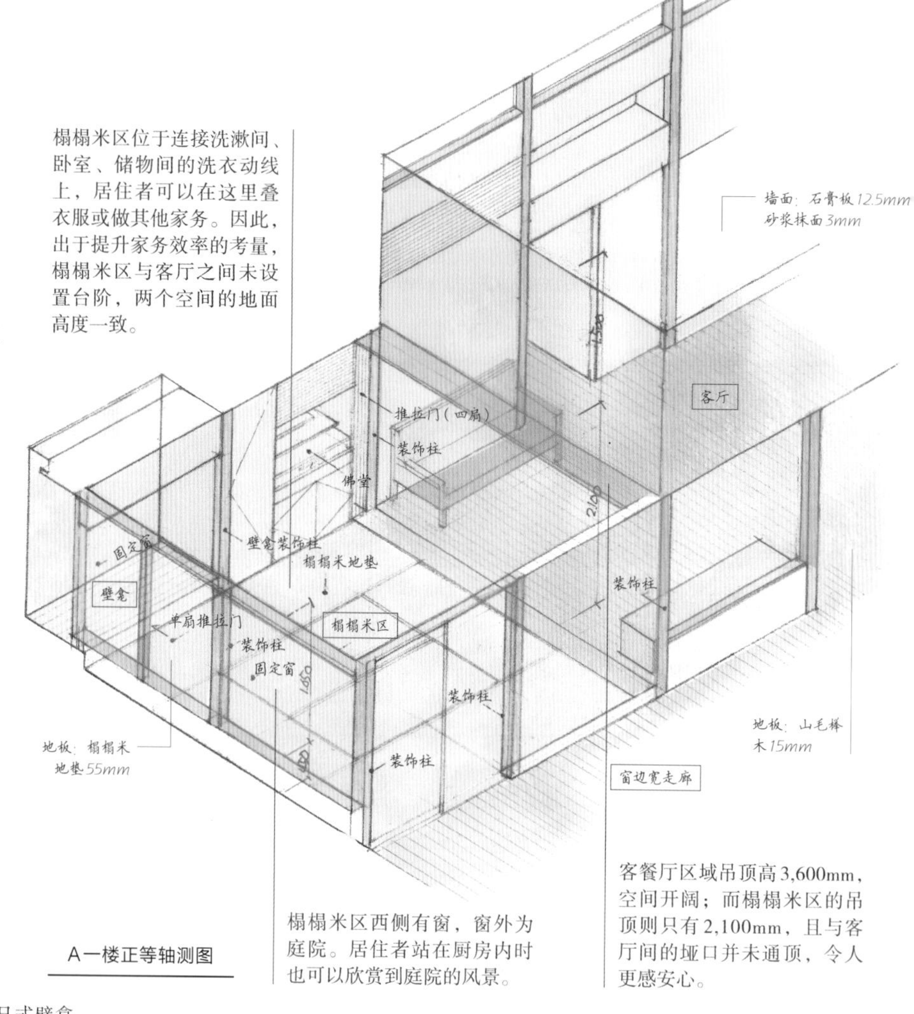
榻榻米区位于连接洗漱间、卧室、储物间的洗衣动线上，居住者可以在这里叠衣服或做其他家务。因此，出于提升家务效率的考量，榻榻米区与客厅之间未设置台阶，两个空间的地面高度一致。
墙面：石膏板12.5mm
砂浆抹面3mm
客厅
推拉门（四扇）
装饰柱
佛堂
2100
固定窗
壁龛
壁龛装饰柱
榻榻米地垫
榻榻米区
单扇推拉门
装饰柱
固定窗
装饰柱
装饰柱
装饰柱
地板：榻榻米
地垫55mm
地板：山毛榉
木15mm
窗边宽走廊

A一楼正等轴测图

榻榻米区西侧有窗，窗外为庭院。居住者站在厨房内时也可以欣赏到庭院的风景。

客餐厅区域吊顶高3,600mm，空间开阔；而榻榻米区的吊顶则只有2,100mm，且与客厅间的垭口并未通顶，令人更感安心。

由于榻榻米区设有传统的日式壁龛，因此采用了极为正统的方式铺设榻榻米地垫。但设计师选用了与青草颜色相近的榻榻米，并缩窄了榻榻米边框，使得整个空间不显古板、沉闷。

关闭四扇推拉门后，榻榻米区就变成了可供访客留宿的客卧。

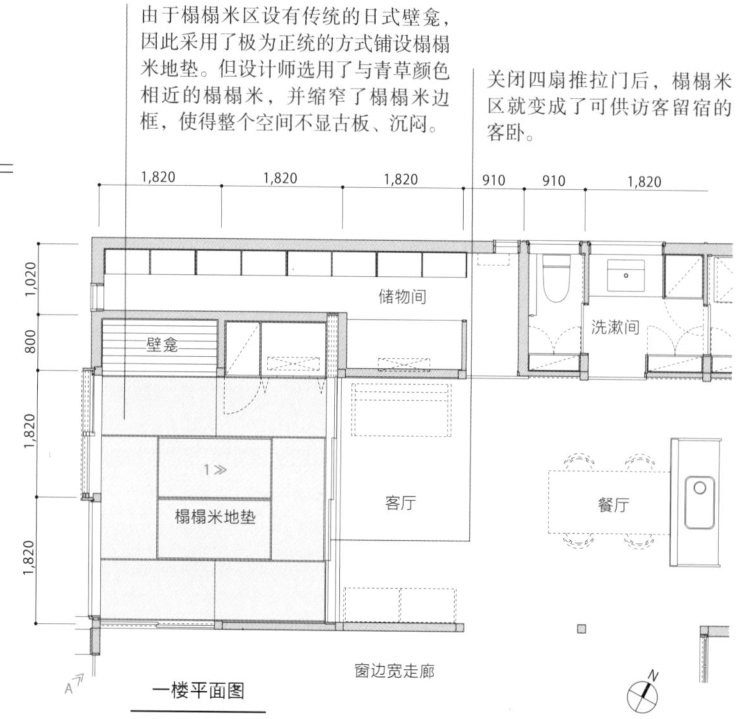
1,820
1,820
1,820
910
910
1,820
1,020
800
1,820
1,820
储物间
壁龛
洗漱间
1≫
榻榻米地垫
客厅
餐厅
窗边宽走廊
A

一楼平面图

1≫ 于榻榻米区观客厅。客厅吊顶高，空间开阔；榻榻米区的吊顶则明显低于客厅，人居于其中有被包围的安心感。

装饰柱充当了餐厅与榻榻米区之间的软性隔断。装饰柱采用自然干燥的木材，木材内的油分并未完全烘干，手感油润。居住者坐在榻榻米地垫上时可以倚靠着装饰柱，柱体触感极佳。

晒着太阳睡午觉

应该没有人会不喜欢晒着太阳睡午觉。落地窗外是露台，窗内则铺着榻榻米地垫。榻榻米区如同露台在室内的延伸空间，是午睡的好地方。

榻榻米区位于餐厅与露台之间，榻榻米地垫的短边与餐厅相接。居住者在餐厅时以站立行动为主，在榻榻米区则以坐卧休息为主，两区域同处一个空间，交界处难免稍显混乱。为解决这一问题，设计师在餐厅与榻榻米区之间设置了装饰柱，以此明确两区域间的界限。

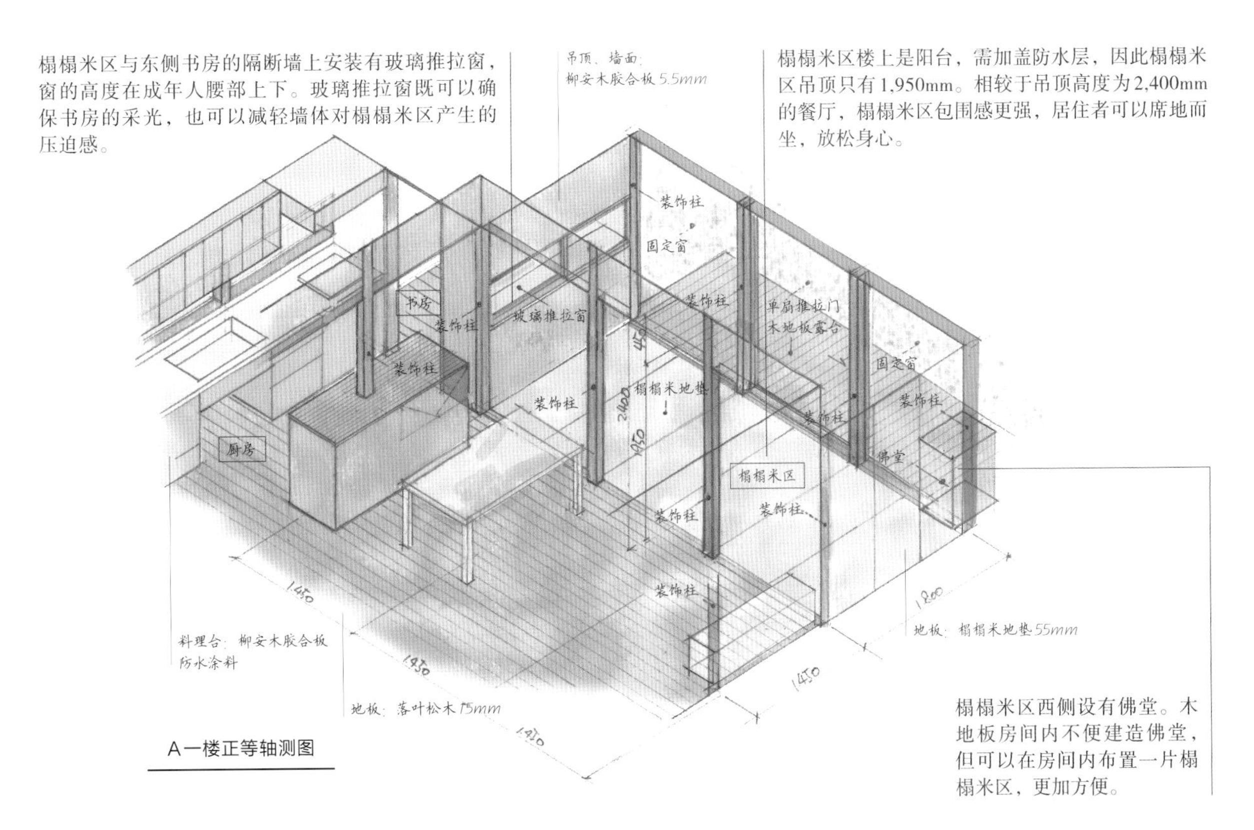

吊顶、墙面：
柳安木胶合板 5.5mm
装饰柱
固定窗
书房
装饰柱
玻璃推拉窗
装饰柱
单扇推拉门
木地板露台
固定窗
装饰柱
装饰柱
榻榻米地垫
2400
1950
装饰柱
厨房
榻榻米区
佛堂
装饰柱
装饰柱
装饰柱
1450
1950
1450
1800
1450
料理台：柳安木胶合板
防水涂料
地板：落叶松木 15mm
地板：榻榻米地垫 55mm

榻榻米区与东侧书房的隔断墙上安装有玻璃推拉窗，窗的高度在成年人腰部上下。玻璃推拉窗既可以确保书房的采光，也可以减轻墙体对榻榻米区产生的压迫感。

榻榻米区楼上是阳台，需加盖防水层，因此榻榻米区吊顶只有1,950mm。相较于吊顶高度为2,400mm的餐厅，榻榻米区包围感更强，居住者可以席地而坐，放松身心。

榻榻米区西侧设有佛堂。木地板房间内不便建造佛堂，但可以在房间内布置一片榻榻米区，更加方便。

A一楼正等轴测图

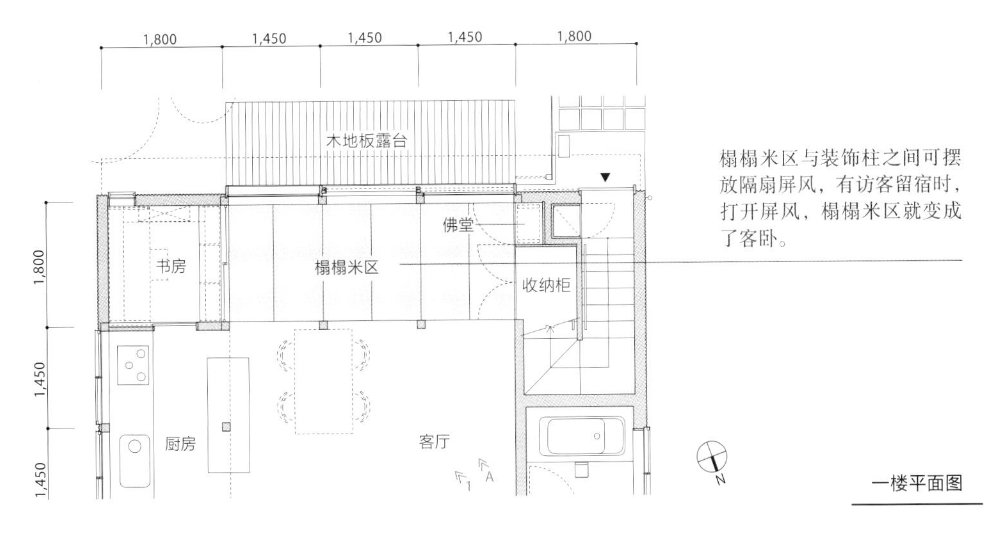

1,800
1,450
1,450
1,450
1,800
木地板露台
佛堂
书房
榻榻米区
收纳柜
1,800
1,450
1,450
厨房
客厅
A
N

榻榻米区与装饰柱之间可摆放隔扇屏风，有访客留宿时，打开屏风，榻榻米区就变成了客卧。

一楼平面图

腰窗亦可满足采光、赏景之需

1 ≫ 于餐厅观腰窗。阳光透过图中右侧的腰窗洒落在墙面，在视觉上加深了餐厅的进深。

日本的市中心区域住宅密度高，即使安装大面积观景落地窗，也很难拥有极佳的视野。针对这种情况，我们可以选择安装腰窗，腰窗无需刻意开在正对沙发或餐椅的位置，只需考虑其采光及观景效果，设计合理的腰窗还可以在视觉上加深房间的进深。

此处展示的住宅，腰窗与人平时坐卧休息位置之间的距离适宜，既可以确保室内采光，也方便居住者欣赏屋外的风景。例如，客厅沙发两侧设有腰窗，两扇窗彼此正对，虽并非观景落地窗，但依然能够满足日常采光、赏景之需，为室内空间营造出恰到好处的包围感与开放感。

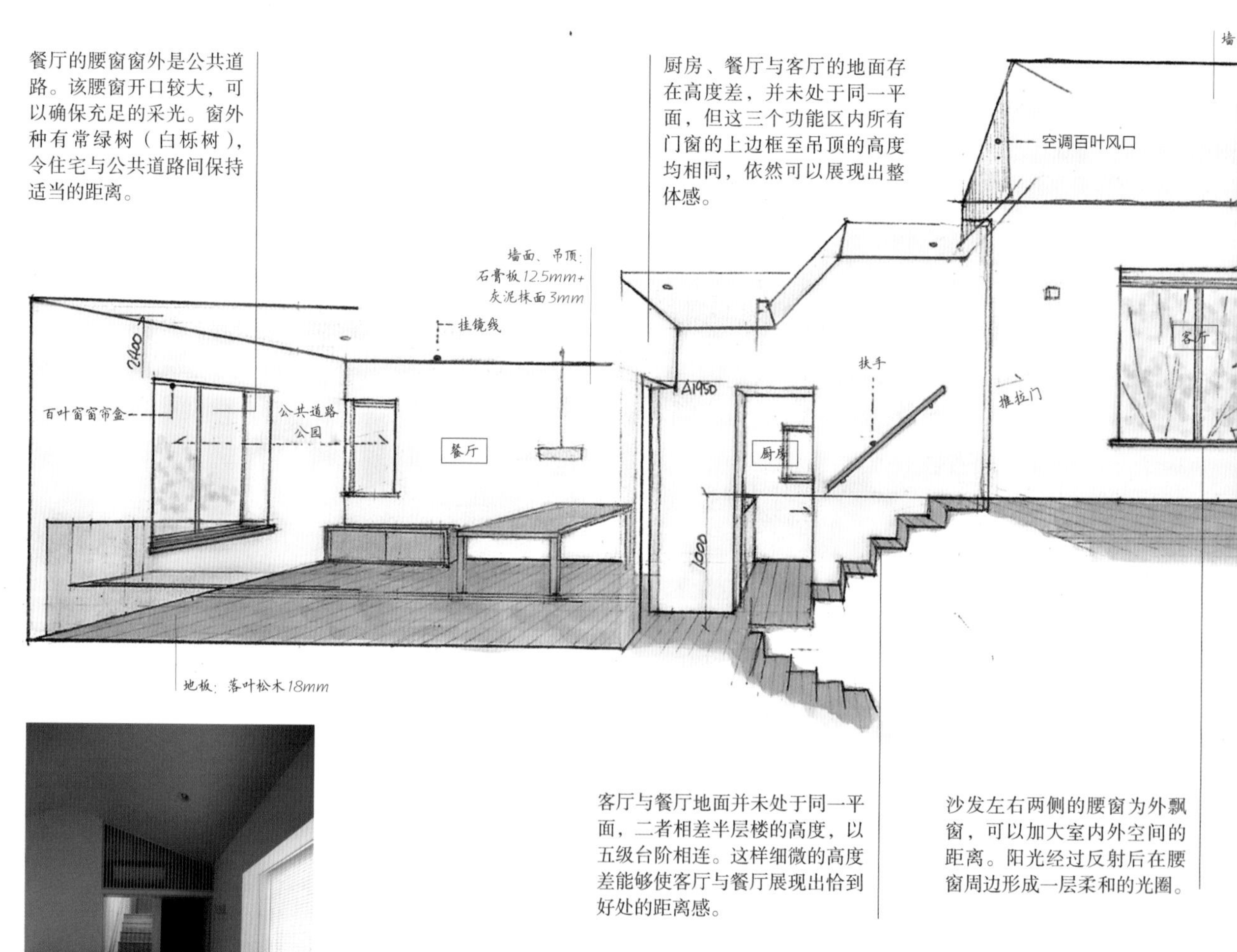
餐厅的腰窗窗外是公共道路。该腰窗开口较大，可以确保充足的采光。窗外种有常绿树（白栎树），令住宅与公共道路间保持适当的距离。
厨房、餐厅与客厅的地面存在高度差，并未处于同一平面，但这三个功能区内所有门窗的上边框至吊顶的高度均相同，依然可以展现出整体感。
空调百叶风口
墙面、吊顶：
石膏板12.5mm+
灰泥抹面3mm
挂镜线
2400
百叶窗窗帘盒
公共道路
公园
餐厅
A1950
扶手
推拉门
客厅
厨房
1000
地板：落叶松木18mm
客厅与餐厅地面并未处于同一平面，二者相差半层楼的高度，以五级台阶相连。这样细微的高度差能够使客厅与餐厅展现出恰到好处的距离感。
沙发左右两侧的腰窗为外飘窗，可以加大室内外空间的距离。阳光经过反射后在腰窗周边形成一层柔和的光圈。

2 ≫
于客厅观餐厅。餐厅的腰窗半掩在楼梯后，使空间显得更加幽深。为了提升空调、暖气的工作效率，设计师又在客厅与楼梯之间安装了半透明亚克力材质的推拉门。

通过改变吊顶高度与窗户布局转换空间风格

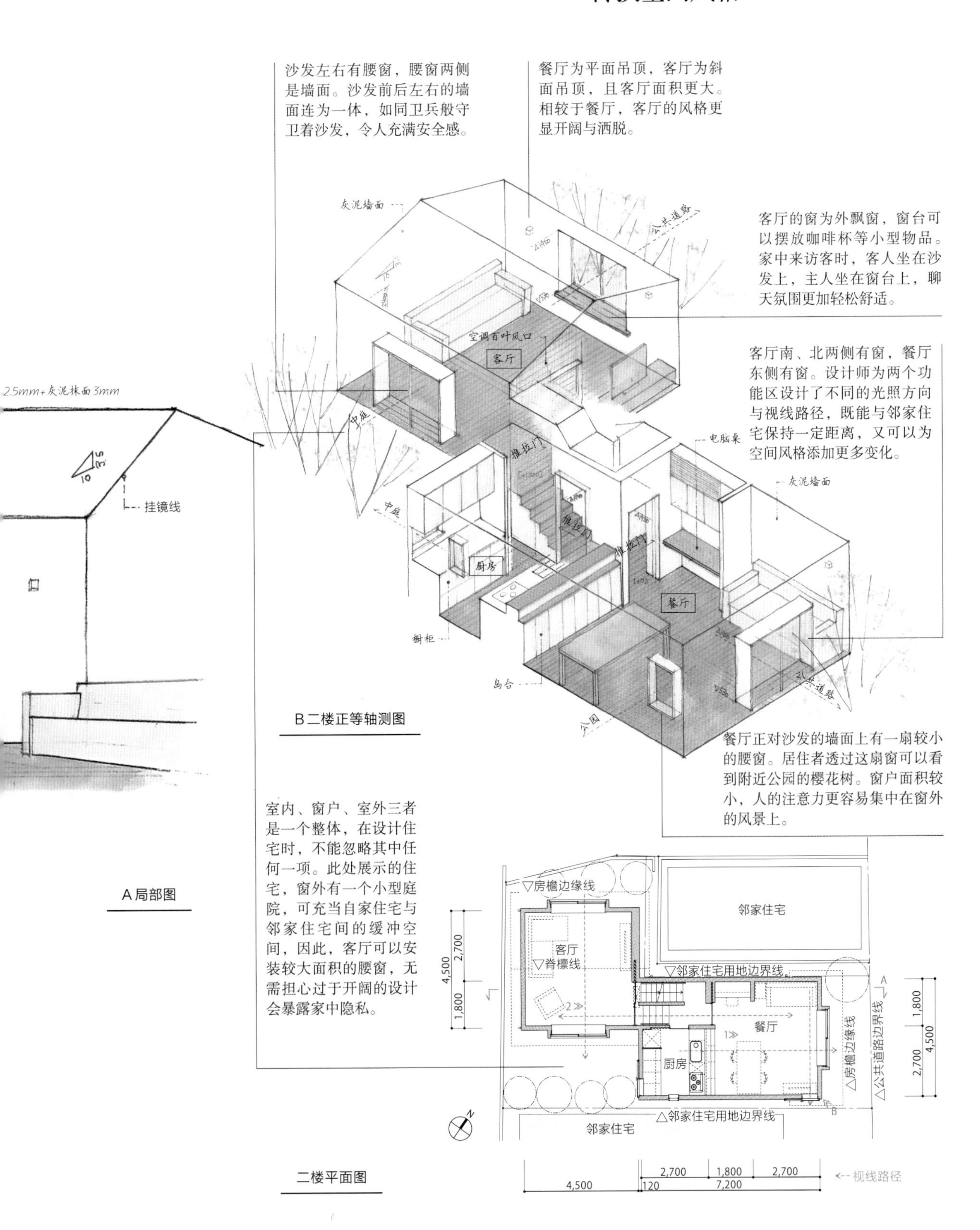

沙发左右有腰窗，腰窗两侧是墙面。沙发前后左右的墙面连为一体，如同卫兵般守卫着沙发，令人充满安全感。
餐厅为平面吊顶，客厅为斜面吊顶，且客厅面积更大。相较于餐厅，客厅的风格更显开阔与洒脱。
客厅的窗为外飘窗，窗台可以摆放咖啡杯等小型物品。家中来访客时，客人坐在沙发上，主人坐在窗台上，聊天氛围更加轻松舒适。
客厅南、北两侧有窗，餐厅东侧有窗。设计师为两个功能区设计了不同的光照方向与视线路径，既能与邻家住宅保持一定距离，又可以为空间风格添加更多变化。
餐厅正对沙发的墙面上有一扇较小的腰窗。居住者透过这扇窗可以看到附近公园的樱花树。窗户面积较小，人的注意力更容易集中在窗外的风景上。
室内、窗户、室外三者是一个整体，在设计住宅时，不能忽略其中任何一项。此处展示的住宅，窗外有一个小型庭院，可充当自家住宅与邻家住宅间的缓冲空间，因此，客厅可以安装较大面积的腰窗，无需担心过于开阔的设计会暴露家中隐私。
灰泥墙面
公共道路
空调百叶风口
客厅
中庭
推拉门
电脑桌
灰泥墙面
厨房
餐厅
橱柜
岛台
公园
公共道路
2.5mm+灰泥抹面3mm
挂镜线
B二楼正等轴测图
A局部图
▽房檐边缘线
客厅
▽脊檩线
▽邻家住宅用地边界线
邻家住宅
餐厅
厨房
△房檐边缘线
△公共道路边界线
△邻家住宅用地边界线
邻家住宅
2,700
1,800
4,500
1,800
2,700
4,500
2,700
1,800
2,700
4,500
120
7,200
视线路径
二楼平面图

自带调焦效果的观景窗

A

如果住宅用地周边自然风光优美，我们在进行住宅设计时，就必须考虑到观景问题，即如何确保居住者坐在家中便可欣赏到窗外的风景。

此处展示的住宅，住宅用地位于小树林内，整体呈雁形阵布局。设计师为方便居住者在家中能够以不同视角欣赏窗外风景，对窗户的排布进行了微调。如第56页B局部图所示，居住者坐在图中右侧的沙发上时，可透过玻璃窗欣赏到近景、中景、远景三种不同视角的风景。同一个房间内有多扇窗，各扇窗与沙发的距离不同，人坐下后无需移动位置，便可欣赏到不同视角的风景，永远也不会腻烦。

1 于住宅用地东侧观住宅外立面。住宅呈雁形阵布局，雁头朝南。

能够填补树与树之间缝隙的林中住宅

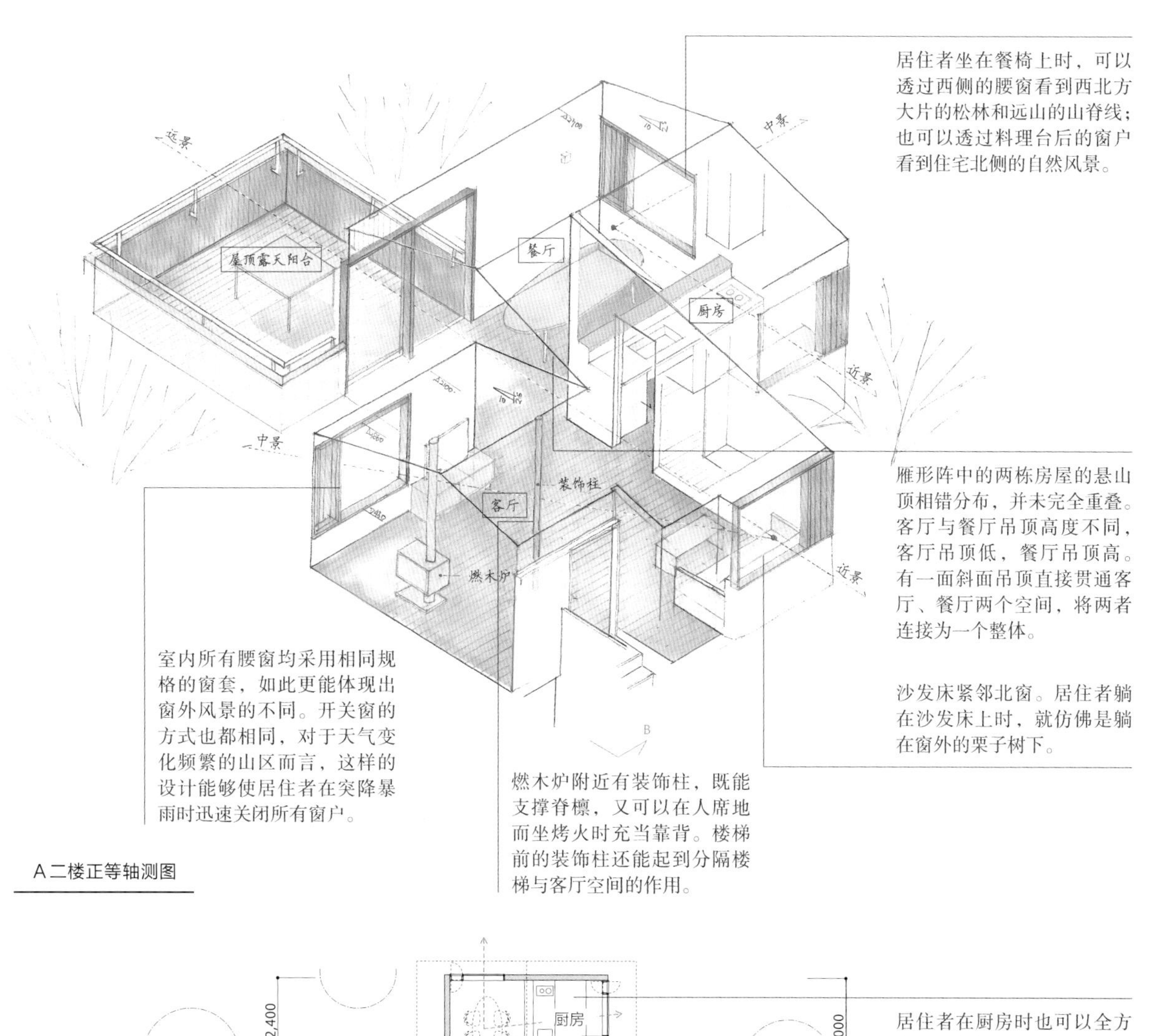
近景
屋顶露天阳台
餐厅
中景
厨房
近景
中景
客厅
装饰柱
燃木炉
近景

居住者坐在餐椅上时，可以透过西侧的腰窗看到西北方大片的松林和远山的山脊线；也可以透过料理台后的窗户看到住宅北侧的自然风景。

雁形阵中的两栋房屋的悬山顶相错分布，并未完全重叠。客厅与餐厅吊顶高度不同，客厅吊顶低，餐厅吊顶高。有一面斜面吊顶直接贯通客厅、餐厅两个空间，将两者连接为一个整体。

沙发床紧邻北窗。居住者躺在沙发床上时，就仿佛是躺在窗外的栗子树下。

室内所有腰窗均采用相同规格的窗套，如此更能体现出窗外风景的不同。开关窗的方式也都相同，对于天气变化频繁的山区而言，这样的设计能够使居住者在突降暴雨时迅速关闭所有窗户。

燃木炉附近有装饰柱，既能支撑脊檩，又可以在人席地而坐烤火时充当靠背。楼梯前的装饰柱还能起到分隔楼梯与客厅空间的作用。

A二楼正等轴测图

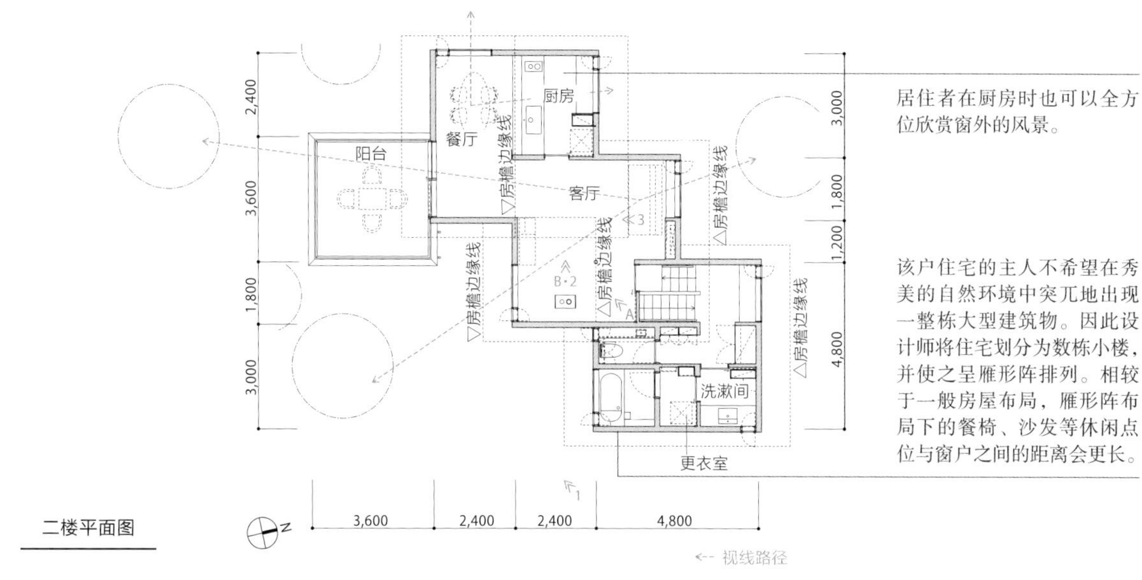
厨房
餐厅
阳台
客厅
▽房檐边缘线
△房檐边缘线
洗漱间
更衣室
2,400
3,600
1,800
3,000
3,000
1,800
1,200
4,800
3,600
2,400
2,400
4,800
N
←-- 视线路径

居住者在厨房时也可以全方位欣赏窗外的风景。

该户住宅的主人不希望在秀美的自然环境中突兀地出现一整栋大型建筑物。因此设计师将住宅划分为数栋小楼，并使之呈雁形阵排列。相较于一般房屋布局，雁形阵布局下的餐椅、沙发等休闲点位与窗户之间的距离会更长。

二楼平面图

A

移步换景，景景不同

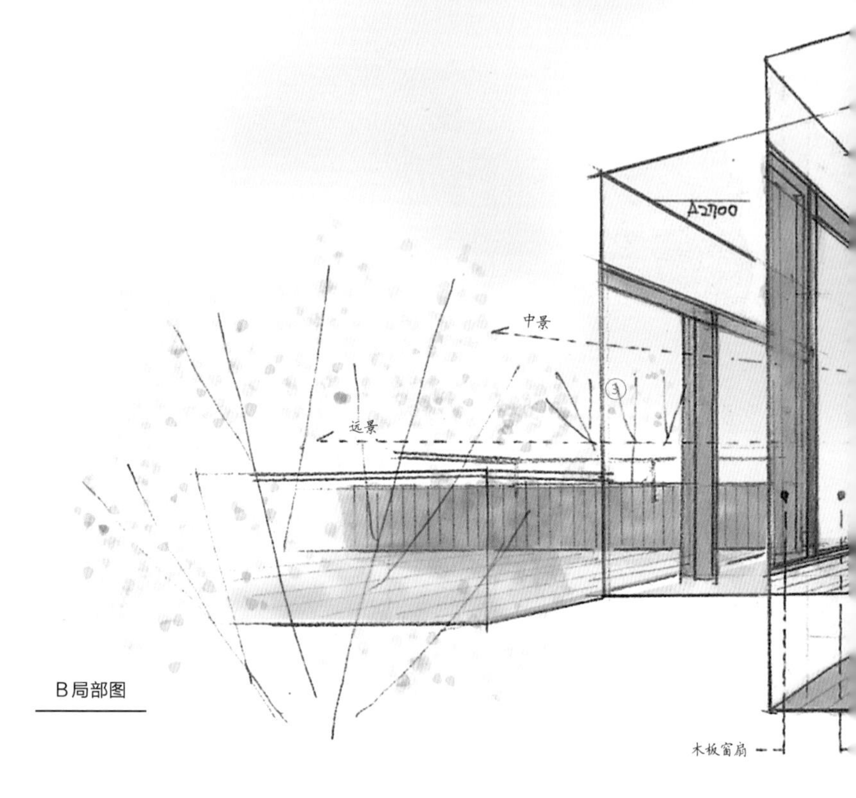

A2700
中景
远景
③
木板窗扇

B局部图

2 于客厅观餐厅。人在客厅时只可以看到餐厅的一小部分，无法观其全貌，这样的设计在视觉上加深了空间的进深。

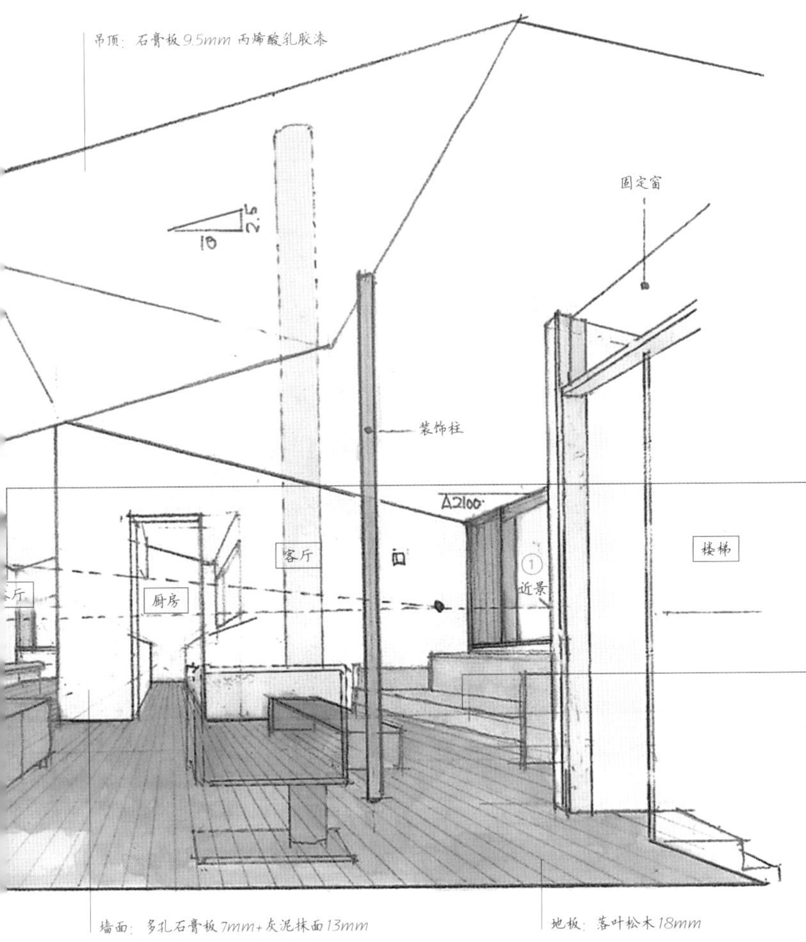
吊顶：石膏板9.5mm 丙烯酸乳胶漆
固定窗
2.5
10
装饰柱
A2100
客厅
厨房
楼梯
近景
墙面：多孔石膏板7mm+灰泥抹面13mm
地板：落叶松木18mm

居住者坐在客厅的沙发上时虽看不到餐厅的窗，但可以通过阳光与自然风感受到窗的存在。

居住者坐在沙发上可以欣赏到三种视角的窗外风景，分别是近景（窗户附近的枝叶）、中景（住宅周围的树木）、远景（远方的树林、山脊线）。多样的取景方式能够令居住者更加沉浸地享受周边的自然风景。

≪3 于客厅沙发沿中景路径观窗外风景。居住者在这个方向可以同时看到客厅的腰窗与餐厅的落地窗，在视觉上加大了空间的进深。

完美平衡空间的开放感与安定感

住宅用地周边绿化率较高时，我们通常会在家中安装大尺寸的玻璃窗，使室内显得更加开阔、通透。但是如果只是一味地追求窗户大，没有把握好人坐卧休息的位置与室外空间之间的距离，便无法获得安心、舒适的居住体验。

此处展示的住宅，常常有客来访，主人希望家中的客厅能够容纳众多的访客。因此设计师选用了“越屋根”屋顶结构，如第59页B剖面图所示，坡屋顶上又增加了一重悬山顶，悬山顶的正下方就是客厅。客厅吊顶高，空间开阔。坡屋顶边缘区域的下方则是窗边宽走廊、榻榻米室及厨房，吊顶低于客厅。高吊顶的客厅并未直接与外部空间相连，二者中间有低吊顶区域作为缓冲地带，使得客厅空间更加安静、舒适。设计师还降低了窗户的高度，以消除日落后大玻璃窗带来的压迫感。

1 于餐厅观榻榻米室。窗边宽走廊阳光明媚，阳光透过落地窗直接洒在地面上。而客厅的光线则更为柔和，阳光经高窗直射吊顶，再由吊顶反射到地面。

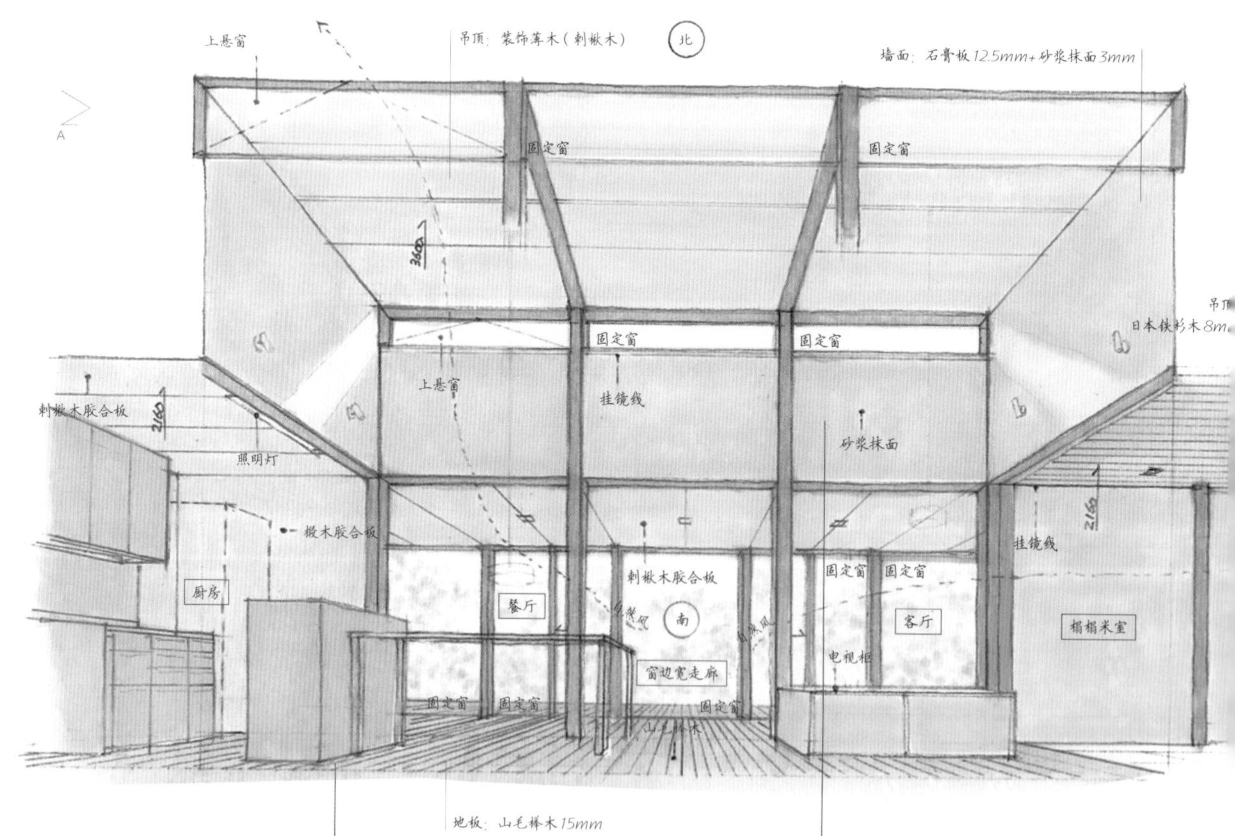

上悬窗
吊顶：装饰薄木（刺楸木）
北
墙面：石膏板12.5mm+砂浆抹面3mm
A
固定窗
固定窗
3600
固定窗
固定窗
上悬窗
挂镜线
砂浆抹面
刺楸木胶合板
2160
照明灯
椴木胶合板
厨房
餐厅
刺楸木胶合板
南
窗边宽走廊
固定窗
固定窗
固定窗
固定窗
固定窗
客厅
电视柜
挂镜线
2160
榻榻米室
山毛榉木
地板：山毛榉木15mm

厨房与餐厅的吊顶高度不同。岛台的正上方恰好为厨房与餐厅吊顶的分界线。设计师利用岛台将厨房与餐厅连接在了一起。

客厅吊顶较高，设计师将墙面与吊顶涂刷成其他颜色而非白色，以抑制客厅的膨胀感。立柱外露于墙面，使得空间显得更加紧凑。

A局部图

室内与室外空间衔接自然，不显刻意

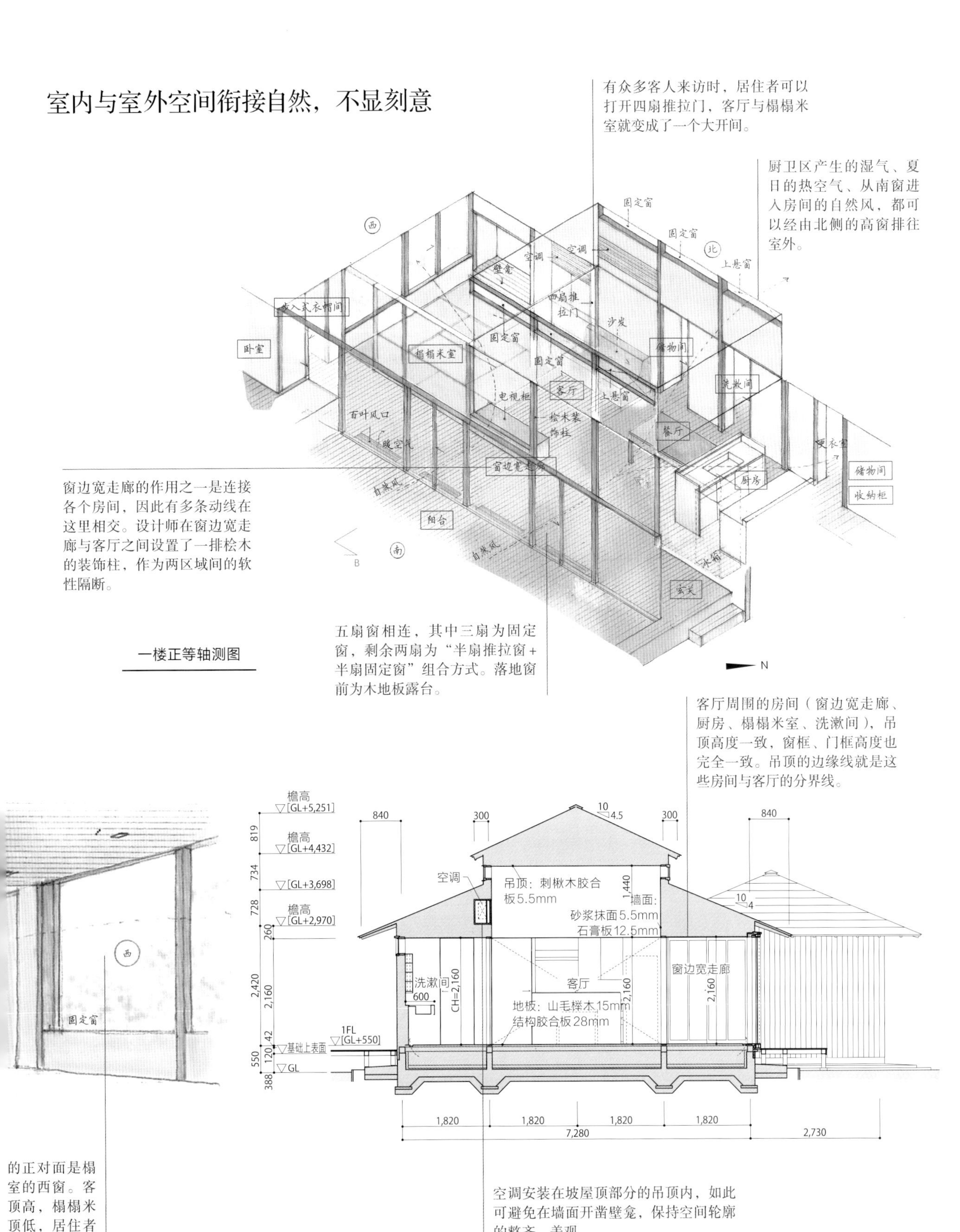

固定窗
固定窗
西
北
空调
空调
壁龛
上悬窗
四扇推拉门
步入式衣帽间
沙发
卧室
固定窗
榻榻米室
固定窗
储物间
客厅
洗漱间
电视柜
上悬窗
百叶风口
桧木装饰柱
餐厅
暖空气
更衣室
窗边宽走廊
储物间
自然风
厨房
收纳柜
阳台
B
南
自然风
冰箱
玄关
N
一楼正等轴测图
檐高
[GL+5,251]
819
檐高
[GL+4,432]
734
[GL+3,698]
728
檐高
[GL+2,970]
260
2,420
2,160
42
120
550
388
1FL
[GL+550]
基础上表面
GL
840
300
10
4.5
300
840
空调
吊顶：刺楸木胶合板5.5mm
1,440
墙面：
砂浆抹面5.5mm
石膏板12.5mm
10
4
洗漱间
600
CH=2,160
客厅
2,160
窗边宽走廊
2,160
地板：山毛榉木15mm
结构胶合板28mm
1,820
1,820
1,820
1,820
7,280
2,730
固定窗
西
B剖面图

有众多客人来访时，居住者可以打开四扇推拉门，客厅与榻榻米室就变成了一个大开间。

厨卫区产生的湿气、夏日的热空气、从南窗进入房间的自然风，都可以经由北侧的高窗排往室外。

窗边宽走廊的作用之一是连接各个房间，因此有多条动线在这里相交。设计师在窗边宽走廊与客厅之间设置了一排桧木的装饰柱，作为两区域间的软性隔断。

五扇窗相连，其中三扇为固定窗，剩余两扇为“半扇推拉窗+半扇固定窗”组合方式。落地窗前为木地板露台。

客厅周围的房间（窗边宽走廊、厨房、榻榻米室、洗漱间），吊顶高度一致，窗框、门框高度也完全一致。吊顶的边缘线就是这些房间与客厅的分界线。

空调安装在坡屋顶部分的吊顶内，如此可避免在墙面开凿壁龛，保持空间轮廓的整齐、美观。

的正对面是榻室的西窗。客顶高，榻榻米顶低，居住者厅向榻榻米室眺望时，能够专注于室外的。

佳案赏析2　案例M

与泥土、绿树、清风相伴的舒适生活

此处展示的住宅，住宅用地位于城市住宅区内。主人对住宅设计的要求是："希望家中有庭院，院中有绿树、有泥土，一家人足不出户便可亲近大自然。"

因此，设计师为此户住宅设计了中庭，既可以确保室内与室外公共空间保持适度距离，又方便居住者在家中感受大自然的气息。

于餐厅观中庭，餐厅地面略高于中庭地面。照片中的窗为外飘窗，窗台可作长椅使用。
右：客厅地面与中庭地面高度接近，且客厅为砂浆地面，未铺设木地板。

住宅的主人希望“家中有庭院”，并且不是单纯地用于观景，而是全家人可以走到庭院中去触摸泥土，亲近自然，在树荫下休闲、玩耍。因此，设计师首先要考虑的便是如何使庭院融入这个家，庭院与室内空间应保持多少距离，居住者日常如何进出庭院等问题。

该住宅用地位于一处住宅区内，距离车站较近。住宅用地东南侧是公共道路，时常会有行人从这里经过前往车站。如果将庭院设置在与此条街道相邻的位置，居住者势必会受到来往行人的影响，无法在院中自在地休闲放松。而住宅用地的西南侧则是一条石子小路，鲜少有人经过。

于是设计师将庭院设置在与石子路相邻的西南角。庭院与石子路之间有木板墙相隔，其余三面则被自家房屋包围，四面皆有围挡，极好地保护了隐私。与庭院相邻的各房间均有窗朝向庭院，将窗户打开，室内外就连成了一个开阔的大空间。

玄关与客厅皆为砂浆地面，未像其他房间一样铺设木地板。客厅与庭院相邻，居住者可自客厅进入庭院。客厅吊顶较高，延续了庭院的开放感。为消除高吊顶带来的空旷感，设计师有意控制了客厅门窗的高度，并将沙发摆放在二楼走廊正下方位置，这一位置的吊顶低于客厅其他区域，居住者坐在沙发上时会更有安全感。

从客厅进入餐厅需要登上两级台阶。餐厅有窗可欣赏庭院的风景。餐厅窗为外飘窗，方便居住者坐在窗台上。这样的设计令窗边区域也能够拥有如同厨房、餐厅一般鲜活的“生活气息”。餐厅的另一侧是包含洗衣房在内的卫生间区域，构成了一条家务动线，可以满足忙碌的双职工家庭的日常需求。

左上·右上：挑高客厅。从客厅进入餐厅需要登上两级台阶。台阶可以兼作长椅或电视柜。下：厨房尽头是食品储藏室（右图）。关闭推拉门后可以隐藏日常生活杂乱的痕迹（左图）。

沿着位于餐厅旁的楼梯来到二楼，眼前出现两条动线。向右转可前往儿童房和主卧室；向前继续直走则是一条宽宽的走廊，走廊尽头是一间榻榻米室，可兼作客卧。走廊上摆放有书柜及沙发，这里将来也会成为全家人共用的书房。居住者在二楼可以通过客厅挑空部分了解到一楼客厅、餐厅的情况。冬季时，一楼地暖产生的热空气也会经由挑空客厅飘升至二楼。

主卧室与儿童房之间有一个储物间，三个房间两两相通。儿童房与楼梯之间有一扇小窗，方便儿童房内的人听到一楼的声音。庭院与客厅相邻，客厅则通过挑空部分与其他房间相连，因此，居住者无论身处家中何处，都可以感受到庭院的气息，了解到其他房间的家人在做些什么。这样的设计也可以确保整个住宅拥有极佳的通风效果。

左：儿童房通过小窗与楼梯、二楼走廊、一楼连接在一起，孩子在儿童房中时，也可以感知到其他家人在做些什么。
中：二楼走廊摆放有沙发，是家中又一处休闲场所。主人计划将来将这里改造为书房。
右：二楼走廊尽头的榻榻米室。榻榻米室吊顶较低，席地而坐时会更有安全感。

本页
左上：在浴室可看到庭院一角。
左下：过道尽头的洗手区与餐厅有一定距离，较为安静（右图）。洗手池（中图）。阳光经由高窗进入洗漱间与更衣室（左图）。
右下：一楼墙面为灰泥墙面，楼梯及二楼墙面为木质饰面，楼上楼下风格不同。

本页
左：玄关与客厅之间有木格栅门，使二者保持了恰到好处的距离感。
右：门廊区域是公共道路与室内空间之间的缓冲地带。

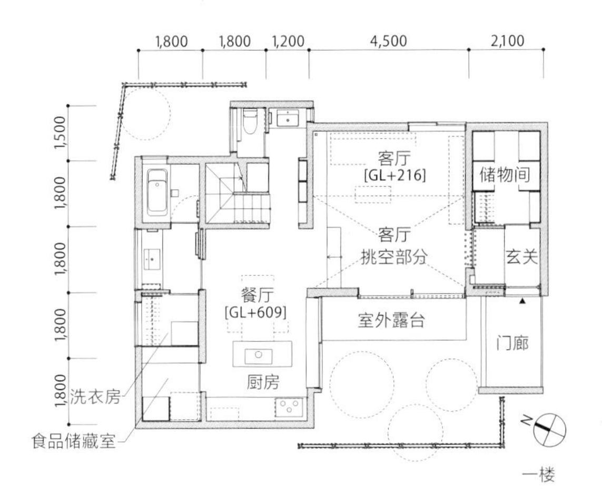

1,800
1,800
1,200
4,500
2,100
1,500
1,800
1,800
1,800
1,800
客厅
[GL+216]
储物间
客厅
挑空部分
玄关
餐厅
[GL+609]
室外露台
门廊
厨房
洗衣房
食品储藏室
N
一楼

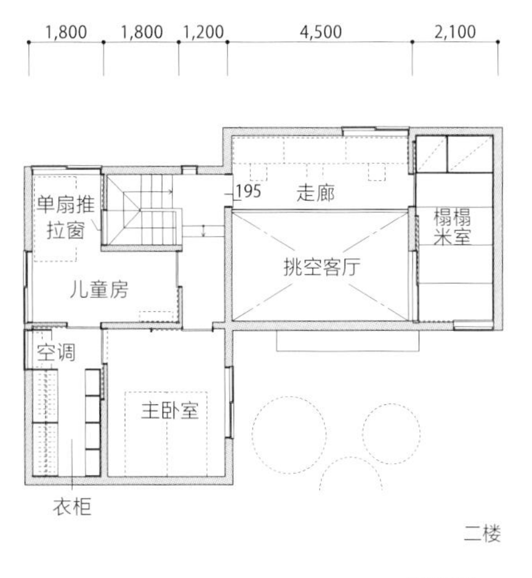

1,800
1,800
1,200
4,500
2,100
单扇推
拉窗
195
走廊
榻榻
米室
挑空客厅
儿童房
空调
主卧室
衣柜
二楼

平面图

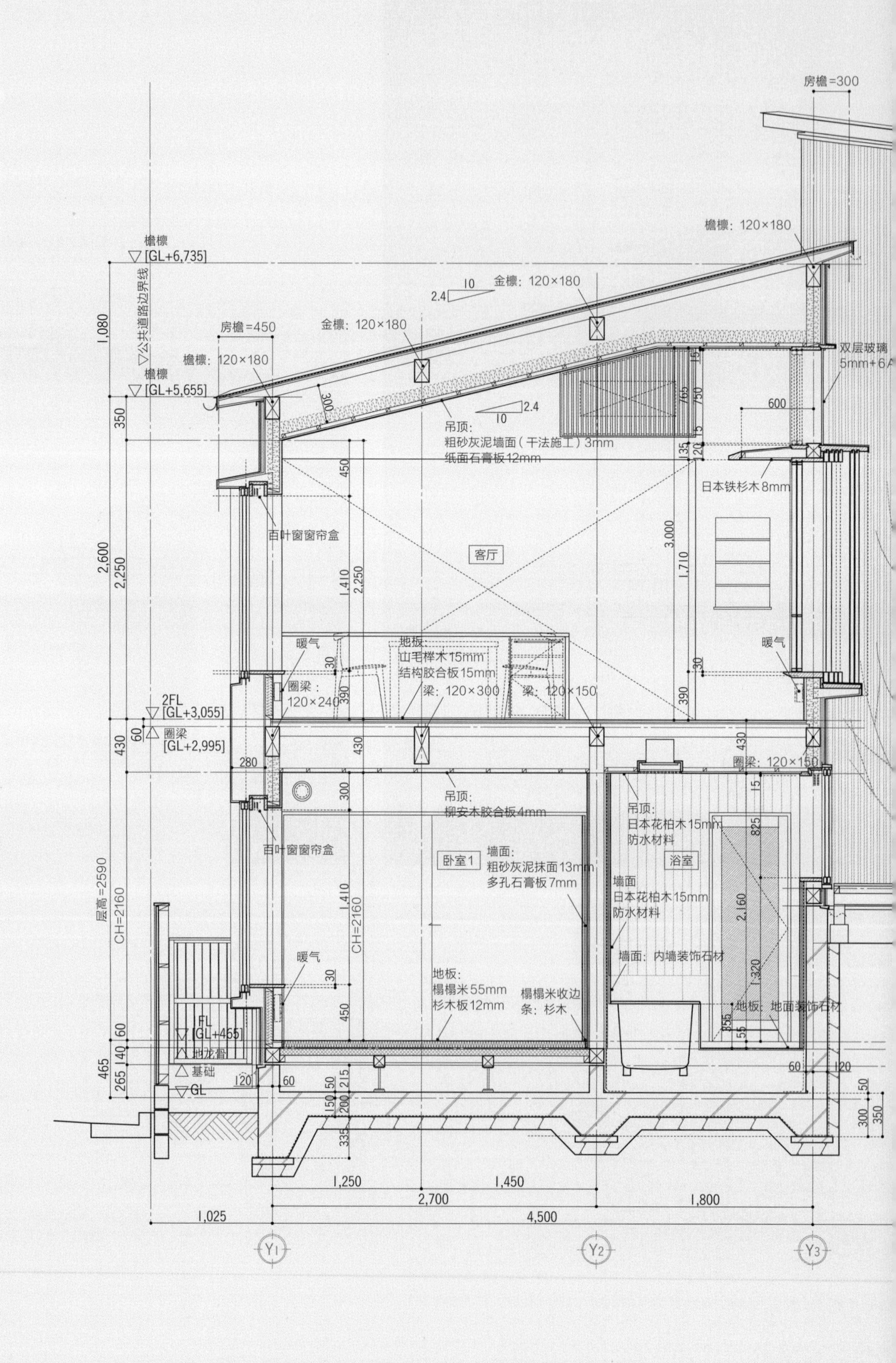

房檐=300
檐檩：120×180
檐檩
[GL+6,735]
▽公共道路边界线
金檩：120×180
2.4
10
房檐=450
金檩：120×180
檐檩：120×180
檐檩
[GL+5,655]
吊顶：
粗砂灰泥墙面（干法施工）3mm
纸面石膏板12mm
双层玻璃
日本铁杉木8mm
百叶窗窗帘盒
客厅
暖气
地板：
山毛榉木15mm
结构胶合板15mm
圈梁：
120×240
梁：120×300
梁：120×150
2FL
[GL+3,055]
圈梁
[GL+2,995]
圈梁：120×150
吊顶：
柳安木胶合板4mm
吊顶：
日本花柏木15mm
防水材料
百叶窗窗帘盒
卧室1
墙面：
粗砂灰泥抹面13mm
多孔石膏板7mm
浴室
墙面
日本花柏木15mm
防水材料
层高=2590
CH=2160
墙面：内墙装饰石材
地板：
榻榻米55mm
杉木板12mm
榻榻米收边
条：杉木
地板：地面装饰石材
FL
[GL+465]
地龙骨
基础
GL
1,250
1,450
2,700
1,800
1,025
4,500
Y1
Y2
Y3

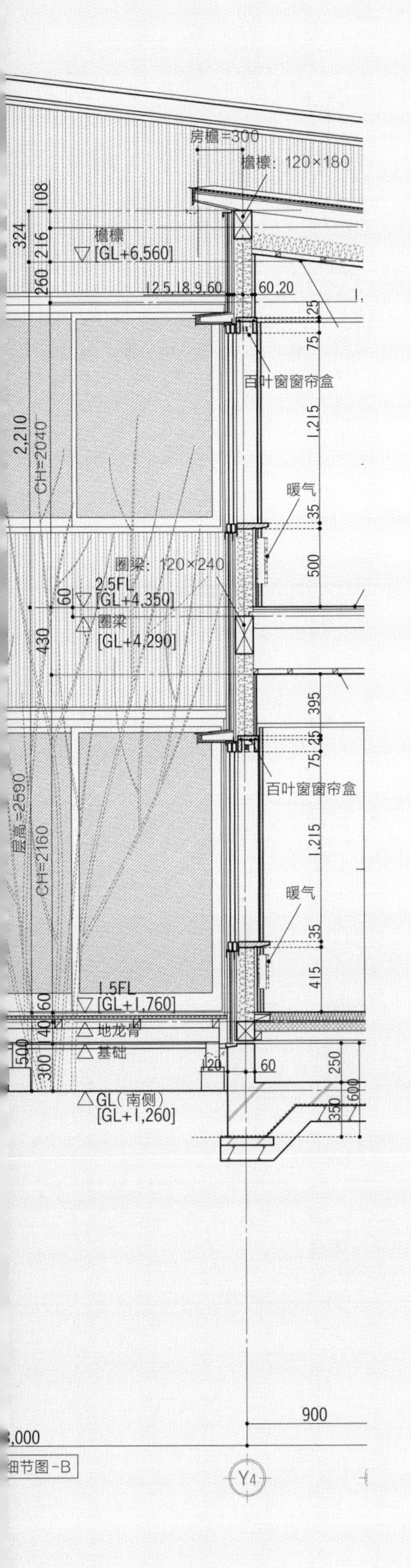
房檐=300
檐檩：120×180
108
324
216
檐檩
[GL+6,560]
260
12.5,18,9,60
60,20
25
75
百叶窗窗帘盒
2,210
CH=2040
1,215
暖气
35
圈梁：120×240
500
2.5FL
[GL+4,350]
60
圈梁
[GL+4,290]
430
395
25
75
百叶窗窗帘盒
层高=2590
CH=2160
1,215
暖气
35
415
1.5FL
[GL+1,760]
60
40
地龙骨
500
300
基础
120
60
250
600
350
GL（南侧）
[GL+1,260]
900
细节图-B
Y4

第3章

如何布置厨卫区域

厨卫区在家中的地位相当于房屋的地基，一个布局合理的厨卫区域需要同时具备“流动性”与“安定感”两种相反特质，如此才能营造出舒适的生活空间。

日式住宅的卫生间一般包括洗漱间、马桶间、更衣室、浴室、洗衣房等多个功能区。如果将这些功能区全部集中布局在住宅的一端，多人同时使用卫生间不同的功能区时，就会产生“扎堆儿”现象，造成拥堵，影响生活效率。因此，我们在布局卫生间时，要考虑到动线的“流动性”。例如，将卫生间与卧室、嵌入式阳台相连，居住者可以直接从卫生间进入这些房间；又或者设置两条来往于卫生间的动线，一主一副；还可以利用动线将厨房与卫生间连在一起，方便居住者同时进行多种家务，减轻家务负担。

由于浴室与马桶间是家中最为私密的场所，因此这些区域还需要具备“安定感”，要令使用者感到安心。如果浴室和马桶间与过道、走廊或客厅相邻，就需要调整推拉门的尺寸、门框的高度、定制家具的进深等，以此确保浴室、马桶间与这些区域能够保持恰到好处的距离。

合理的房间布局令家中更整洁

日本人习惯在院中或室外露台晾晒衣物。但如果遇到雨天或家中无人时，晾在户外的衣物极易被打湿或弄脏，因此还是在嵌入式阳台晾晒衣物更为方便。将嵌入式阳台纳入洗衣动线中，可以提高做家务的效率。

此处展示的住宅，如第71页一楼平面图所示，嵌入式阳台与更衣室、洗漱间相邻。洗衣机摆放在更衣室内，将衣物从洗衣机取出后，只需经过极短的动线，便可以到达洗漱间尽头处的嵌入式阳台进行晾晒。

此外，嵌入式阳台还与卧室相通。衣物晒干后，可以直接拿去卧室叠好，收入隔壁的衣帽间。大多数的日式住宅倾向于将卧室布局在住宅的一角，只保留一个出入口，而此住宅的设计师则为卧室设计了环形动线，居住者可以从嵌入式阳台和过道两个方向进入卧室，将卧室也纳入了家务动线之中。

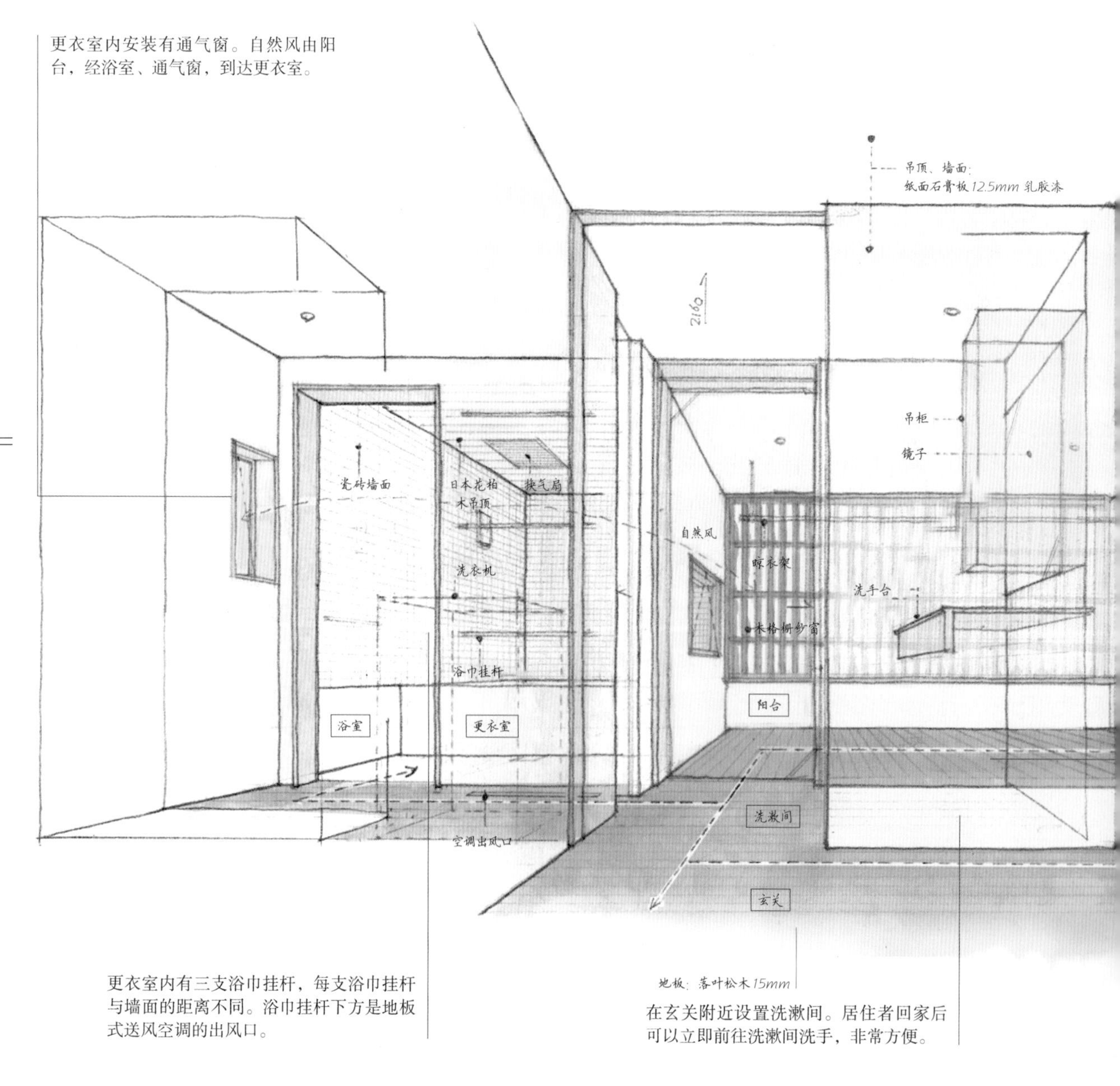

吊顶、墙面：
纸面石膏板 12.5mm 乳胶漆
2160
吊柜
镜子
瓷砖墙面
日本花柏木吊顶
换气扇
洗衣机
浴巾挂杆
自然风
晾衣架
木格栅纱窗
洗手台
浴室
更衣室
阳台
空调出风口
洗漱间
玄关
地板：落叶松木 15mm

更衣室内安装有通气窗。自然风由阳台，经浴室、通气窗，到达更衣室。

更衣室内有三支浴巾挂杆，每支浴巾挂杆与墙面的距离不同。浴巾挂杆下方是地板式送风空调的出风口。

在玄关附近设置洗漱间。居住者回家后可以立即前往洗漱间洗手，非常方便。

利用嵌入式阳台连通卫生间与卧室

嵌入式阳台安装有木格栅纱窗（即木格栅上铺贴了一层金属丝纱窗），提高了防盗性能。晚间也可打开卧室与阳台间的门窗，确保卧室通风。

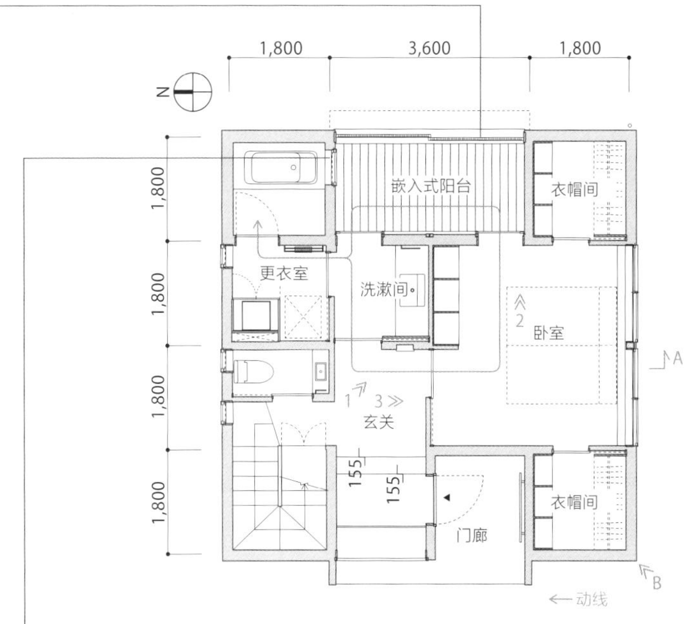

1,800
3,600
1,800
N
1,800
1,800
1,800
1,800
嵌入式阳台
衣帽间
更衣室
洗漱间
2
卧室
A
1
3
玄关
155
155
衣帽间
门廊
B
← 动线

设计师在浴室与嵌入式阳台共用的隔断墙上开了一扇窗。居住者可以随时打开浴室窗，无需担忧外界视线。

一楼平面图

卧室通向阳台的动线为主动线，卧室与阳台之间的推拉门为通顶设计。而卧室通向衣帽间的动线为副动线，且卧室与衣帽间之间的推拉门距离床头较近，不适宜做通顶设计，因此设计师降低了推拉门的高度，营造出宁静、舒适的卧室环境。

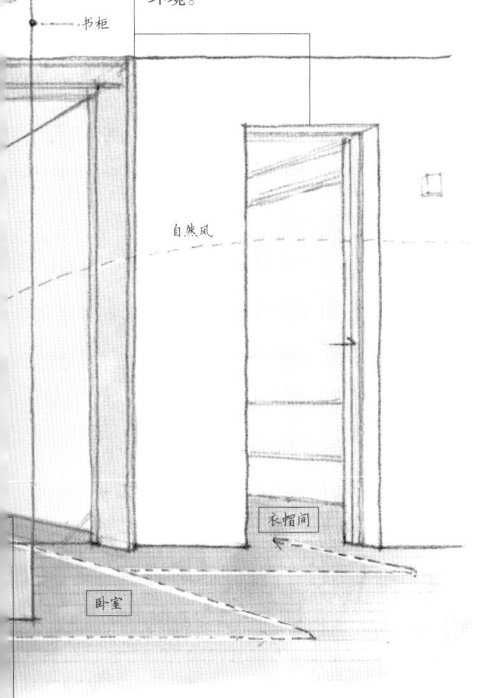

书柜
自然风
衣帽间
卧室

嵌入式阳台、更衣室、洗漱间、卧室四者构成环形动线。阳台位于室内，居住者可以放心晾晒衣物，无需担心下雨时家中无人收衣服。环形动线也使得洗衣动线更加紧凑。

A 局部图

1 于洗漱间观嵌入式阳台。打开推拉门后，居住者在洗漱间便可看到嵌入式阳台及阳台窗外的绿树，令人心情舒畅。

⩓
2
于卧室观嵌入式阳台。嵌入式阳台的窗户安装有一层木格栅纱窗，防盗性高，夜间也可放心开窗通风。

将卧室也纳入家务动线

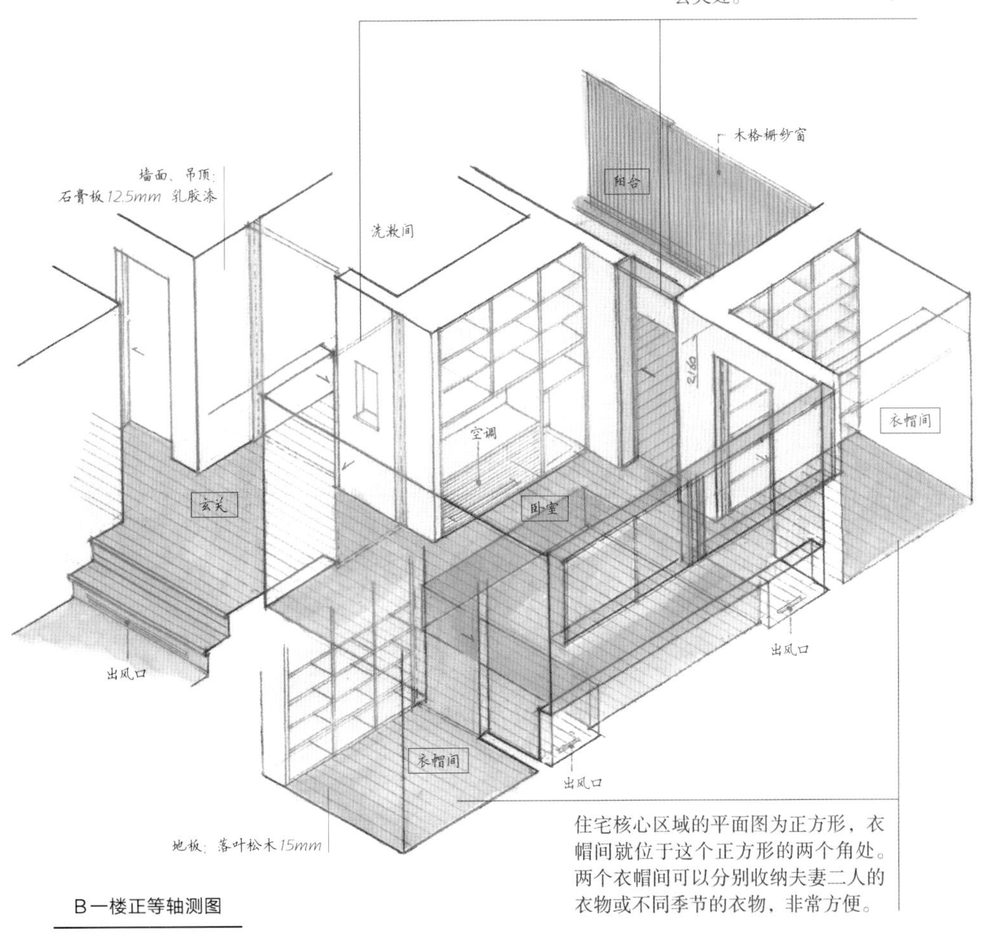

卧室有两个出入口，自然风可由嵌入式阳台经卧室到达玄关处。
木格栅纱窗
阳台
墙面、吊顶：
石膏板12.5mm 乳胶漆
洗漱间
2160
衣帽间
空调
玄关
卧室
出风口
出风口
衣帽间
出风口
住宅核心区域的平面图为正方形，衣帽间就位于这个正方形的两个角处。两个衣帽间可以分别收纳夫妻二人的衣物或不同季节的衣物，非常方便。
地板：落叶松木15mm

B一楼正等轴测图

3≫
于玄关观卧室。打开推拉门后，卧室与玄关就连成了一体。

避免在马桶间与他人“偶遇”

降低卫生间的吊顶高度能提高空间的私密性，使用起来更加安心。客厅、卧室吊顶高2,400mm，而卫生间的吊顶仅为1,950mm。卫生间吊顶内有浴室烘干机、各房间的空调配件，以及楼上卫生间的管道等。

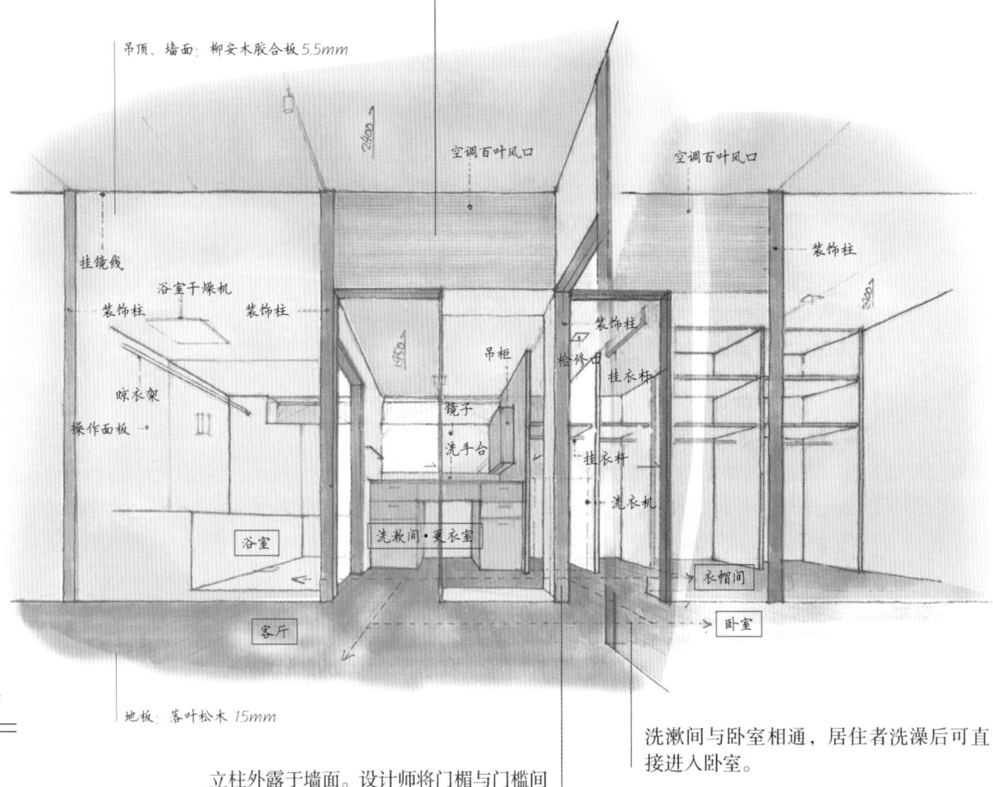

吊顶、墙面：柳安木胶合板5.5mm
2400
空调百叶风口
空调百叶风口
挂镜线
浴室干燥机
装饰柱
装饰柱
装饰柱
装饰柱
1950
吊柜
检修口
挂衣杆
晾衣架
操作面板
镜子
洗手台
挂衣杆
洗衣机
浴室
洗漱间·更衣室
衣帽间
客厅
卧室
地板：落叶松木 15mm

立柱外露于墙面。设计师将门楣与门槛间的距离设定为1,940mm，且一侧门框与装饰柱重合，使得墙面更显清爽、简洁。

洗漱间与卧室相通，居住者洗澡后可直接进入卧室。

A局部图

≪1 于储物间观浴室、更衣室。洗漱间安装有高窗，既可确保采光、通风，又可确保隐私，无需担心周围的视线。

频繁有客人来访的家庭，如果马桶与浴室距离较近，或同处于一个房间，那么其他家人要洗澡时很容易会和使用马桶的客人“偶遇”，非常不便。因此，如果家中常有访客，建议将浴室与马桶分开设置在不同的房间。

此处展示的住宅，设计师将马桶与洗手池设置在玄关楼梯旁，将浴室与更衣室设置在客厅深处。马桶间与浴室分离，访客不会进入更衣室区域。更衣室有两扇门，分别通往客厅和卧室。家人洗完澡后可直接进入卧室，不会与客厅的访客碰面。

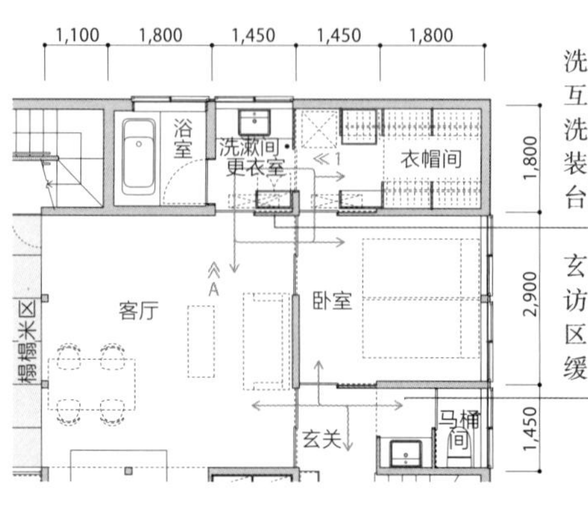

1,100
1,800
1,450
1,450
1,800
浴室
洗漱间·更衣室
≪1
衣帽间
1,800
A
客厅
卧室
2,900
榻榻米区
玄关
马桶间
1,450

洗手区与更衣室分离，不会互相干扰。更衣室同时也是洗漱间，洗手台上方墙面安装有收纳吊柜，可确保洗手台周围的干净、整洁。

玄关附近有独立的洗手区，访客可以随意使用。该洗手区同时还是玄关与马桶间的缓冲空间。

一楼平面图

于走廊尽头设置洗漱间

此处展示的住宅，设计师在走廊的尽头设置了开放式的洗漱间。由于未安装推拉门，洗漱间显得更加宽敞。居住者在餐厅和卧室时能够略微看到洗漱间内的情况，确定有无使用者，这一点对于多人口的家庭而言非常方便。

同时，设计师在玄关与洗漱间之间设置了隔断墙，提高了洗漱间的私密性，避免外人看到洗漱间内的情况。且由于紧邻走廊，各房间前往洗漱间都非常方便，提高了生活效率。

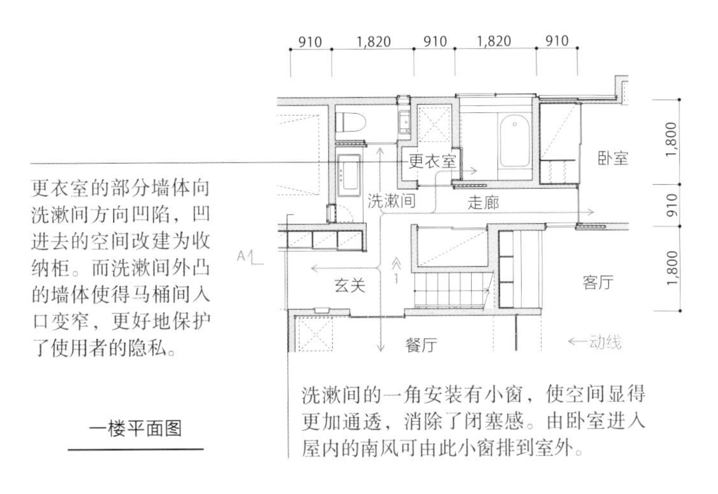

910
1,820
910
1,820
910
1,800
910
1,800
更衣室
卧室
洗漱间
走廊
A
1
玄关
客厅
餐厅
←动线

更衣室的部分墙体向洗漱间方向凹陷，凹进去的空间改建为收纳柜。而洗漱间外凸的墙体使得马桶间入口变窄，更好地保护了使用者的隐私。

洗漱间的一角安装有小窗，使空间显得更加通透，消除了闭塞感。由卧室进入屋内的南风可由此小窗排到室外。

一楼平面图

1 于走廊观洗漱间。门并未通顶，营造出包围感。

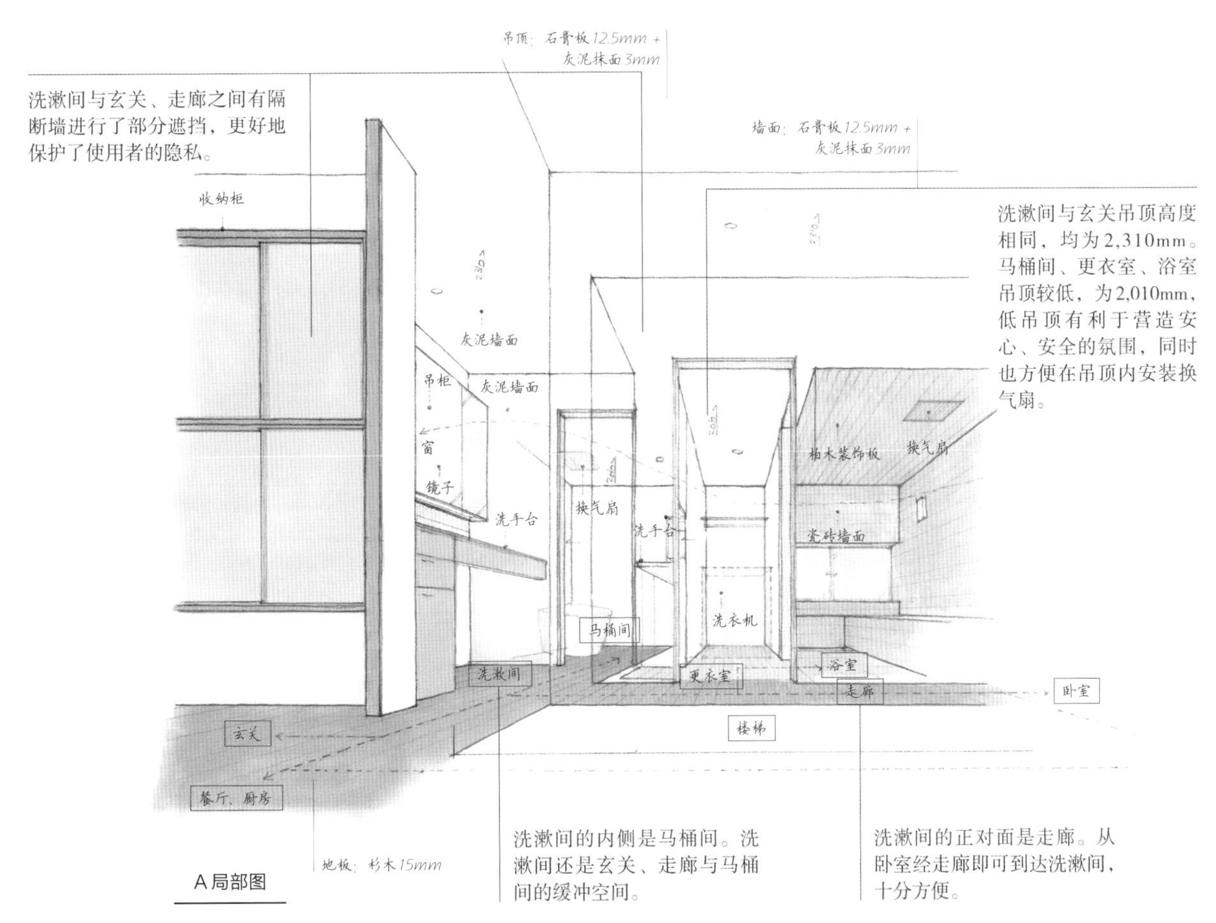

吊顶：石膏板12.5mm＋
灰泥抹面3mm
墙面：石膏板12.5mm＋
灰泥抹面3mm
收纳柜
灰泥墙面
吊柜
灰泥墙面
窗
镜子
洗手台
换气扇
洗手台
柚木装饰板
换气扇
瓷砖墙面
洗衣机
马桶间
洗漱间
更衣室
浴室
走廊
卧室
楼梯
玄关
餐厅、厨房
地板：杉木15mm

洗漱间与玄关、走廊之间有隔断墙进行了部分遮挡，更好地保护了使用者的隐私。

洗漱间与玄关吊顶高度相同，均为2,310mm。马桶间、更衣室、浴室吊顶较低，为2,010mm，低吊顶有利于营造安心、安全的氛围，同时也方便在吊顶内安装换气扇。

洗漱间的内侧是马桶间。洗漱间还是玄关、走廊与马桶间的缓冲空间。

洗漱间的正对面是走廊。从卧室经走廊即可到达洗漱间，十分方便。

A局部图

利于通风的卫生间布局

如果住户希望将卫生间的各个功能区全部集中于一室，我们会建议在建筑面积允许的条件下，将洗漱间与更衣室、浴室进行分离，浴室有人时，其他人也可以自由使用洗漱间。

此处展示的住宅，马桶间、洗漱间、更衣室、浴室呈一字排列，洗漱间与更衣室相通。更衣室有后门可通向晾衣区。更衣室不仅是洗澡时穿脱衣物的区域，还是洗衣动线的一部分。这样的设计使得更衣室摆脱了“封闭”的弊端，改善了卫生间的通风状况，提高了整个家的空气质量。

客厅吊顶高3,600mm，而洗漱间吊顶只有2,160mm，低吊顶令使用者更有安全感。

客厅的高窗既有利于室内通风，又方便将卫生间产生的湿气排到室外。

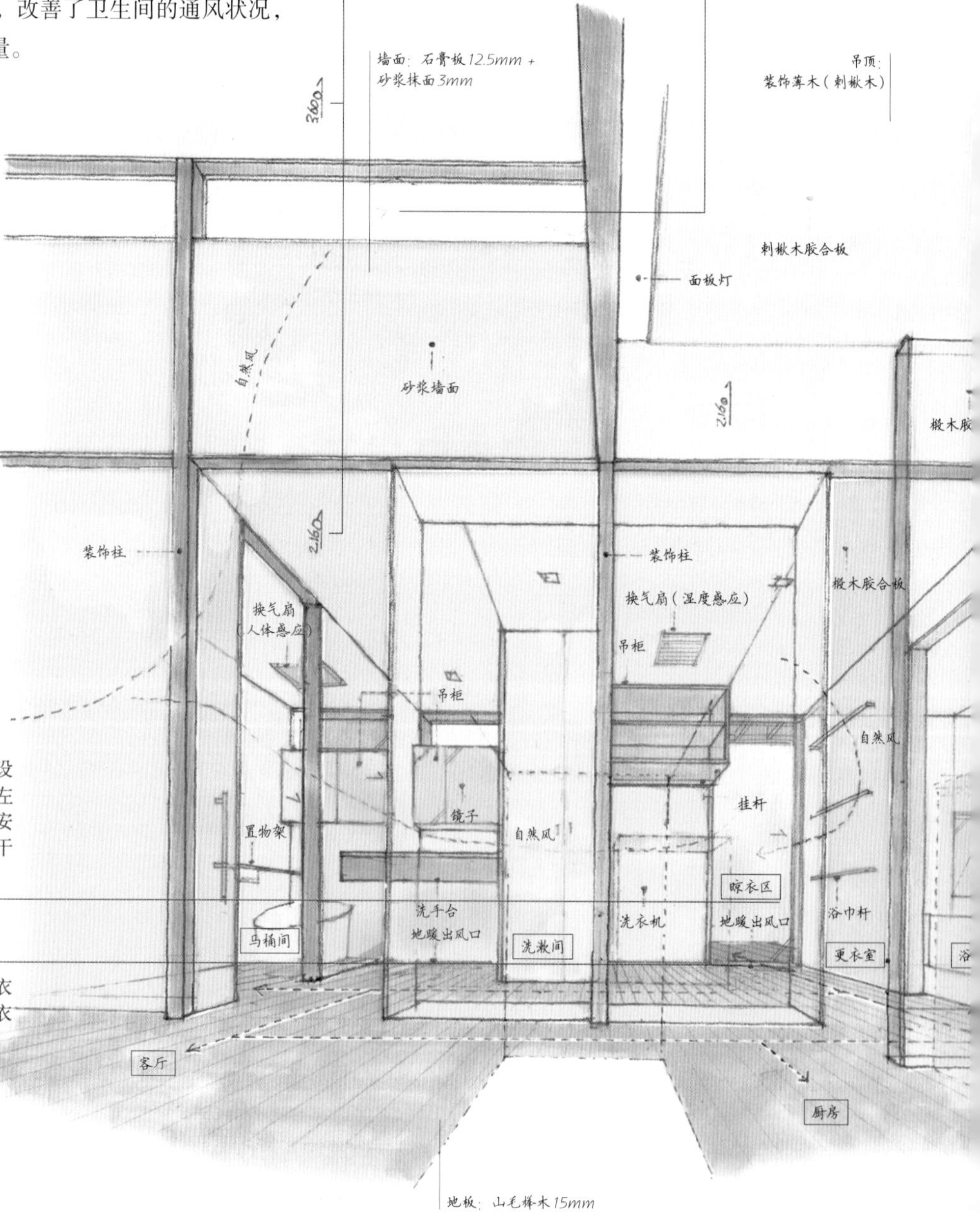

此住宅安装有蓄热式地暖设备，地面温度保持在20℃左右，非常温暖。出风口附近安装有毛巾架，可利用地暖烘干毛巾。

更衣室后门外就是晾衣区，衣服洗完后，可以立即前往晾衣区晾晒。

墙面：石膏板12.5mm +
砂浆抹面3mm
吊顶：
装饰薄木（刺楸木）
3600
刺楸木胶合板
面板灯
自然风
砂浆墙面
2160
椴木胶
2160
装饰柱
装饰柱
换气扇（湿度感应）
椴木胶合板
换气扇
（人体感应）
吊柜
吊柜
自然风
镜子
挂杆
置物架
自然风
晾衣区
洗手台
地暖出风口
洗衣机
地暖出风口
浴巾杆
马桶间
洗漱间
更衣室
客厅
厨房
地板：山毛榉木15mm

A局部图

更衣室加装后门直通晾衣区，家务动线更顺畅

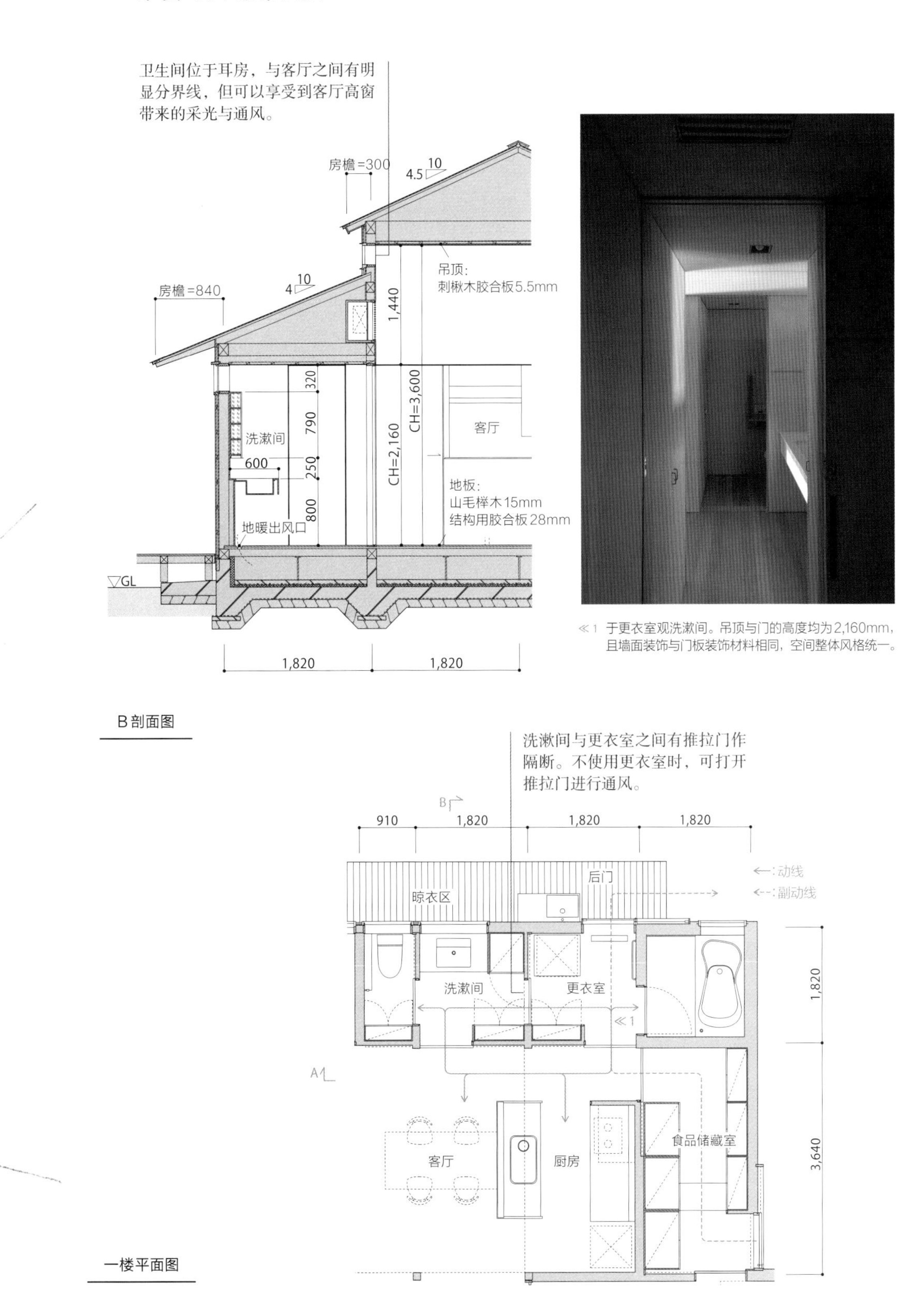
卫生间位于耳房，与客厅之间有明显分界线，但可以享受到客厅高窗带来的采光与通风。
房檐=300
4.5
10
房檐=840
4
10
吊顶：
刺楸木胶合板5.5mm
1,440
320
790
250
800
CH=3,600
CH=2,160
洗漱间
600
客厅
地板：
山毛榉木15mm
结构用胶合板28mm
地暖出风口
▽GL
1,820
1,820
B剖面图
洗漱间与更衣室之间有推拉门作隔断。不使用更衣室时，可打开推拉门进行通风。
910
1,820
1,820
1,820
后门
晾衣区
←:动线
←-:副动线
洗漱间
更衣室
≪1
1,820
3,640
食品储藏室
客厅
厨房
一楼平面图

≪1 于更衣室观洗漱间。吊顶与门的高度均为2,160mm，且墙面装饰与门板装饰材料相同，空间整体风格统一。

将厨房变为全家人每日经过的“走廊”

如果住宅的格局是一楼为LDK区域、二楼为卧室，那么楼梯的位置便决定了一家人每天相遇的频率。此处展示的住宅，楼梯设置在厨房的尽头，全家人上下楼梯时都会经过厨房区域。孩子下楼时，如果家长正在厨房，双方便可以很自然地进行交流。如果二楼有人到一楼的冰箱取冷饮，也会遇到在餐厅的其他家人。

家中有访客时，厨房的岛台就成为一楼、二楼之间的缓冲地带。客餐厅→厨房→二楼，隐私程度逐级升高。设计师通过这样的设计增大了一楼、二楼之间的心理距离，即便一楼有客来访，其他家人也可以在二楼安心生活。

一楼的四个角分别是食品储藏室、楼梯、玄关以及浴室，这些功能区无需安装大面积玻璃窗，有利于提高建筑结构的稳定性。

冰箱在食品储藏室内。居住者下楼后可径直通过厨房前往冰箱所在之处，非常方便。

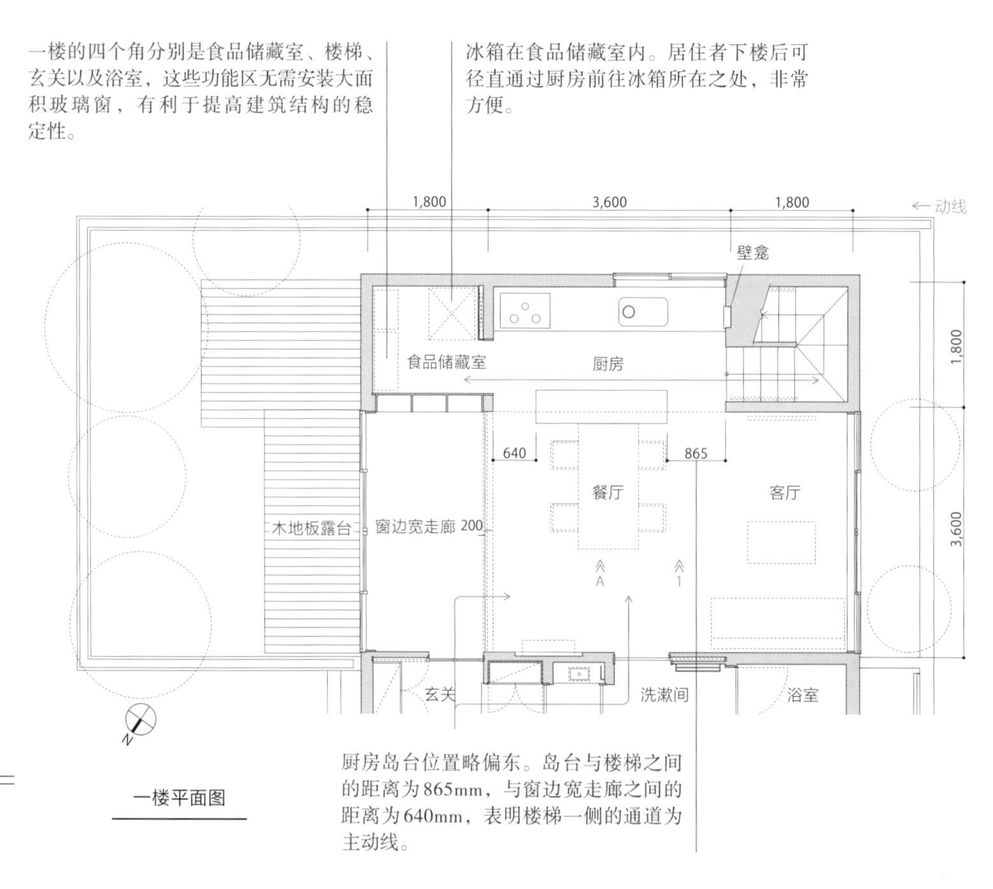
1,800
3,600
1,800
←动线
壁龛
食品储藏室
厨房
1,800
640
865
餐厅
客厅
木地板露台
窗边宽走廊 200
3,600
A
1
玄关
洗漱间
浴室

一楼平面图

厨房岛台位置略偏东。岛台与楼梯之间的距离为865mm，与窗边宽走廊之间的距离为640mm，表明楼梯一侧的通道为主动线。

1 于餐厅观厨房。厨房吊顶较低，但厨房的窗户以及厨房与楼梯之间的垭口均为通顶设计，使厨房显得更加宽敞、通透。

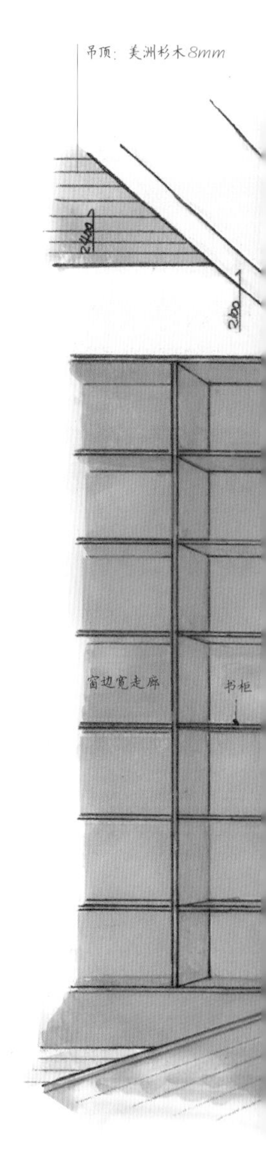
吊顶：美洲杉木8mm
2100
窗边宽走廊
书柜

A局部图

以厨房岛台为一楼、二楼之间的分界线

客餐厅与厨房、客餐厅与窗边宽走廊间以垭口为软性隔断，两处垭口均未通顶。

厨房水槽靠墙安装。为确保水槽及料理台的采光，设计师未在料理台上方安装吊柜，而是安装了一扇大玻璃窗。尽管未安装吊柜，但岛台及食品储藏室也足以确保厨房的储物空间够用。

设计师通过降低厨房吊顶高度的方式，来降低厨房正上方二楼楼梯过道区域的楼层标高。如此一来，楼梯的占地面积就可以控制在1坪[①]内。二楼的主要区域（餐厅上方区域）则要比二楼楼梯过道区域高出两个台阶的高度（303mm）。

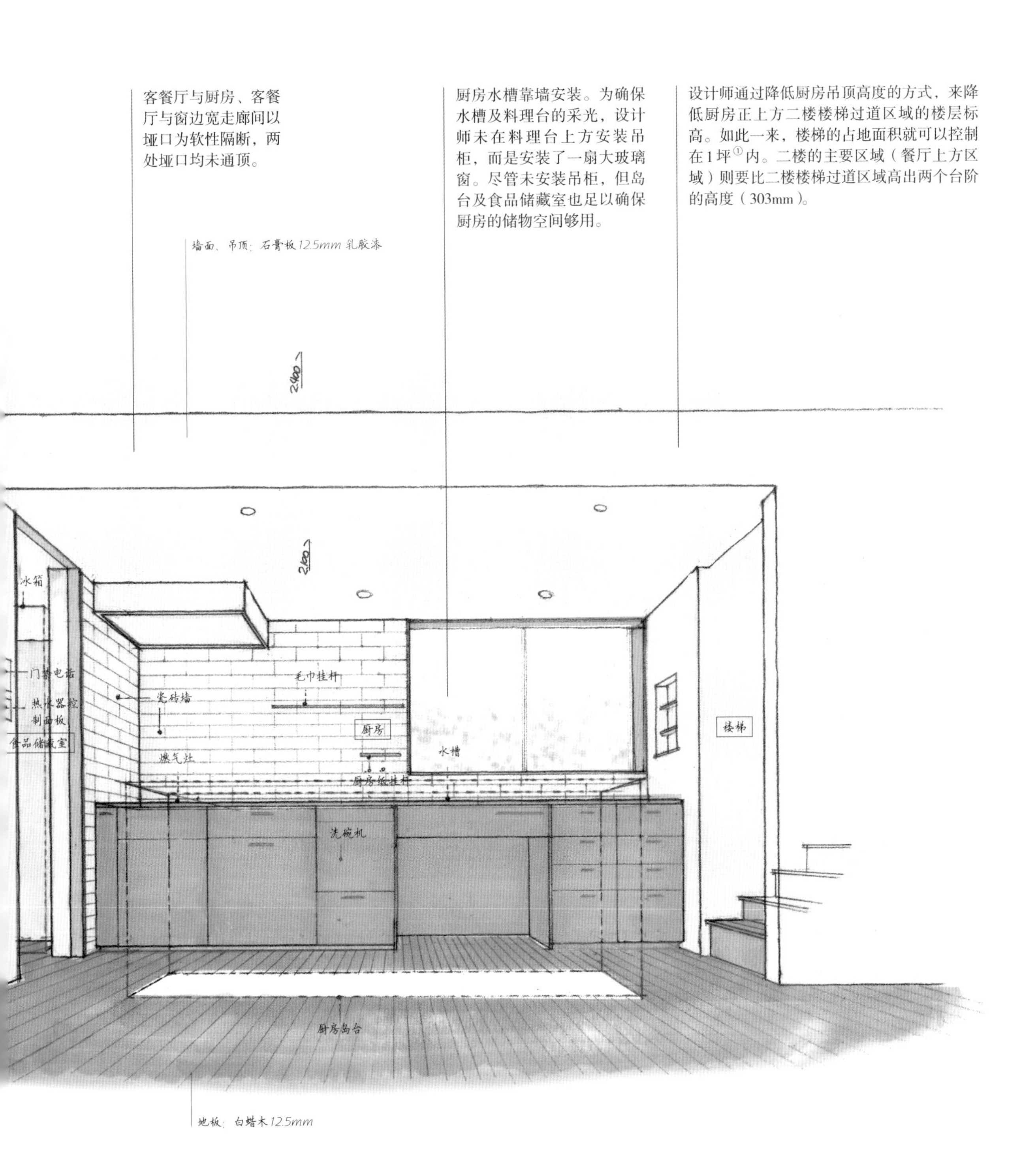

墙面、吊顶：石膏板12.5mm 乳胶漆
2400
2100
冰箱
门禁电话
热水器控制面板
食品储藏室
瓷砖墙
毛巾挂杆
厨房
燃气灶
厨房纸挂杆
水槽
楼梯
洗碗机
厨房岛台
地板：白蜡木12.5mm

① 1坪≈3.3平方米。（译者注）

1 ≫ 于客厅观餐厅、厨房与书房。垭口近大远小，吊顶由高至低，将人的视线逐步聚焦到书房窗外的风景上。

将LDK打造为适宜全家齐聚的生活空间

K

开放式厨房的特色之一是方便家人帮厨。我们在设计这种开放式厨房时，并不能一味追求“开放”，否则便会呈现出松散、杂乱的视觉效果。想要实现厨房的“开而不散”，就必须想办法令其与餐厅、客厅等功能区更好地融合在一起。

此处展示的住宅，开放式厨房与餐厅处于同一个开间内，带有水槽的岛台位于开间正中心的位置，方便家人帮厨。餐厅、厨房所在的开间与客厅、书房之间以垭口进行软性隔断。书房与餐厨区域之间的垭口两侧墙体较宽，为书房营造出包围感，能够令使用者在居家办公时更好地集中注意力。

客厅与餐厨区域之间的垭口两侧墙体略窄于书房垭口两侧墙体，但也可以将餐厨区的慌乱氛围隔绝在客厅之外，维持客厅的舒适。客厅、餐厅、厨房共处同一开放空间，无隔断墙等硬性区隔设计，父母在忙于家务、工作的同时，能够随时注意到家中幼儿的活动情况。垭口两侧与上方的墙体除起到软性隔断的作用外，还是房屋的结构构件，有了它们便无需再设置其他立柱或安装钢筋，增大了客餐厨区域的空间。

改变垭口宽度与吊顶高度，在厨房两侧设置不同功能区

吊柜未遮挡墙面与吊顶的交界线。设计师通过外露阴角及阳角的方式，展现空间轮廓线，突出包围感。

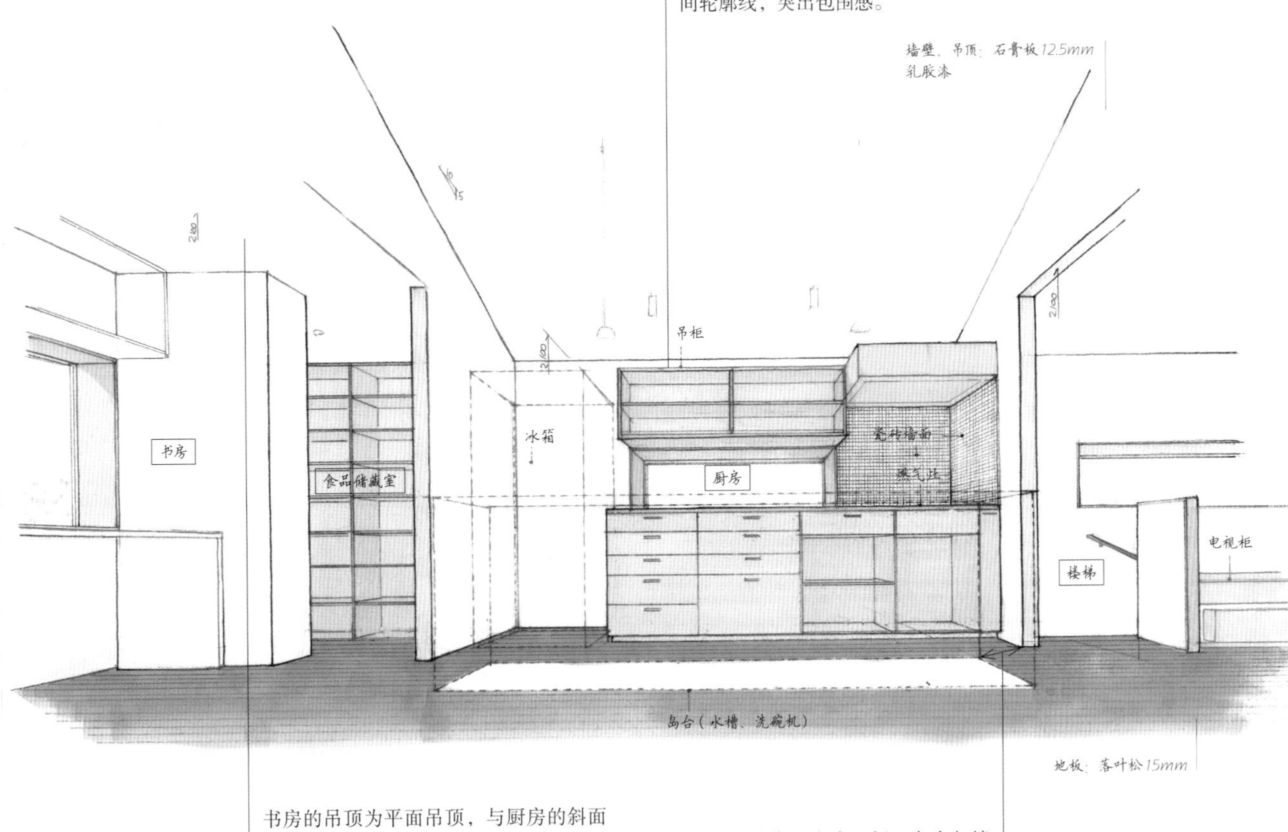

墙壁、吊顶：石膏板12.5mm
乳胶漆
吊柜
冰箱
书房
食品储藏室
厨房
瓷砖墙面
电视柜
楼梯
岛台（水槽、洗碗机）
地板：落叶松15mm

书房的吊顶为平面吊顶，与厨房的斜面吊顶形成对比。书房内墙面收纳柜数量较多，平面吊顶更方便存取物品。书房与阳台一西一东，均为平面吊顶结构，大幅提高了该层吊顶的水平刚度。

岛台的位置略靠近书房一侧。岛台与楼梯间的过道较宽，为743mm，突显了其主动线的地位。冰箱也需经由此动线搬入厨房内。

A局部图

此空间的平面图呈长方形，东南西北四个方向均设有窗户，视线路径不受任何阻隔。设计师在东、西方向设置垭口作为各功能区之间的隔断。通过调整垭口两侧墙体的宽度，在视觉上“隐藏”部分空间。客厅与餐厨区域之间的垭口两侧墙体较窄，食品储藏室及书房与餐厨区域之间的垭口两侧墙体则较宽，居住者在客厅时，视线被垭口一侧的墙体遮挡，便不会看到食品储藏室内的情形。

N
1,800
3,600
3,600
4,800
食品储藏室
厨房
830
743
558
705
暖气
书房
餐厅
客厅
1,125
900
A

岛台外侧未做加高设计，方便孩子们参与厨房工作。岛台装有水槽，使用者可以在清洗餐具的同时与其他家人聊天。

如果您家中的岛台装有水槽，且外侧未做加高设计，建议增加岛台宽度，同时在岛台朝向餐厅的一侧加装置物架，避免厨房忙乱的气息传到餐厅。置物架下方建壁龛，壁龛内安装暖气。

书房与餐厨区域之间的垭口要略窄于客厅与餐厨区域之间的垭口。这样的设计使得书房相较于其他房间拥有更强的包围感，居住者在其中能够更加集中精力工作。

二楼平面图

削弱副动线的存在感

家中除了连接各个房间的主动线之外，还需要一条采购专用的副动线，居住者购物回家后，可通过此动线放置所购物品。如果能够将玄关与食品储藏室直接相连，打造“玄关→食品储藏室→厨房”的采购归家副动线，就能够有效节省居住者放置采购物资的时间与精力，十分方便。

此处展示的住宅，设计师缩短了居住者做家务时使用的副动线，将做家务时会用到的功能区尽可能集中在一起，提高了做家务的效率。副动线虽然重要，但却不能过于显眼。主动线与木地板露台相邻，阳光明媚；而副动线所经之处的门窗则较小，食品储藏室更是昏暗，这样的设计旨在尽可能削弱副动线的存在感。

I

≪2 于玄关观食品储藏室。玄关吊顶、地板的饰面材料的铺贴方向与主动线相同，强调主动线所在的方向。

1 于食品储藏室观厨房。家务区的吊顶较低，与客厅、餐厅进行区隔。

玄关与食品储藏室相连，减轻食材搬运负担

岛台上方的吊顶做嵌入式面板灯设计，面板灯扩散板为亚克力材质。灯光经亚克力扩散板后更显柔和。

客餐厅为斜面吊顶，厨房则为平面吊顶，且吊顶高度低于客餐厅。这样的设计使厨房更具包围感，令使用者倍感安心。

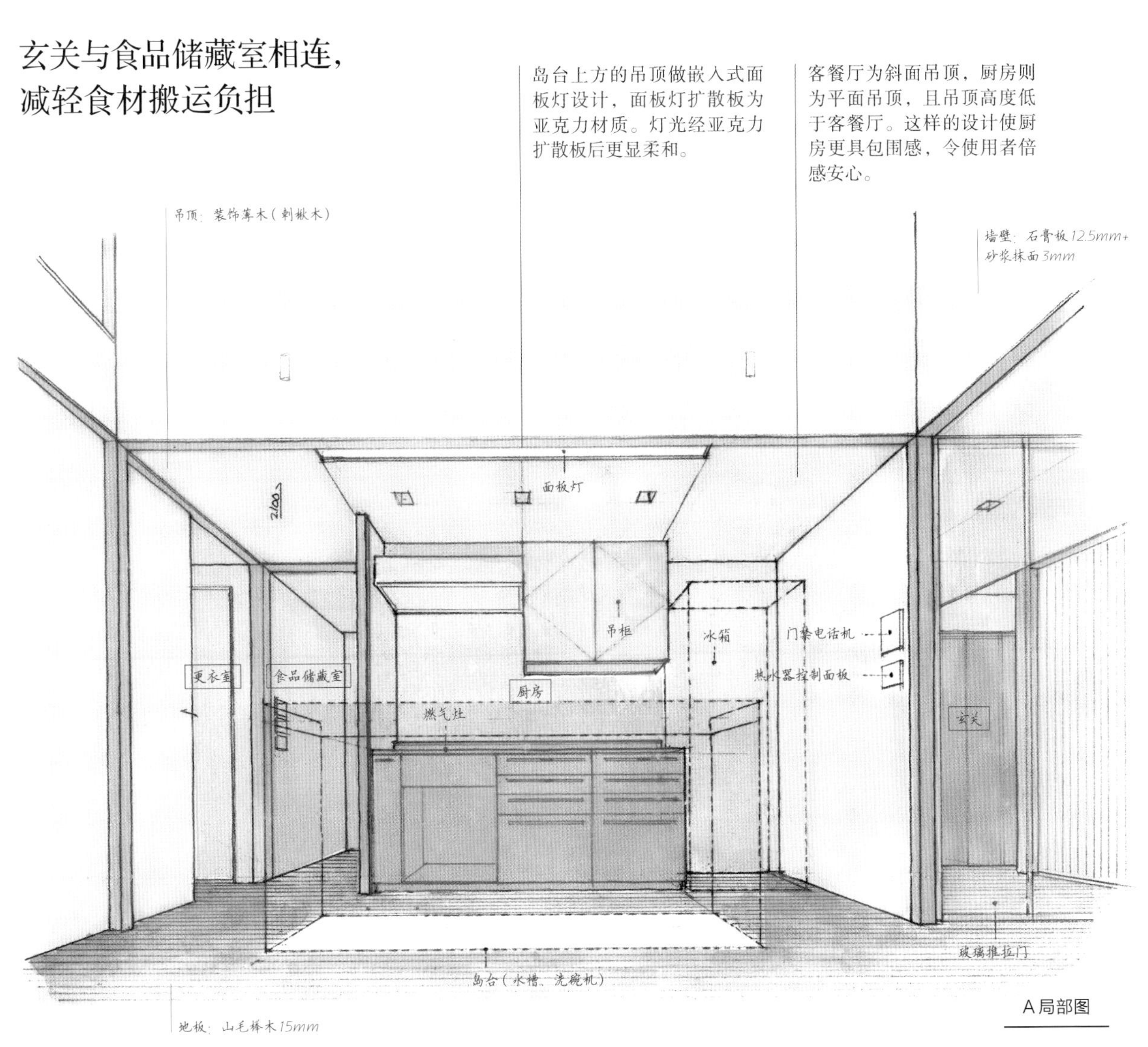

吊顶：装饰薄木（刺楸木）
墙壁：石膏板12.5mm+砂浆抹面3mm
面板灯
2100
吊柜
冰箱
门禁电话机
热水器控制面板
更衣室
食品储藏室
厨房
燃气灶
玄关
玻璃推拉门
岛台（水槽、洗碗机）
地板：山毛榉木15mm

A局部图

居住者采购归家后，可以由玄关直接前往食品储藏室放置食材，缩短了搬运饮用水等较重物资的路线，十分方便。

厨房与洗衣机所在的更衣室、晾衣区相邻，方便居住者同时完成多种家务。

岛台外侧做加高设计，可以有效阻挡厨房的忙乱氛围传到客厅。

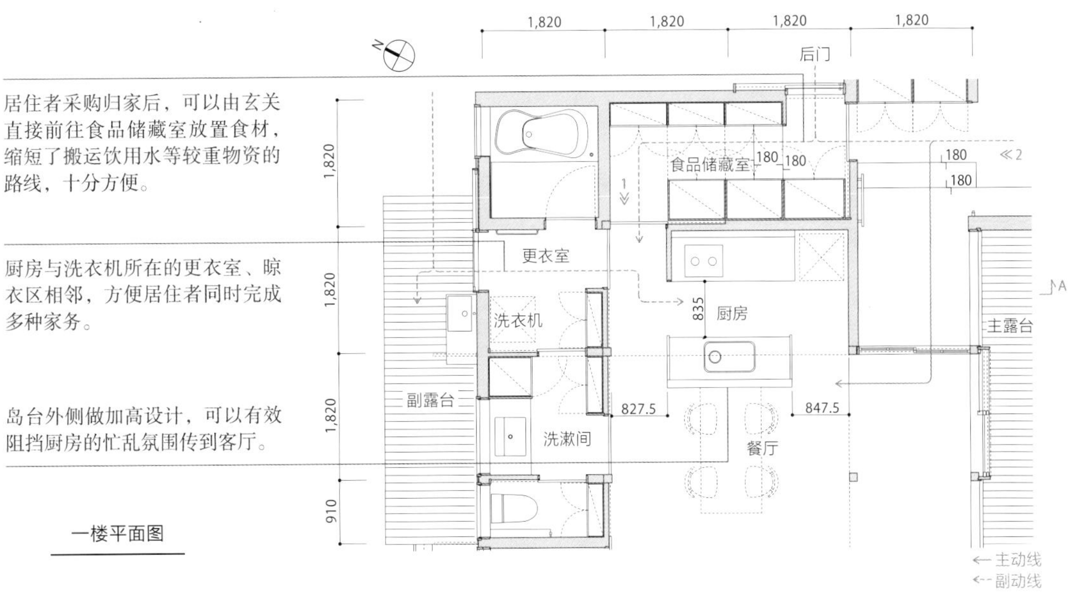

1,820
1,820
1,820
1,820
后门
食品储藏室
180
180
180
180
更衣室
835
厨房
洗衣机
主露台
副露台
827.5
847.5
洗漱间
餐厅
1,820
1,820
1,820
910
← 主动线
←-- 副动线

一楼平面图

利用缓冲空间消除马桶间的存在感

如果你准备将马桶设置在玄关附近，建议在玄关与马桶间之间设置缓冲空间，以确保两区域能够保持适当的距离。

此处展示的住宅，居住者非常重视动线的便捷性，希望自玄关前往各个房间的路径都十分简洁、方便，因此设计师将楼梯与马桶间设置在了玄关附近。但如果马桶间距离玄关过近，使用起来会极其缺乏安全感。为了解决这一问题，设计师在马桶间前设置了独立的洗手区，以此充当马桶间与玄关之间的缓冲空间。

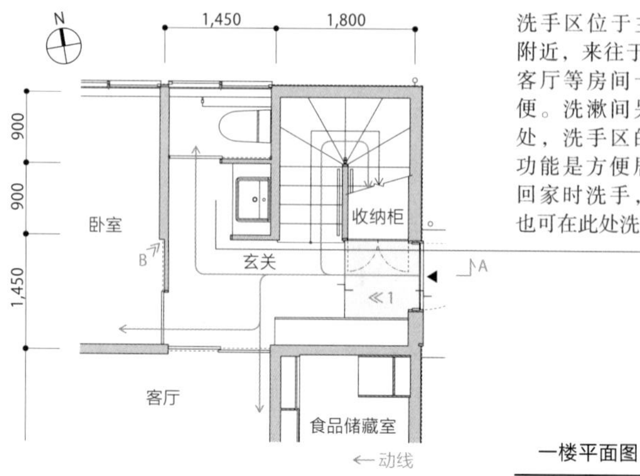

N
1,450
1,800
900
900
1,450
卧室
收纳柜
玄关
B
A
≪1
客厅
食品储藏室
← 动线

洗手区位于主动线附近，来往于卧室、客厅等房间十分方便。洗漱间另设他处，洗手区的主要功能是方便居住者回家时洗手，早晨也可在此处洗脸。

一楼平面图

洗手区位于玄关与马桶间之间，吊顶、推拉门的高度均控制在1950mm，营造出包围感。

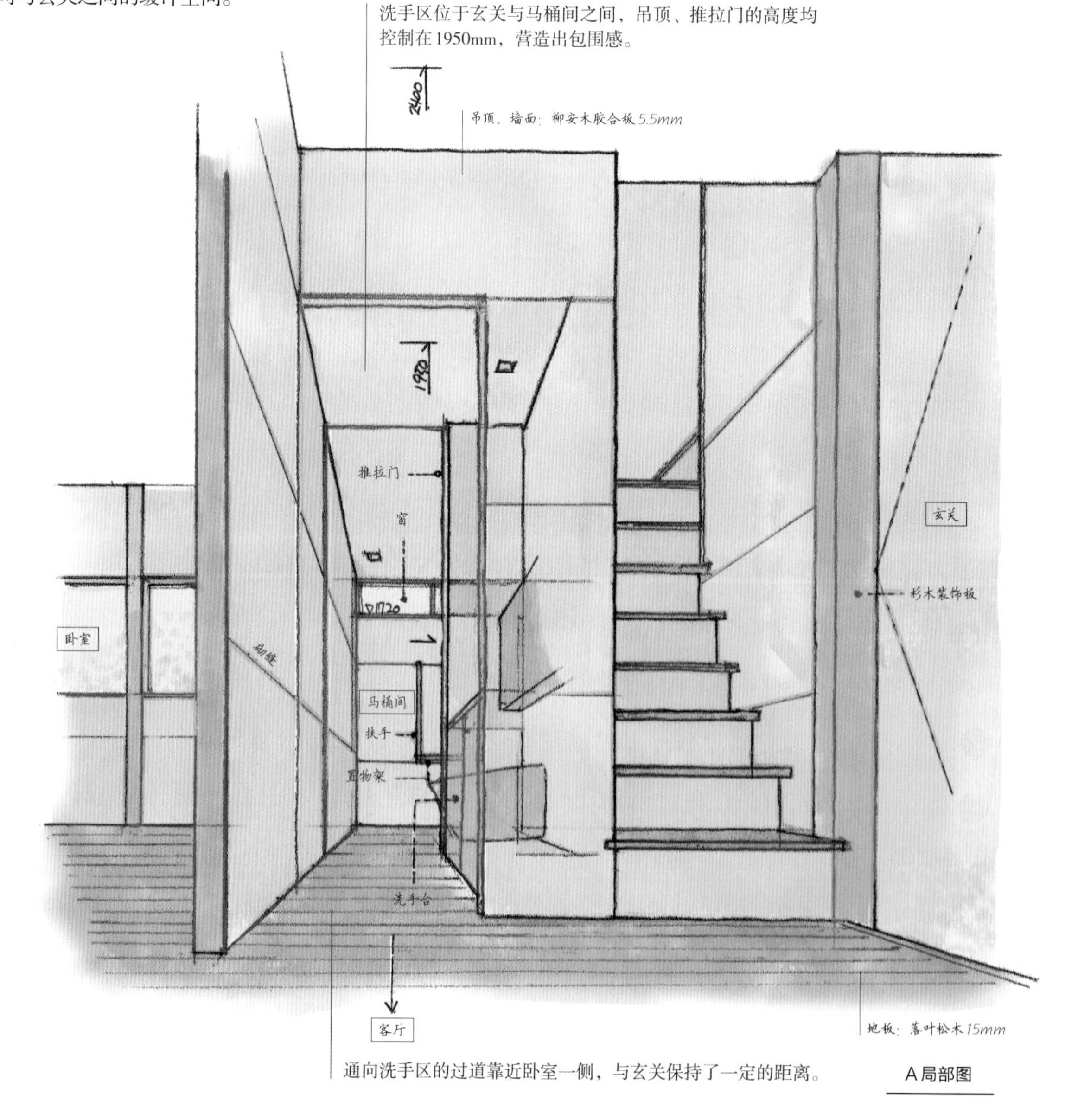

2400
吊顶、墙面：柳安木胶合板 5.5mm
1950
推拉门
窗
1720
卧室
马桶间
扶手
置物架
洗手台
玄关
杉木装饰板
客厅
地板：落叶松木 15mm

通向洗手区的过道靠近卧室一侧，与玄关保持了一定的距离。

A局部图

G

在马桶间前设置洗手区，增加玄关与马桶间的距离

≪1 于入户门观玄关。玄关与客厅间的推拉门上开有玻璃小窗，可利用阳光指引主动线的方向。

吊顶内安装有换气扇等设备。吊顶留出30mm深的凹陷区，换气扇安装在凹陷区内。换气扇外罩安装完毕后，吊顶外观平整，无任何凸起或凹陷（具有人体感应功能的换气扇建议不要安装百叶窗式通风口外罩）。

楼梯第一级台阶的踏面略超出左右两侧墙面，既能够提示居住者注意楼梯，还可以确保踢面与左右两侧墙面处于同一平面，令玄关整体更显紧凑。

超宽高窗的设计使得马桶间的吊顶也可以晒到阳光。马桶间吊顶只有1,950mm高，但由于光照的影响，并不会给人低矮、压抑之感。

置物架的边框可同时充当扶手。置物架下方安装壁挂式卷纸架，在视觉上减少了马桶间内的人工装潢痕迹，更显简洁。置物架上可放置手机及其他小型杂物，十分方便。

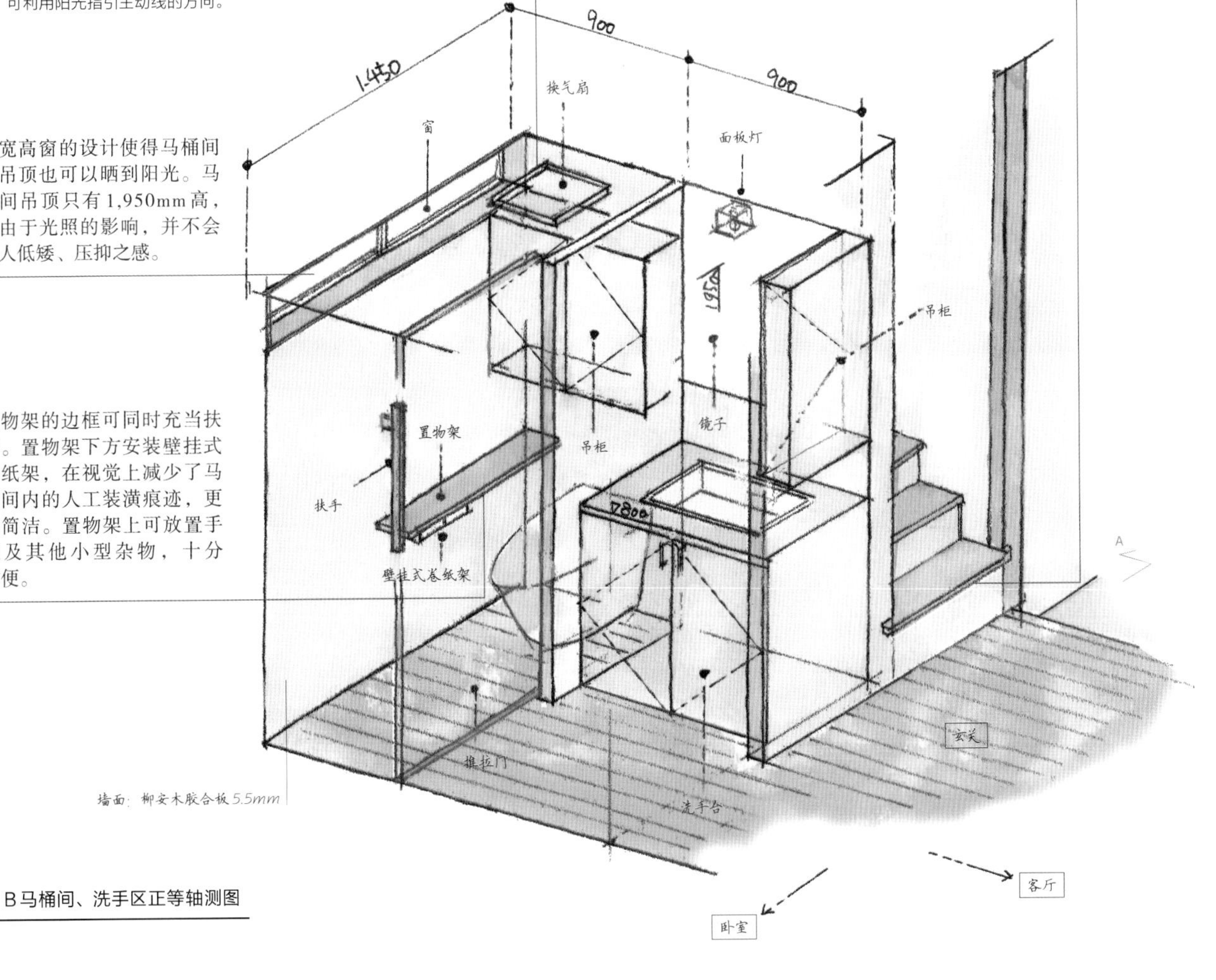

1,450
900
900
换气扇
窗
面板灯
1950
吊柜
置物架
吊柜
镜子
扶手
800
壁挂式卷纸架
A
玄关
推拉门
墙面：柳安木胶合板5.5mm
洗手台
客厅
卧室

B马桶间、洗手区正等轴测图

↙1 于卧室观楼梯过道。图片右侧为马桶间的推拉门。打开推拉门后就可以看到中庭的绿树。居住者进出马桶间时用余光可以看到室外的风景。

E

马桶间与主动线保持适度距离

如果住宅拥有夹层，即在一楼、二楼之间还存在一个“1.5层”，建议将马桶间设置在夹层，如此一来，居住者无论是在一楼还是二楼，使用马桶间都很方便。但要注意一点：马桶间必须与位于主动线上的楼梯过道保持适度距离。

此处展示的住宅，浴室与洗漱间设置在一楼，马桶间则设置在夹层的楼梯过道附近。夹层处于一楼、二楼之间，往来各个楼层都很方便。夹层除马桶间外，还有一间卧室。为了使马桶间与楼梯过道保持适度距离，设计师在两者之间设置了隔断墙。此外，进出马桶间的门与卧室门相错，确保了两空间各自的私密性与安全性。

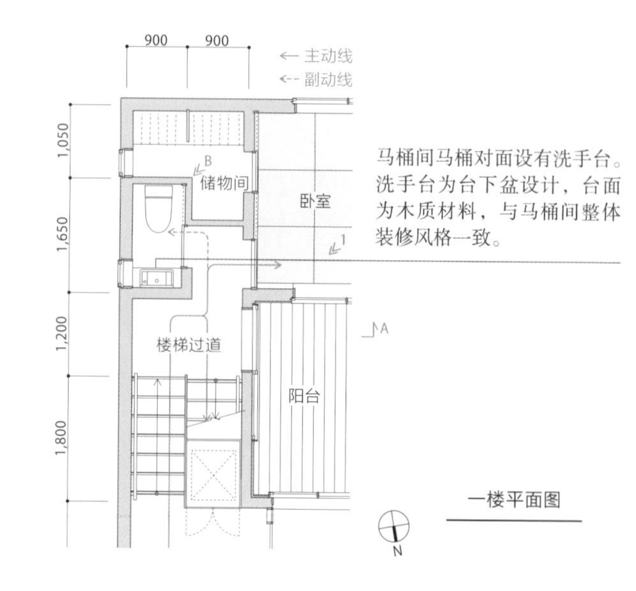
900
900
← 主动线
←-- 副动线
1,050
1,650
1,200
1,800
B
储物间
卧室
1
A
楼梯过道
阳台
N

马桶间马桶对面设有洗手台。洗手台为台下盆设计，台面为木质材料，与马桶间整体装修风格一致。

一楼平面图

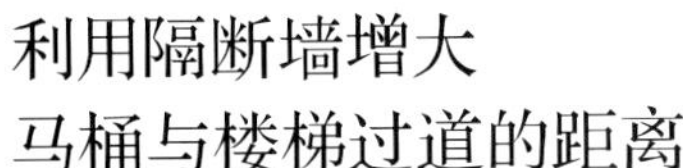

利用隔断墙增大马桶与楼梯过道的距离

设计师在略高于洗手台的位置设置了腰窗，以确保洗手台台面的采光。腰窗紧靠洗手台，与马桶有一定的距离，从窗外看不到马桶周边的情况，无需担心隐私泄露。

洗手台下方是收纳柜，柜内为暖气，台面边缘与柜门齐平。在这样狭窄的空间内要尽量避免凹凸不平的设计。

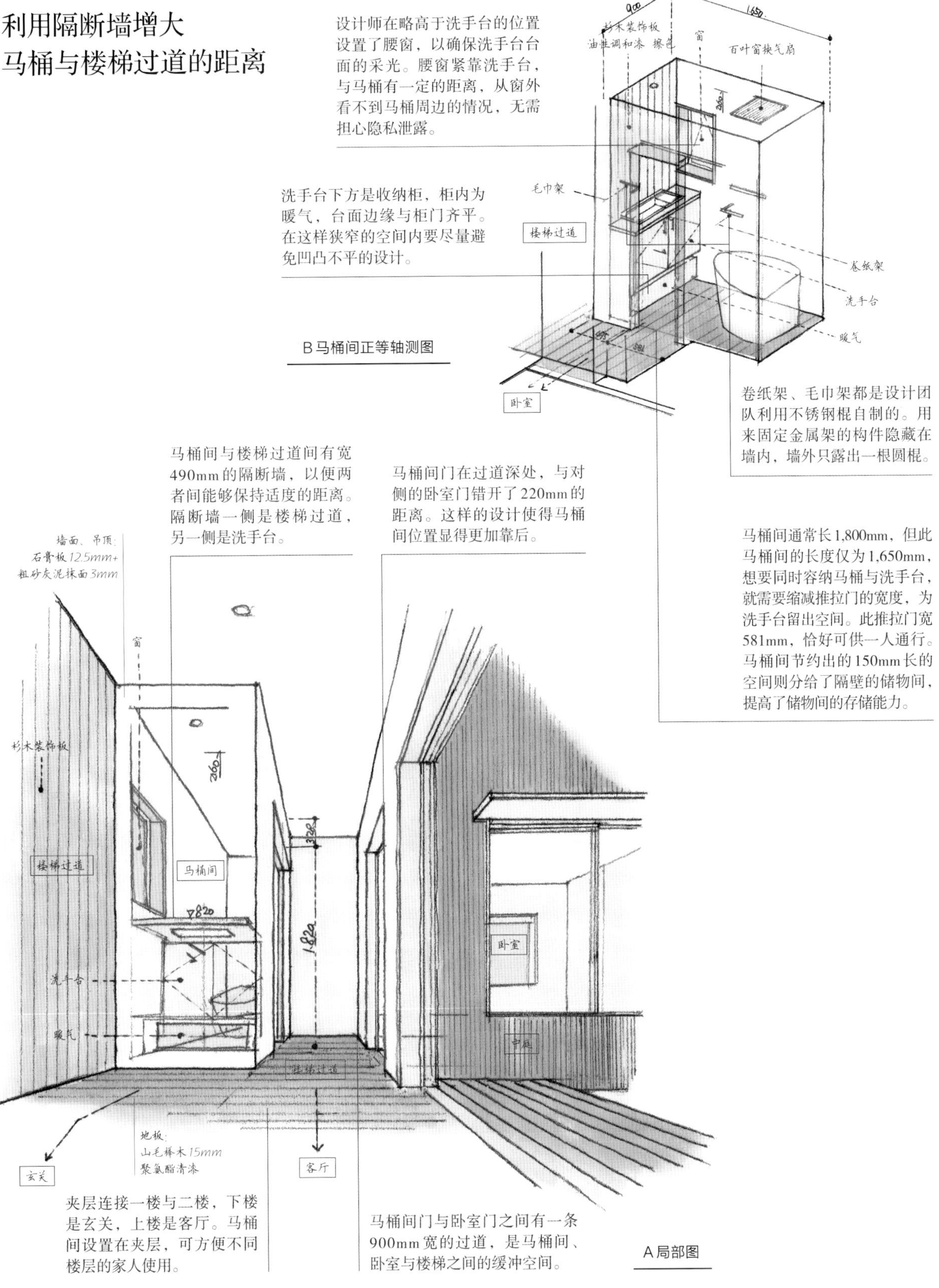

900
1,650
杉木装饰板
油性调和漆 擦色
窗
百叶窗换气扇
260
毛巾架
楼梯过道
卷纸架
洗手台
暖气
581
卧室
墙面、吊顶：
石膏板12.5mm+
粗砂灰泥抹面3mm
窗
杉木装饰板
楼梯过道
马桶间
820
328
1,820
洗手台
暖气
卧室
中庭
楼梯过道
地板：
山毛榉木15mm
聚氨酯清漆
玄关
客厅

B马桶间正等轴测图

卷纸架、毛巾架都是设计团队利用不锈钢棍自制的。用来固定金属架的构件隐藏在墙内，墙外只露出一根圆棍。

马桶间与楼梯过道间有宽490mm的隔断墙，以便两者间能够保持适度的距离。隔断墙一侧是楼梯过道，另一侧是洗手台。

马桶间门在过道深处，与对侧的卧室门错开了220mm的距离。这样的设计使得马桶间位置显得更加靠后。

马桶间通常长1,800mm，但此马桶间的长度仅为1,650mm，想要同时容纳马桶与洗手台，就需要缩减推拉门的宽度，为洗手台留出空间。此推拉门宽581mm，恰好可供一人通行。马桶间节约出的150mm长的空间则分给了隔壁的储物间，提高了储物间的存储能力。

夹层连接一楼与二楼，下楼是玄关，上楼是客厅。马桶间设置在夹层，可方便不同楼层的家人使用。

马桶间门与卧室门之间有一条900mm宽的过道，是马桶间、卧室与楼梯之间的缓冲空间。

A局部图

利用“凵”形动线增大空间距离

如果家中常有客人来访，建议将马桶间与主动线分离，令二者保持适当距离，如此一来，访客与家人在使用马桶时就能实现互不打扰。如果马桶间与客厅间的直线距离较短，建议增加转角数量，增大两功能区间的实际路线距离。

此处展示的住宅，日常访客较多。为了方便访客使用马桶，主动线需要与马桶间保持一定的距离。为此，设计师在主动线与马桶间之间设置了一条“凵”形动线，增大两功能区间的实际路线距离。楼梯转角与马桶间之间还设置了储物柜，缩减了过道宽度，使得马桶间的位置在视觉上显得更加靠后。

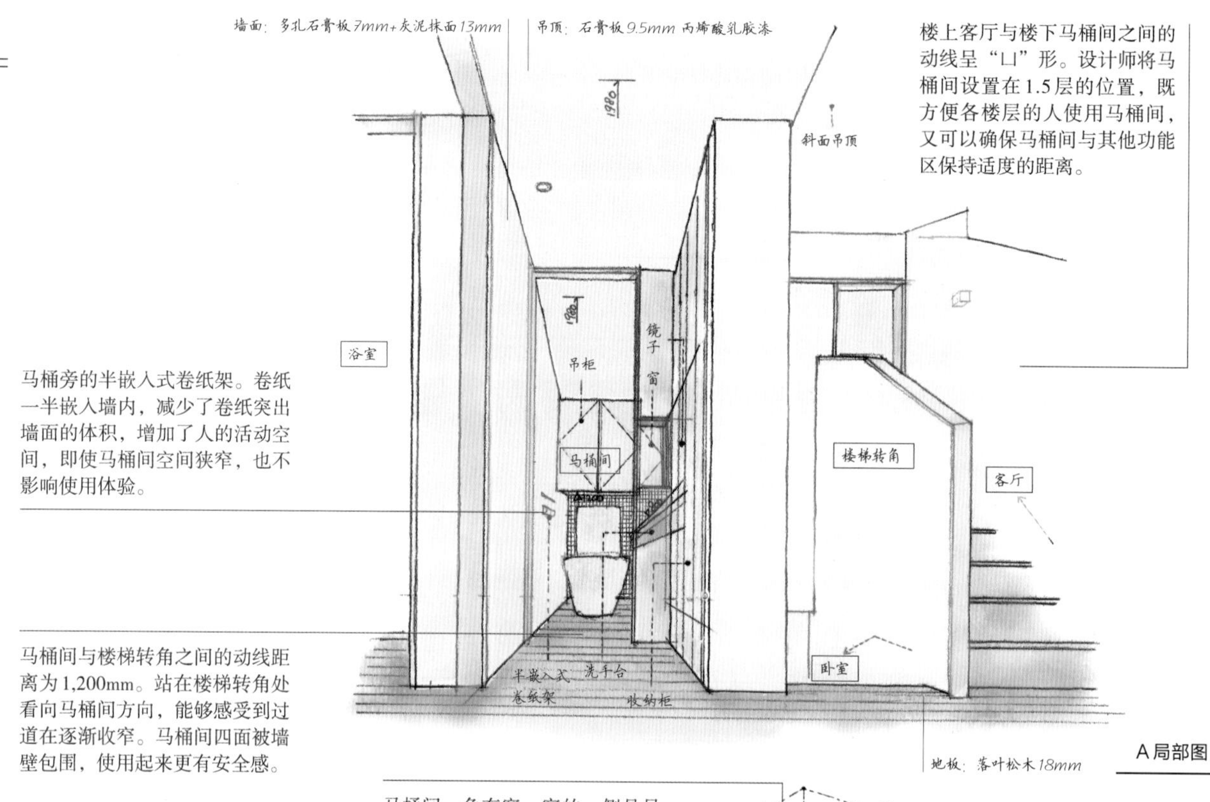

墙面：多孔石膏板7mm+灰泥抹面13mm
吊顶：石膏板9.5mm 丙烯酸乳胶漆
1980
斜面吊顶
浴室
吊柜
镜子
窗
马桶间
楼梯转角
客厅
卧室
半嵌入式卷纸架
洗手台
收纳柜
地板：落叶松木18mm

楼上客厅与楼下马桶间之间的动线呈“凵”形。设计师将马桶间设置在1.5层的位置，既方便各楼层的人使用马桶间，又可以确保马桶间与其他功能区保持适度的距离。

马桶旁的半嵌入式卷纸架。卷纸一半嵌入墙内，减少了卷纸突出墙面的体积，增加了人的活动空间，即使马桶间空间狭窄，也不影响使用体验。

马桶间与楼梯转角之间的动线距离为1,200mm。站在楼梯转角处看向马桶间方向，能够感受到过道在逐渐收窄。马桶间四面被墙壁包围，使用起来更有安全感。

A局部图

马桶间一角有窗。窗的一侧是吊柜，可以增大马桶与户外空间的距离。窗的另一侧是镜子，窗外的风景可以投射在镜面中。

1

马桶间面积为1,200mm×1,800mm，地面呈长方形，较为宽敞，洗手台设置于长边一侧。洗手台的台面同时还可以起到马桶扶手的作用，非常方便。

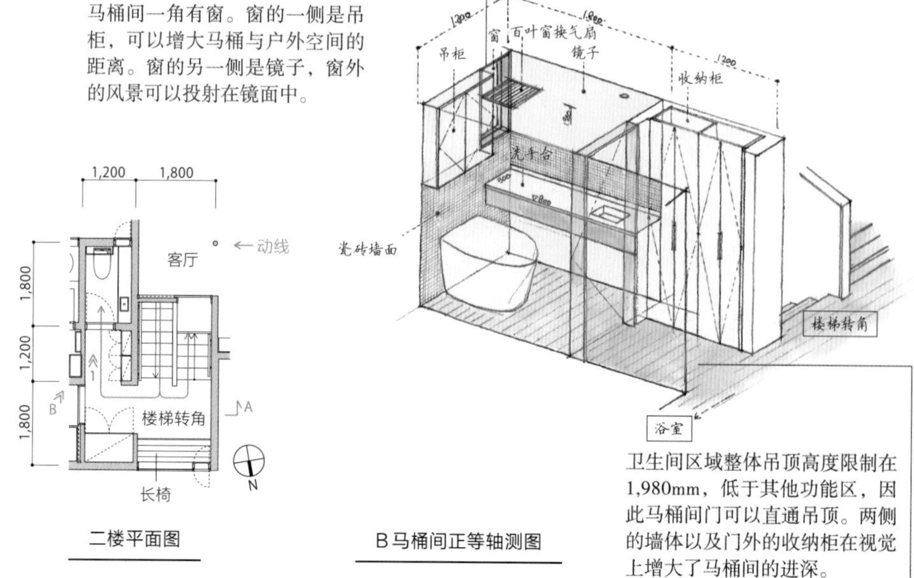

1,200
1,800
客厅
动线
1,800
1,200
1,800
1
B
A
楼梯转角
长椅
N
1200
1800
1200
窗
百叶窗换气扇
吊柜
镜子
收纳柜
洗手台
瓷砖墙面
楼梯转角
浴室

二楼平面图

B马桶间正等轴测图

卫生间区域整体吊顶高度限制在1,980mm，低于其他功能区，因此马桶间门可以直通吊顶。两侧的墙体以及门外的收纳柜在视觉上增大了马桶间的进深。

1
于玄关观楼梯。露台的阳光打在楼梯正前方的墙面上。设计师利用这道阳光指引主动线的方向。

利用墙壁削弱马桶间的存在感

将马桶间设置在楼梯转角平台，可方便楼上、楼下各房间使用。此时要注意使马桶间与位于主动线之上的楼梯保持适度距离，以确保马桶间的私密性。

此处展示的住宅，设计师一方面有意突出楼梯的方向性，另一方面则希望能够削弱马桶间的存在感。为此，设计师将马桶间门做了非通顶设计，为马桶间营造出包围感，增加“楼梯—卧室”主动线与马桶间之间的心理距离。而位于马桶间前方的洗漱间的门则采用了通顶设计，门框直接与吊顶相接，凸显出其是主动线的构成部分。

马桶间内的洗手台。由于楼梯及马桶间门的位置，洗手台无法设置在马桶正对面。马桶间门正对的墙壁部分墙面向内凹陷，洗手台恰好可嵌入其中，与墙面连为一体。

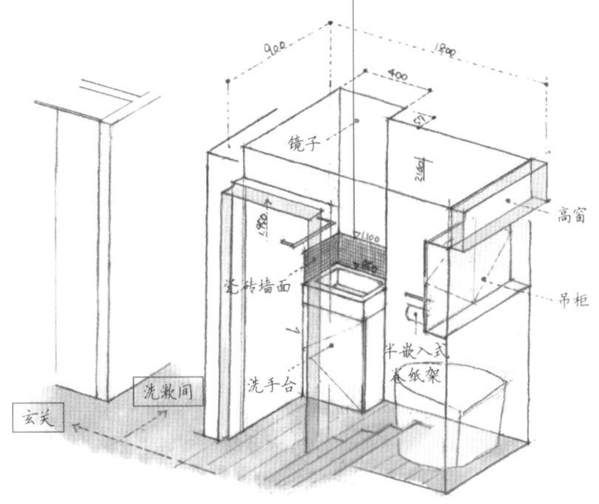

900
1800
400
镜子
高窗
瓷砖墙面
吊柜
半嵌入式卷纸架
洗手台
洗漱间
玄关

B 厕所正等轴测图

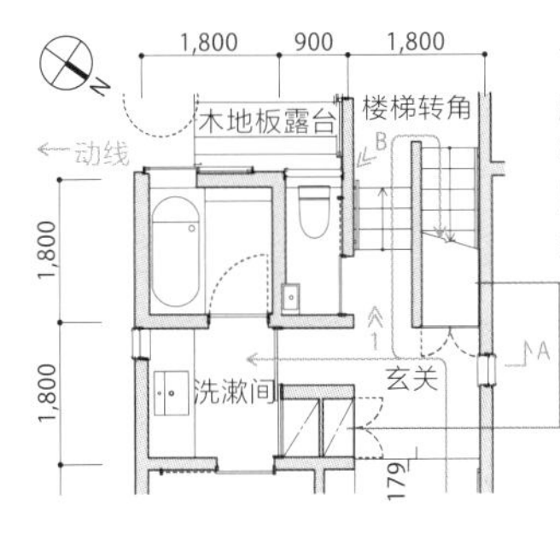

1,800
900
1,800
木地板露台
楼梯转角
动线
B
1,800
1,800
1
洗漱间
玄关
A
179

玄关左右建有收纳柜，可以起到阻隔视线的作用，人站在玄关处无法直接看到屋内的情形，在心理上增大了玄关与卫生间区域的距离。

一楼平面图

楼梯区域未设置任何垭口，视线可沿吊顶直达楼梯尽头。楼梯尽头的墙面有壁龛，可摆放装饰品，以吸引人的目光，削弱隔壁马桶间的存在感。

马桶间推拉门未通顶。与隔壁方向性明确的楼梯区域相比，马桶间四面环墙，具有包围感，与主动线保持了适度的距离。

马桶间最内侧的墙面上有一扇高窗，既可确保马桶间的采光与通风，又无泄露隐私之虞。阳光透过高窗打在吊顶上，还可以使马桶间显得更加宽敞、通透。

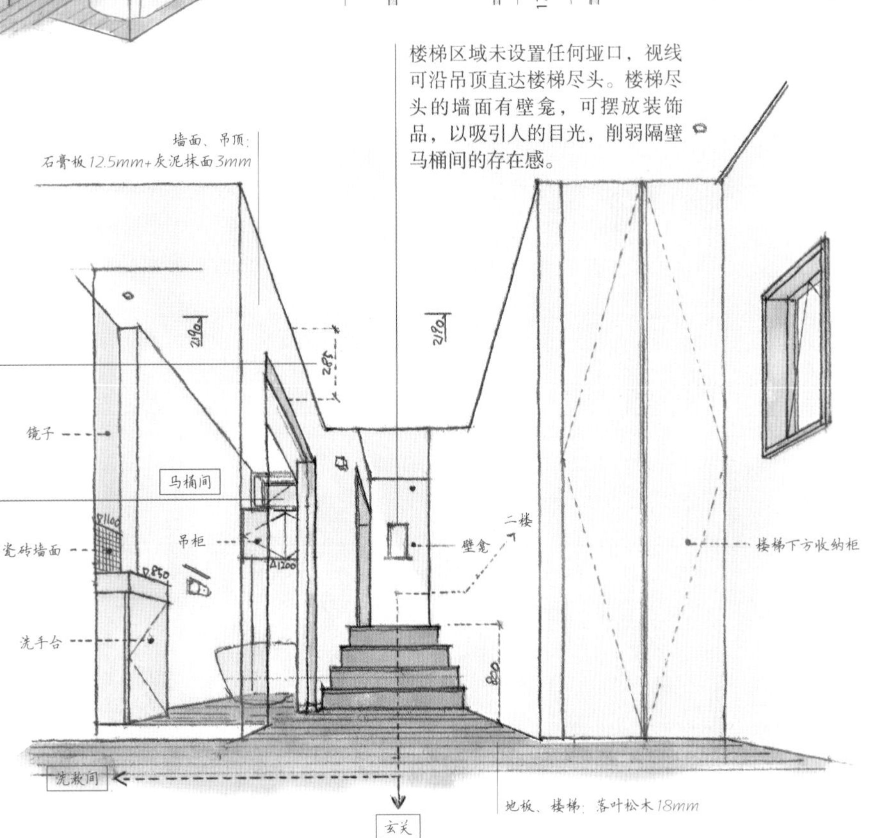

墙面、吊顶：
石膏板12.5mm+灰泥抹面3mm
2180
285
2180
镜子
马桶间
瓷砖墙面
吊柜
洗手台
二楼
壁龛
楼梯下方收纳柜
800
洗漱间
玄关
地板、楼梯：落叶松木18mm

A 局部图

在浴室近距离
欣赏中庭的葱葱绿叶

此处展示的住宅，各房间处于不同高度，居住者可以从不同的角度欣赏中庭风景。

由于住宅用地地面并不平整，南北存在高度差，因此一楼的浴室地面要比中庭地面低800mm，居住者在洗漱间或浴室时，是以地下室视角欣赏中庭栽种的灌木枝叶。洗漱间及浴室窗外是中庭，无需担心邻居会看到家中隐私，且由于家中其他房间与洗漱间、浴室处在不同的高度，因此使用者在此处欣赏中庭风景时也无需在意其他家人的视线。

1 于玄关观洗漱间。阳光透过洗漱间的高窗以及图片左侧的磨砂玻璃窗洒落在玄关区域。

为了与西侧的邻家住宅保持适度距离，设计师将浴室窗设置在浴室南墙靠东一侧的位置，窗外是中庭。浴室西墙为承重墙。

洗漱间前方设置有收纳柜。人在玄关时视线受到收纳柜阻挡，不易看到洗漱间门。此外，洗漱间门关闭后，与两侧墙面并非处于同一平面，而是略向后凹陷，这样的设计也可以起到增大洗漱间与玄关距离的作用。

1,650
3,000
1,800
N
▽邻家住宅用地边界线
白栎树
棉毛栲
中庭
[GL+1,260]
荚迷花
卧室
[GL+1,760]
木地板露台
[GL+1,740]
洗漱间
[GL+465]
卧室
A
1
2
储物间
过道
[GL+1,760]
玄关
[GL+465]
1,725
1,800
1,800

户外木地板露台与浴室窗位置相错。

一楼平面图

2 洗漱间的镜子映照出中庭翠绿的枝叶。即使中庭面积较小，也可以通过合理的设计营造出绿树环绕之感。

兼顾私密性与观景功能，以仰视的视角欣赏中庭风景

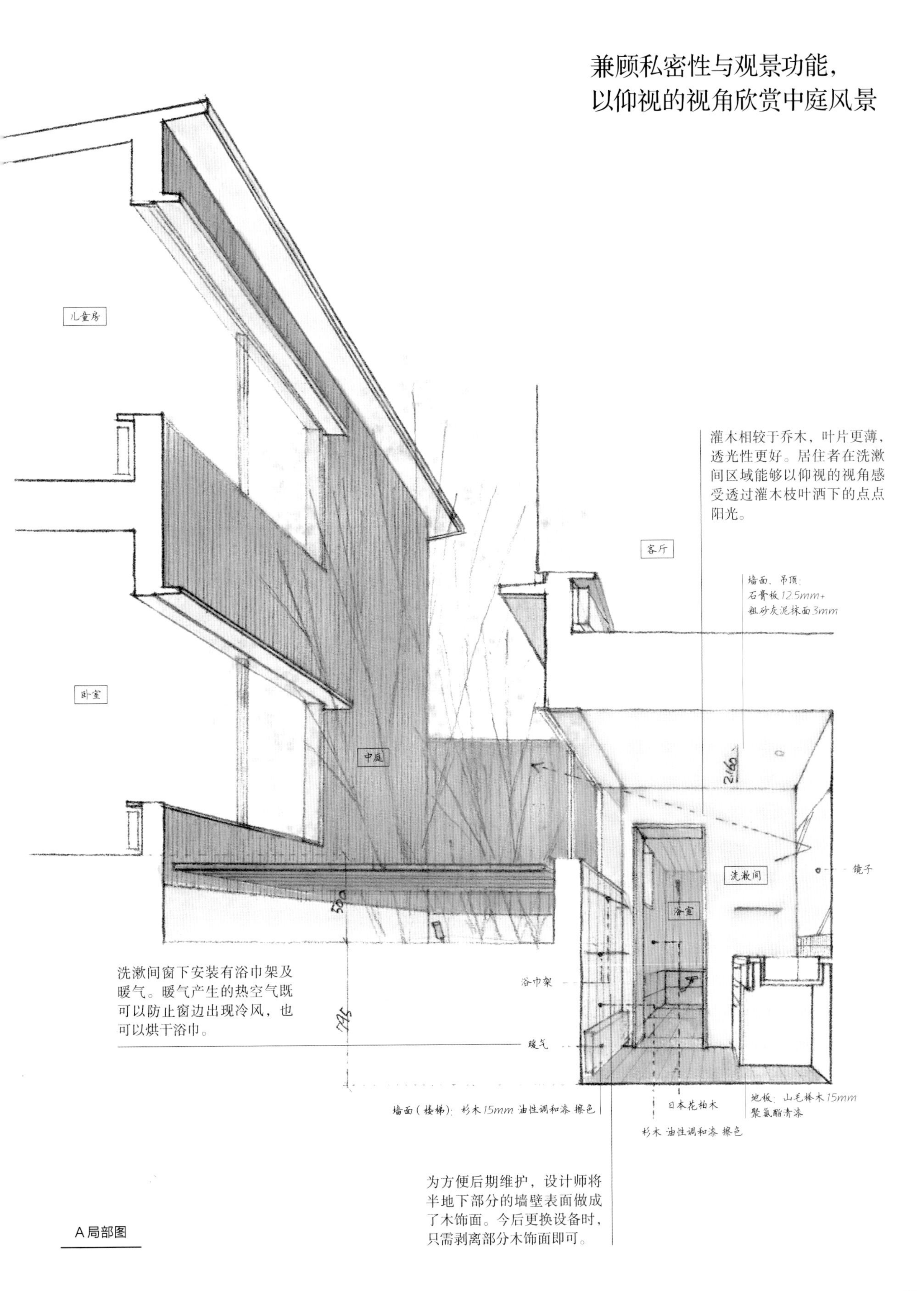

儿童房
卧室
中庭
客厅
洗漱间
浴室
镜子
浴巾架
暖气
2160
500
745
墙面、吊顶：
石膏板 12.5mm+
粗砂灰泥抹面 3mm
墙面（楼梯）：杉木 15mm 油性调和漆 擦色
日本花柏木
杉木 油性调和漆 擦色
地板：山毛榉木 15mm
聚氨酯清漆

灌木相较于乔木，叶片更薄，透光性更好。居住者在洗漱间区域能够以仰视的视角感受透过灌木枝叶洒下的点点阳光。

洗漱间窗下安装有浴巾架及暖气。暖气产生的热空气既可以防止窗边出现冷风，也可以烘干浴巾。

为方便后期维护，设计师将半地下部分的墙壁表面做成了木饰面。今后更换设备时，只需剥离部分木饰面即可。

A局部图

临街住宅也能拥有浴室窗

高密度住宅区内的临街住宅，如果浴室位于一楼，可以在浴室外侧设置嵌入式阳台，令浴室窗朝向嵌入式阳台，以确保浴室的采光与通风。

此处展示的住宅，住户希望家中拥有室内晾衣区。因此设计师在一楼南侧建造了嵌入式阳台，并将卫生间各功能区设置在阳台附近。更衣室、嵌入式阳台、衣柜这三个与“清洗衣物”相关的功能区聚集在一起，也有助于提升做家务的效率。

D

1,800 3,600 1,800

木格栅纱窗

≪1

嵌入式阳台

衣柜

A

1,800

1,800

更衣室

洗漱间

卧室

玄关

N

←动线

更衣室内也设有小窗，便于室内通风。

更衣室、嵌入式阳台、卧室的衣柜三者位于同一条环形动线之上，组成洗衣动线，清洗衣物→晾晒→收纳衣物，一气呵成，提高了做家务的效率。

一楼平面图

≪1 于嵌入式阳台观浴室。嵌入式阳台窗为木格栅结构的纱窗，可兼作隔壁洗漱间与卧室的通风窗。纱窗可上锁，上锁后无法自外部打开，既确保了室内通风，又能够维护居住安全。

H

浴室窗朝向嵌入式阳台，无需担忧外部视线。嵌入式阳台的木格栅纱窗可以确保良好的通风与采光。

浴室的吊顶饰面选用了防潮性佳的日本花柏木。换气扇安装在吊顶内，外露的换气扇罩是同为日本花柏木材质的百叶窗扇。

浴室选用半整体浴室结构，墙面铺贴瓷砖。浴室窗周边选用同种瓷砖包边，与墙面整体风格保持一致。

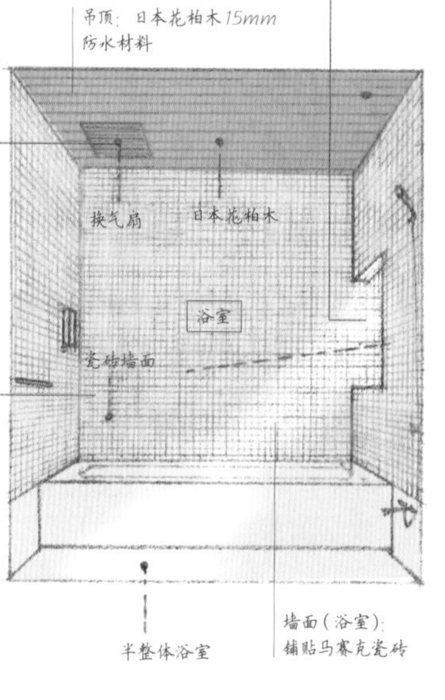
吊顶：日本花柏木15mm
防水材料
换气扇
日本花柏木
浴室
瓷砖墙面
半整体浴室
墙面（浴室）：
铺贴马赛克瓷砖

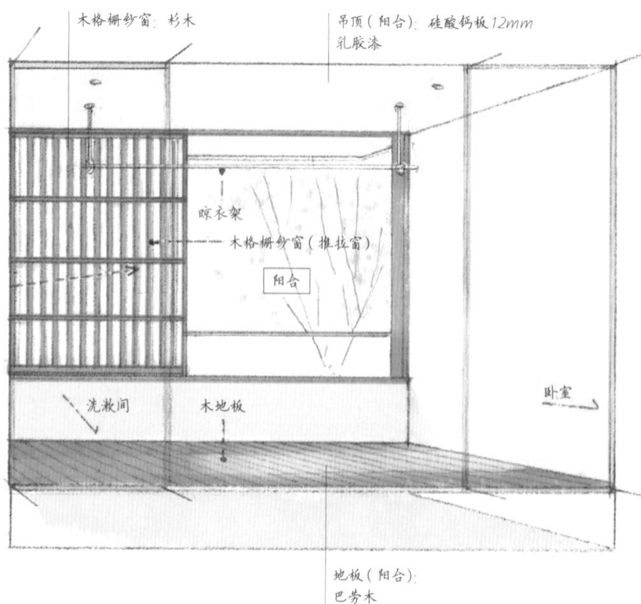
木格栅纱窗：杉木
吊顶（阳台）：硅酸钙板12mm
乳胶漆
晾衣架
木格栅纱窗（推拉窗）
阳台
卧室
洗漱间
木地板
地板（阳台）：
巴劳木

A局部图

利用常绿树遮掩浴室窗

如果住宅临街或与隔壁住宅的间隔较小，为保护居住隐私、遮挡外部视线，居住者通常不会在浴室内安装面积较大的玻璃窗。此类情况建议在浴室窗外栽种树木，既可以遮挡外部视线，又可以美化居住环境。

此处展示的住宅，建筑物平面图呈“L”形，南侧有一处小庭院，卧室与浴室均与庭院相邻。浴室窗外有绿树遮挡，外人无法透过浴室窗看到浴室内的情况，居住者使用浴室时，也可以欣赏到窗外绿意盎然的风景。

浴室窗设在浴缸短边一侧，方便居住者在泡澡时欣赏正前方的庭院风景。
傍晚，西斜的阳光从高窗进入浴室，浴室内一片暖洋洋。
厨房
客厅
吊顶（浴室）：铝板
墙壁（浴室）：铺贴马赛克瓷砖
中庭
卧室
浴室
木地板露台
瓷砖墙面
半整体浴室
在邻家住宅与自家住宅之间的区域混种常绿树与落叶树，一年之后这些树木就可以成长为能够遮挡外部视线的“树墙”。
A局部图
木地板露台与浴室窗位置相错，可确保其他人在露台活动时不会看到浴室内的情况。
▽邻家住宅用地边界线
1,800
900
1,800
过道
[GL+1,279]
玄关
[GL+479]
木地板露台
GL+1,250
洗漱间
洗衣房
A
≪1
树参
棉毛柃
荚蒾花
大柄冬青
△邻家住宅用地边界线
N
2,850
1,650
1,800
1,800
900
一楼平面图

≪1
于浴室观庭院。一年之后，树木长成，居住者便可以在浴室欣赏窗外的绿色风景。

在浴室中享受脱离日常生活琐碎的静谧时光

如果住宅用地周边风景宜人，建议为浴室增添观景功能，方便居住者在浴室中欣赏外界景色。此处展示的住宅，周边绿树环绕，浴室设置在二楼，掩映在层层绿叶之后，既可确保隐私安全，又方便居住者欣赏户外美景。

浴室窗为南向的腰窗，窗外有宽大的房檐，还有层层叠叠的绿叶。浴室白天阳光充足，居住者可在这里晒晒太阳，放松身心，到了夜间，又可欣赏到室外地面射灯装扮下的庭院风光。

A

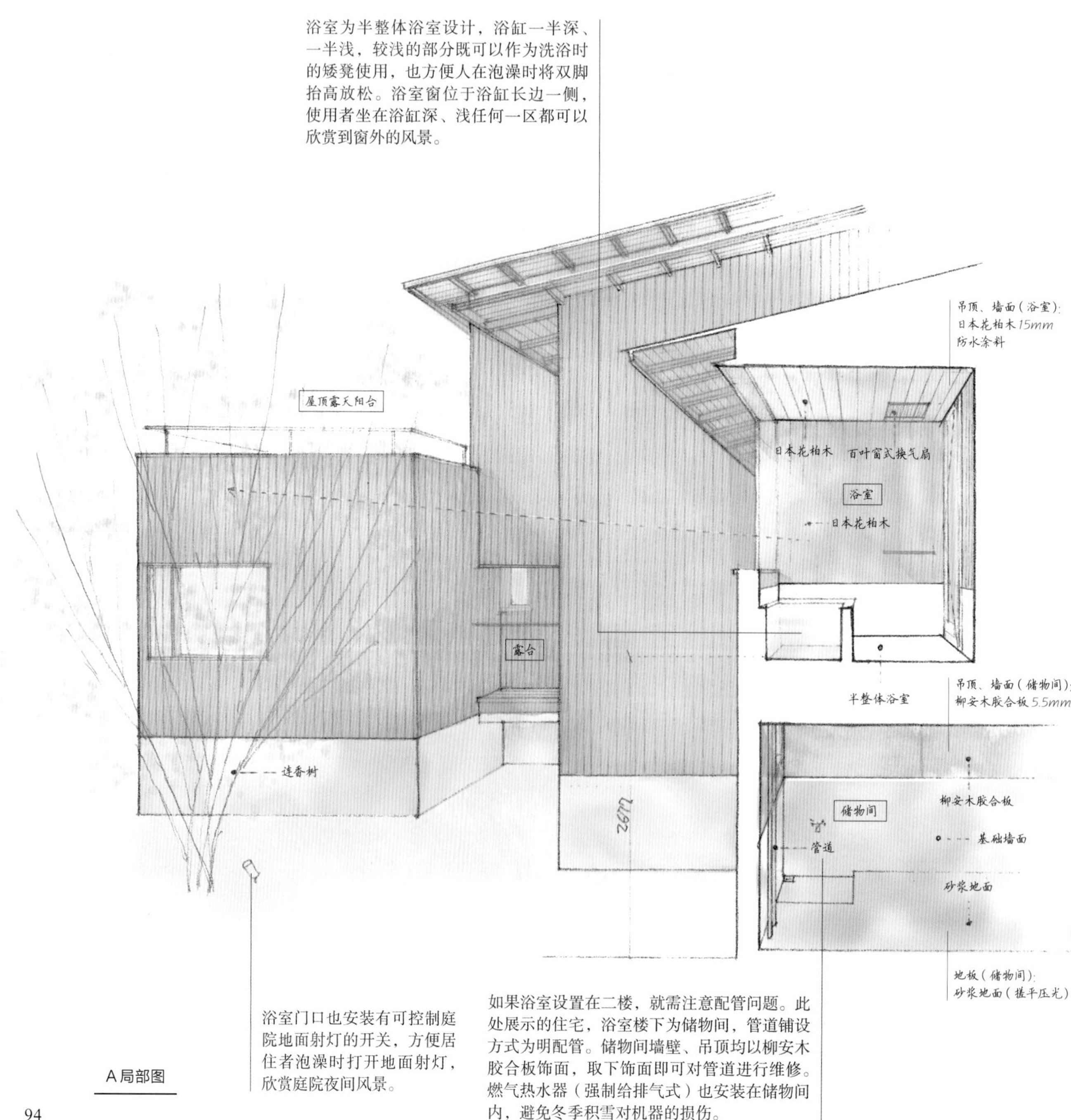
屋顶露天阳台
露台
连香树
2672
吊顶、墙面（浴室）:
日本花柏木15mm
防水涂料
日本花柏木
百叶窗式换气扇
浴室
日本花柏木
半整体浴室
吊顶、墙面（储物间）:
柳安木胶合板5.5mm
柳安木胶合板
储物间
管道
基础墙面
砂浆地面
地板（储物间）:
砂浆地面（搓平压光）

浴室为半整体浴室设计，浴缸一半深、一半浅，较浅的部分既可以作为洗浴时的矮凳使用，也方便人在泡澡时将双脚抬高放松。浴室窗位于浴缸长边一侧，使用者坐在浴缸深、浅任何一区都可以欣赏到窗外的风景。

浴室门口也安装有可控制庭院地面射灯的开关，方便居住者泡澡时打开地面射灯，欣赏庭院夜间风景。

如果浴室设置在二楼，就需注意配管问题。此处展示的住宅，浴室楼下为储物间，管道铺设方式为明配管。储物间墙壁、吊顶均以柳安木胶合板饰面，取下饰面即可对管道进行维修。燃气热水器（强制给排气式）也安装在储物间内，避免冬季积雪对机器的损伤。

A局部图

在浴室也可以感受柔和阳光，欣赏树林美景

住宅呈雁形阵布局，加大了屋顶露天阳台与浴室间的距离。

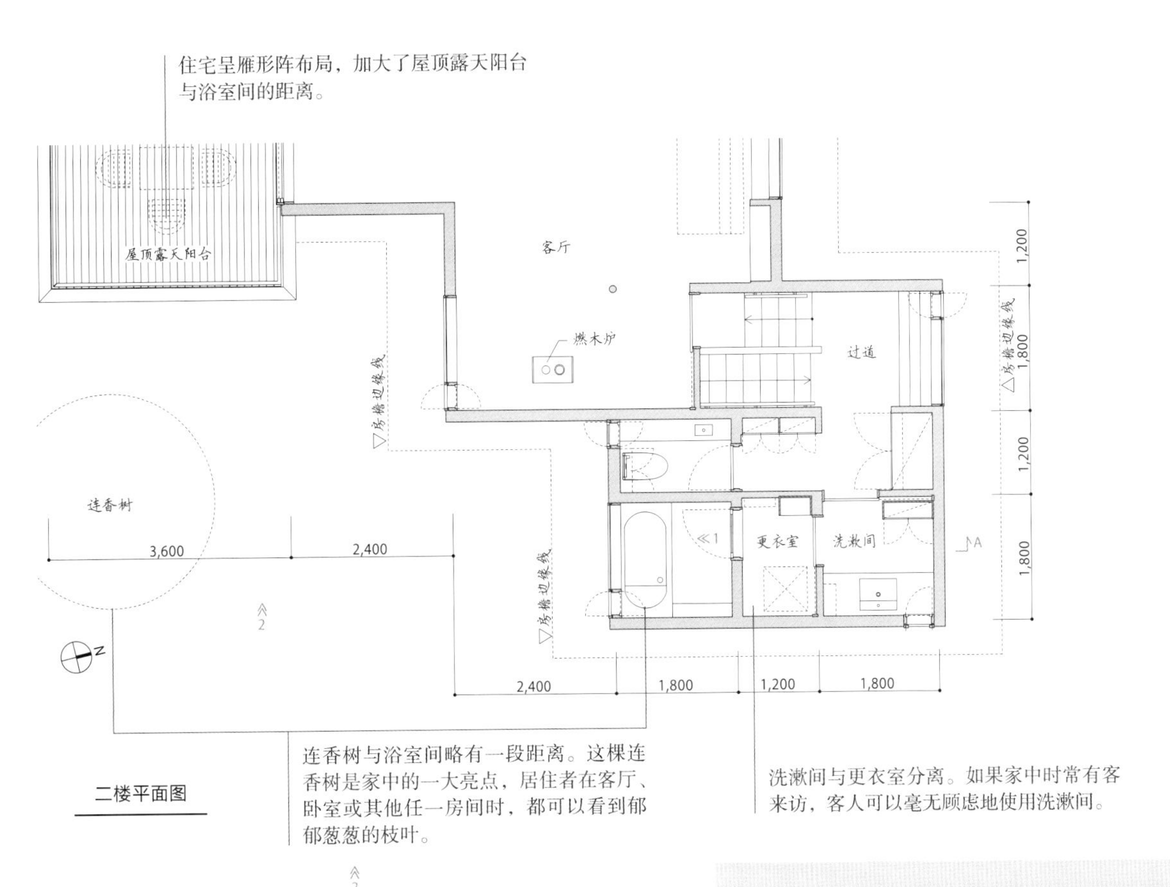

屋顶露天阳台
客厅
燃木炉
过道
房檐边缘线
房檐边缘线
房檐边缘线
连香树
更衣室
洗漱间
≪1
A
3,600
2,400
2,400
1,800
1,200
1,800
1,200
1,800
1,200
1,800
N

二楼平面图

连香树与浴室间略有一段距离。这棵连香树是家中的一大亮点，居住者在客厅、卧室或其他任一房间时，都可以看到郁郁葱葱的枝叶。

洗漱间与更衣室分离。如果家中时常有客来访，客人可以毫无顾虑地使用洗漱间。

≪2
当夜幕降临时，居住者在家中任一房间（包括浴室在内）都可以欣赏到灯光装点下的连香树。

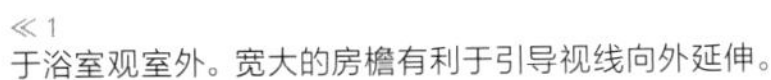

≪1
于浴室观室外。宽大的房檐有利于引导视线向外延伸。

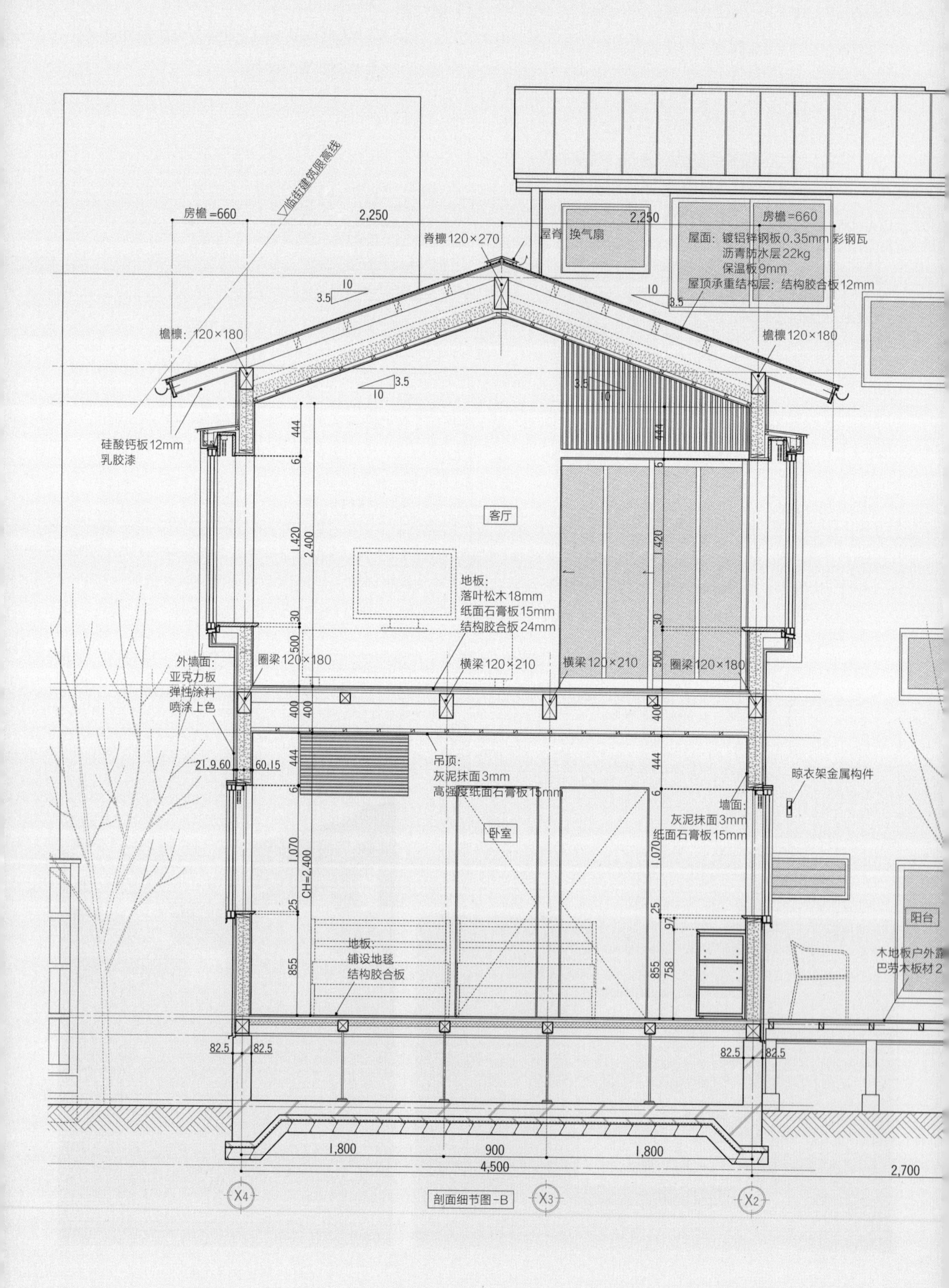
临街建筑限高线
房檐 =660
2,250
房檐 =660
2,250
脊檩 120×270
屋脊 换气扇
屋面：镀铝锌钢板 0.35mm 彩钢瓦
沥青防水层 22kg
保温板 9mm
屋顶承重结构层：结构胶合板 12mm
檐檩：120×180
檐檩 120×180
硅酸钙板 12mm
乳胶漆
客厅
地板：
落叶松木 18mm
纸面石膏板 15mm
结构胶合板 24mm
外墙面：
亚克力板
弹性涂料
喷涂上色
圈梁 120×180
横梁 120×210
横梁 120×210
圈梁 120×180
吊顶：
灰泥抹面 3mm
高强度纸面石膏板 15mm
晾衣架金属构件
墙面：
灰泥抹面 3mm
纸面石膏板 15mm
卧室
CH=2,400
阳台
地板：
铺设地毯
结构胶合板
木地板户外露
巴劳木板材 2
1,800
900
1,800
4,500
2,700
X4
X3
X2
剖面细节图-B

第4章 如何布置私人空间

人一天之中最无防备的时刻，就是夜晚在家中卧室熟睡的时候。

因此，卧室必须与外界保持一定的距离，要令居住者感到安心。而要营造出安心的氛围，就需要使房间拥有如洞穴一般的包围感。但木结构住宅无法建造洞穴那般厚重的墙壁，这就需要设计师精心设计窗户的大小、位置及类型（如是否做成外飘窗），以确保卧室与外部世界能够保持适当的距离。此外，卧室门的位置、定制家具的摆放等也需要用心设计，以确保卧室与其他房间保持足够的距离，营造出“与世隔绝”的包围感。

但我们也不能因追求包围感而导致卧室空间过于封闭，使其成为功能单一的夜间睡眠专用场所。我们可以在卧室内设置办公区，或是榻榻米区，增加白天时段卧室的使用频率；也可以在卧室与隔壁房间之间设置可以移动的隔断，打开隔断后，两个房间可变为一个大开间，为卧室赋予更多的休闲、娱乐功能，提高空间利用率，令日常生活更加丰富多彩。

▽ 邻家住宅用地边界线

远离日常琐碎的多用途空间

一间独立的榻榻米室可以承担多种生活功能，十分方便。此处展示的住宅，玄关的隔壁是一间雅致的榻榻米室，其地面高于玄关水刷石抹灰地面区域350mm。这间榻榻米室同时还可以兼作会客室、书房（工作间），以及可以令居住者集中精神读书的阅读室。

榻榻米室门就设置在玄关旁，客人来访时，可以直接由入户门进入，不会看到家中其他生活区域。自玄关进入榻榻米室需登上一级台阶，台阶踏面较宽，使得榻榻米室门可与入户门保持一定距离，以减少外界活动对榻榻米室的影响。

1 于玄关观榻榻米室。玄关中是水刷石抹灰地面，榻榻米室入口有木地板台阶踏面，榻榻米室内则是剑麻地面，设计师通过地面材质的变化实现了空间的自然过渡。

利用榻榻米室与玄关之间的高度差，打造独立空间

自玄关进入榻榻米室需登上一级台阶。台阶踏面区域高1,820mm，榻榻米室门设置在踏面区域临榻榻米室一侧，在视觉上增加了空间的进深。

榻榻米室为斜面吊顶，门附近的吊顶较低。席地而坐时，低吊顶会令人感到更有安全感。

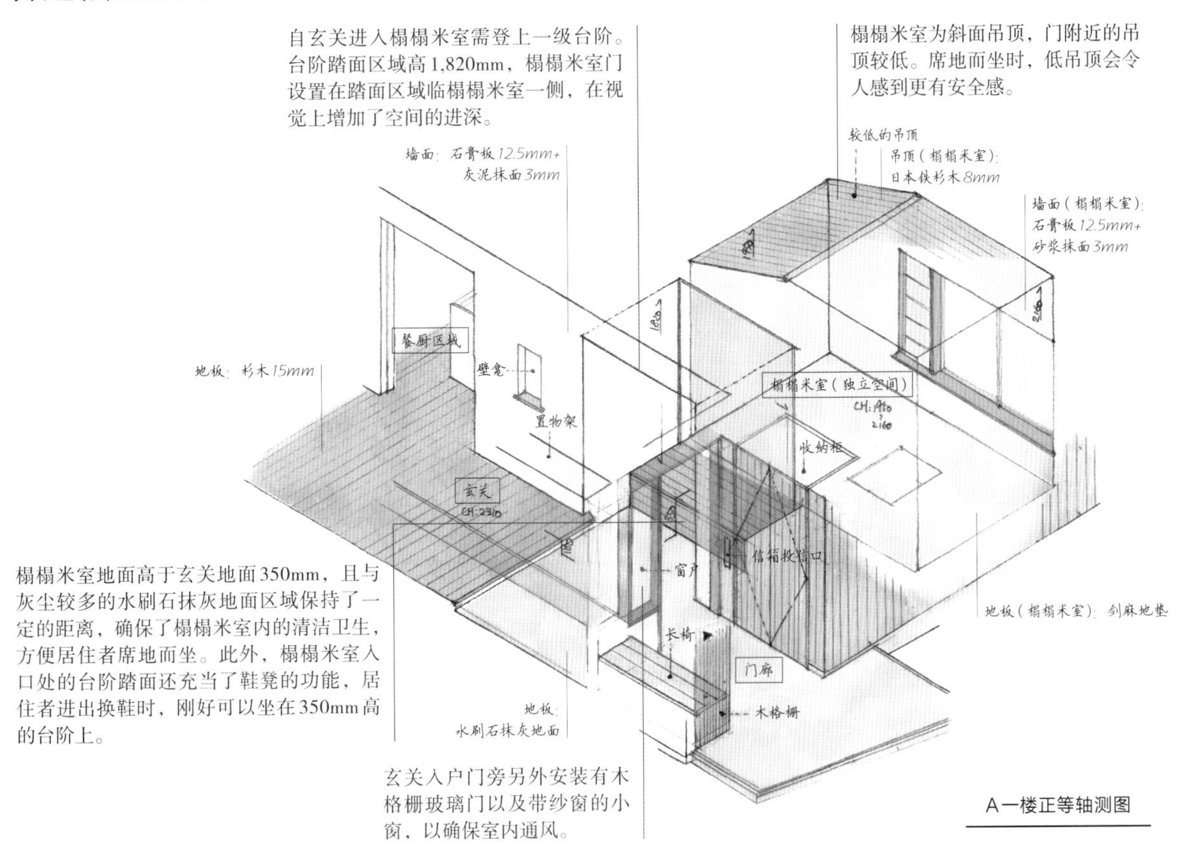

墙面：石膏板12.5mm+
灰泥抹面3mm
较低的吊顶
吊顶（榻榻米室）：
日本铁杉木8mm
墙面（榻榻米室）：
石膏板12.5mm+
砂浆抹面3mm
餐厨区域
壁龛
置物架
地板：杉木15mm
榻榻米室（独立空间）
CH:1910
2160
收纳柜
玄关
CH:2310
窗户
信箱投递口
长椅
门廊
木格栅
地板：
水刷石抹灰地面
地板（榻榻米室）：剑麻地垫

榻榻米室地面高于玄关地面350mm，且与灰尘较多的水刷石抹灰地面区域保持了一定的距离，确保了榻榻米室内的清洁卫生，方便居住者席地而坐。此外，榻榻米室入口处的台阶踏面还充当了鞋凳的功能，居住者进出换鞋时，刚好可以坐在350mm高的台阶上。

玄关入户门旁另外安装有木格栅玻璃门以及带纱窗的小窗，以确保室内通风。

A一楼正等轴测图

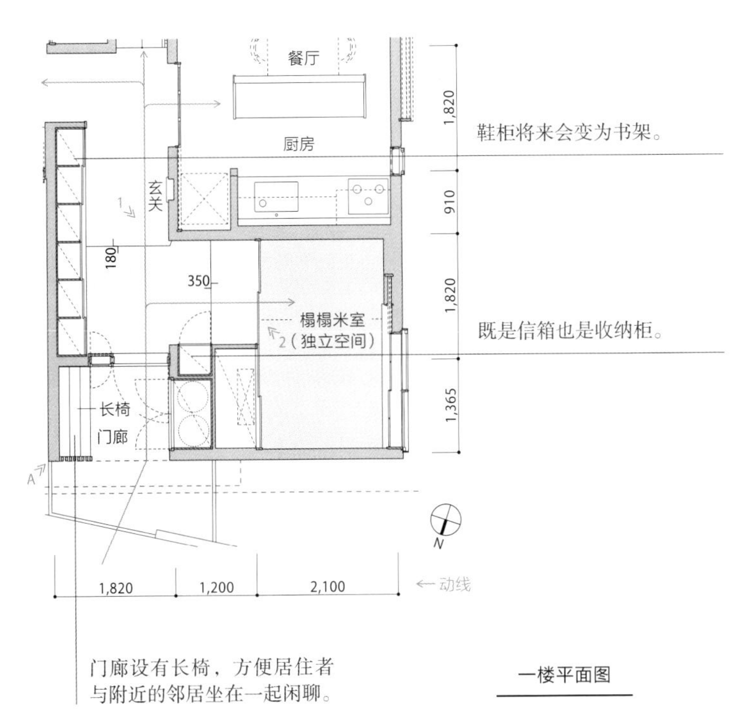

餐厅
厨房
玄关
180
350
榻榻米室
2（独立空间）
长椅
门廊
A
N
1,820
910
1,820
1,365
1,820
1,200
2,100
←动线

鞋柜将来会变为书架。

既是信箱也是收纳柜。

门廊设有长椅，方便居住者与附近的邻居坐在一起闲聊。

一楼平面图

2 于榻榻米室中观玄关。榻榻米室与走廊间的踏步是运用了日本庭院中的“飞石”（汀步）的手法。

1≫ 于玄关观未铺设木地板的会议区（右）与书房（左）。书房门较窄，且门旁放置书架，确保书房与会议区之间保持适当的距离。

I 利用光线的明暗对比划分生活区与工作区

如果你需要居家办公，建议在家中设置一处不铺设木地板的区域作为日常开会、接待客户的场所（即会议区），方便划分生活区与工作区。此处展示的住宅，未铺设木地板的会议区与书房（工作区）相连，二者就设置在玄关隔壁。

会议区吊顶高于玄关，门窗皆未做通顶设计，营造出开放的会议室氛围。房间一角设有腰窗，可确保室内采光。会议区阳光充沛，与略显昏暗的玄关形成反差。

≪2 于未铺设木地板的会议区观玄关。玄关靠近会议区一侧的区域处于阴影之中，而靠近窗边宽走廊一侧的区域则阳光明媚。玄关区域光线的明暗对比在视觉上增加了空间的进深，给人以后续空间更为宽敞的心理暗示。

利用视野开阔的玻璃窗和不同宽度的门框打造家庭会议区

玄关区域吊顶较低，沿玄关进入窗边宽走廊及LDK区域后，吊顶逐步升高。设计师通过吊顶高度的变化突显内部空间的开放感。

墙面：石膏板12.5mm＋砂浆抹面3mm

地板：山毛榉木15mm

吊顶：日本铁杉木8mm

储物间

窗边宽走廊 CH:2160

固定窗

窗

书房 CH:2520

玄关

会议区 CH:2520

地板（会议区）：铺装石材

一楼地板延伸至玄关区域，高于玄关地面360mm，可作为鞋凳使用，鞋凳下层空间还可以用来储物。

A一楼正等轴测图

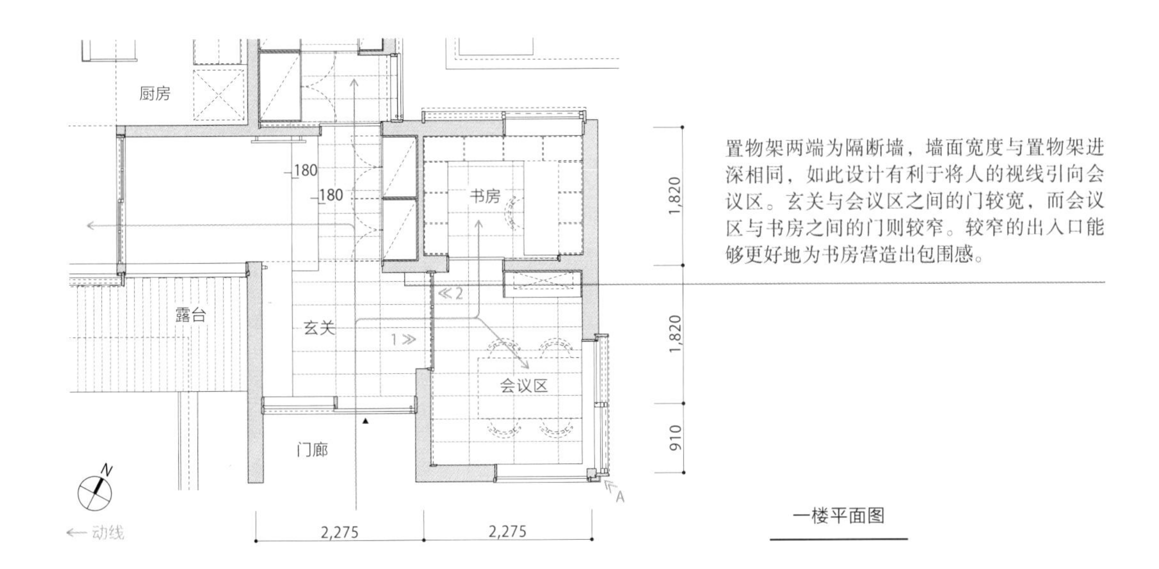

厨房
180
180
书房
1,820
露台
玄关
1≫
≪2
会议区
1,820
910
门廊
N
A
← 动线
2,275
2,275

置物架两端为隔断墙，墙面宽度与置物架进深相同，如此设计有利于将人的视线引向会议区。玄关与会议区之间的门较宽，而会议区与书房之间的门则较窄。较窄的出入口能够更好地为书房营造出包围感。

一楼平面图

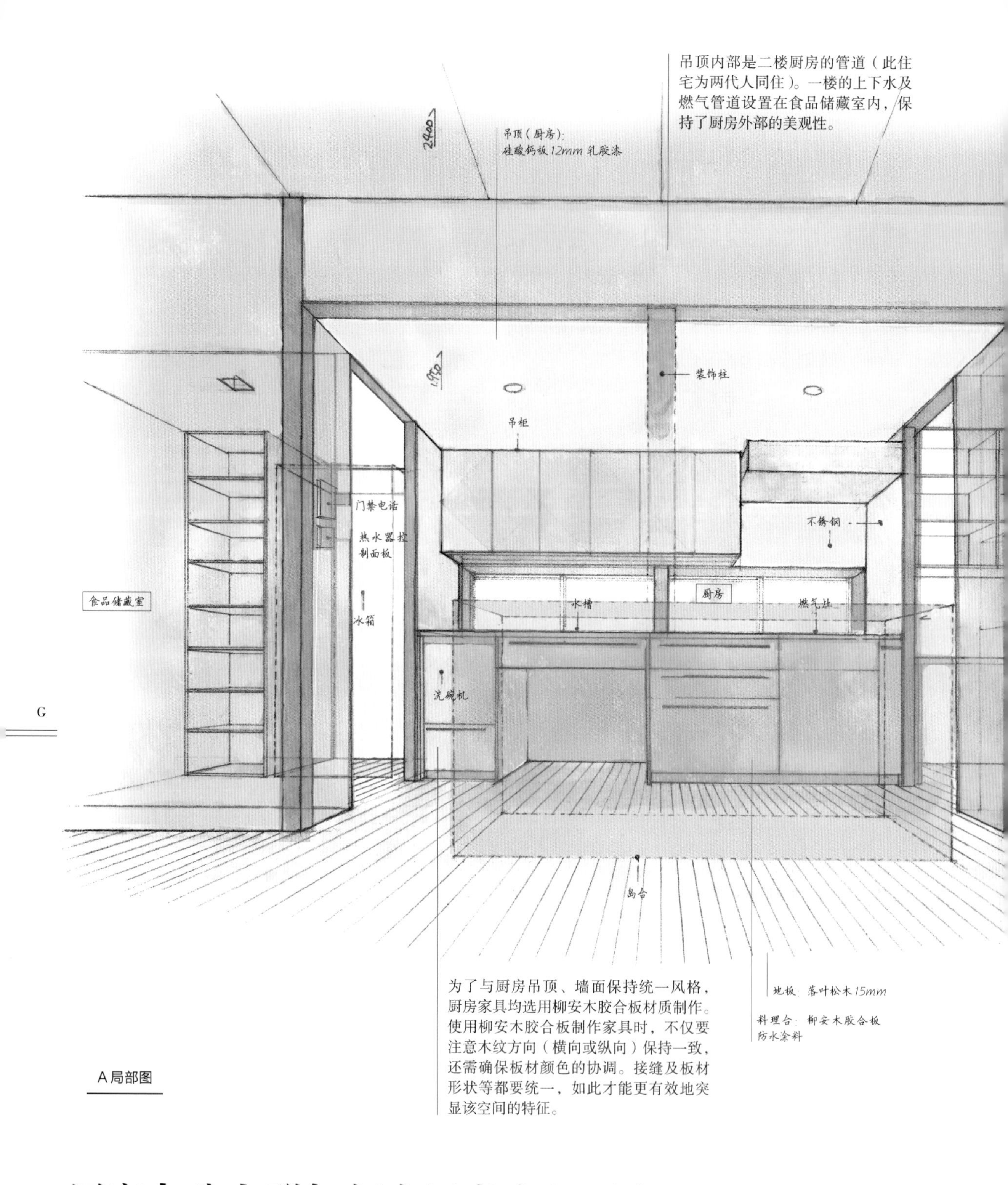
吊顶内部是二楼厨房的管道（此住宅为两代人同住）。一楼的上下水及燃气管道设置在食品储藏室内，保持了厨房外部的美观性。
2400
吊顶（厨房）：
硅酸钙板 12mm 乳胶漆
装饰柱
吊柜
门禁电话
热水器控制面板
不锈钢
食品储藏室
冰箱
水槽
厨房
燃气灶
洗碗机
岛台
为了与厨房吊顶、墙面保持统一风格，厨房家具均选用柳安木胶合板材质制作。使用柳安木胶合板制作家具时，不仅要注意木纹方向（横向或纵向）保持一致，还需确保板材颜色的协调。接缝及板材形状等都要统一，如此才能更有效地突显该空间的特征。
地板：落叶松木 15mm
料理台：柳安木胶合板
防水涂料

A局部图

G

居家办公人群如何布局书房与厨房

如果你需要长期在家办公，那么家中厨房应如何布局？此处展示的住宅，设计师将厨房布局在书房与客厅之间，在家中清晰地分隔出了办公区（书房）与生活区（客厅）。

此外，设计师将厨房、食品储藏室、书房并列排布，工作与家务可双线并行。厨房吊顶低于客厅，设计师通过吊顶高度的变化，明确此空间与客厅分属于不同的功能区。

顶、墙面:
安木胶合板 5.5mm

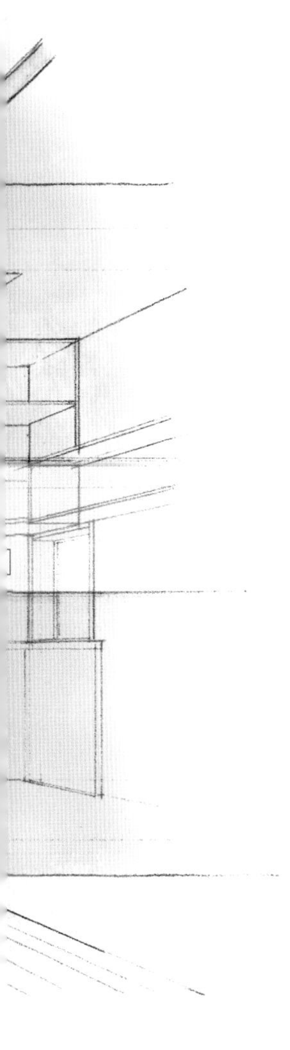

厨房、书房并列排布，工作家务两不误

1 ≫ 于厨房观书房。厨房与书房间设有推拉门，居住者不使用厨房时，可将推拉门关闭，于书房内专心工作。

为了维持空间的质感（材质统一），设计师将冰箱摆放在了食品储藏室内。食品储藏室出入口以及岛台、料理台间过道的宽度要能够确保冰箱可顺利通过。食品储藏室另一侧与客厅相连，方便其他家人进出。

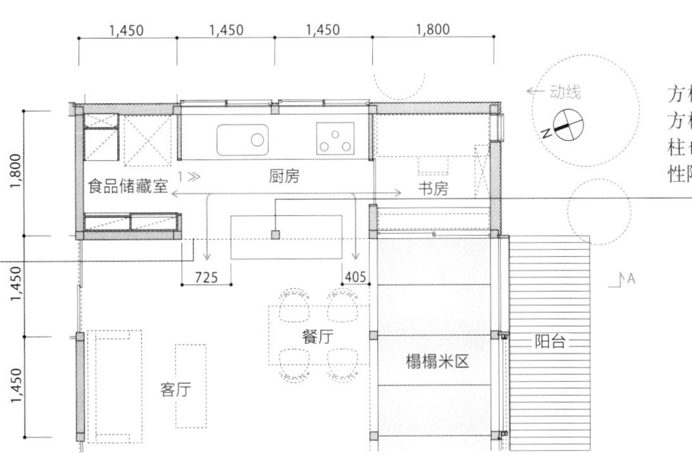

1,450
1,450
1,450
1,800
1,800
1,450
1,450
动线
食品储藏室
1 ≫
厨房
书房
725
405
餐厅
榻榻米区
阳台
客厅
A

方柱等距离排布，其中部分方柱直接贯穿岛台。这些方柱也是餐厅与厨房之间的软性隔断。

一楼平面图

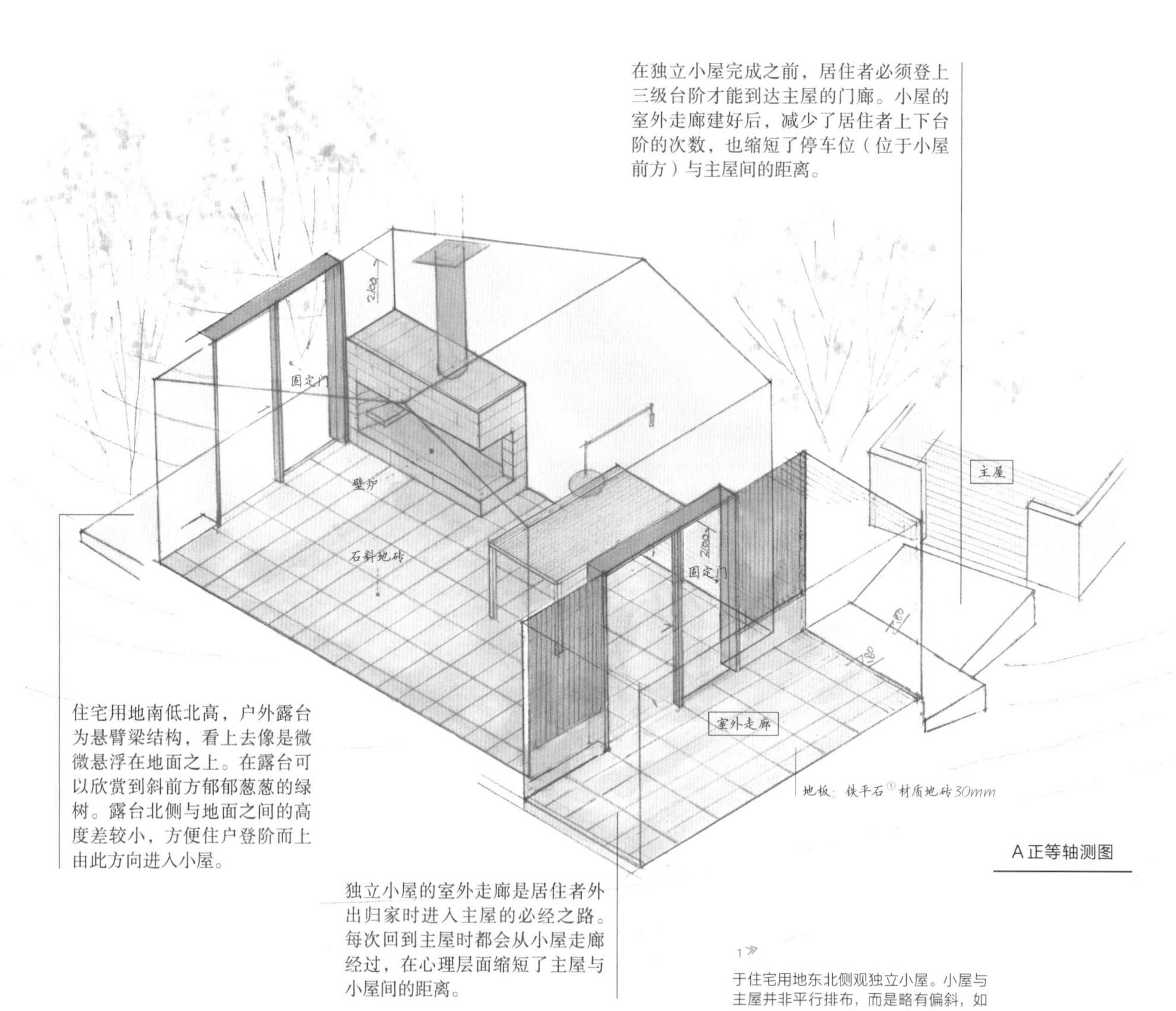
在独立小屋完成之前，居住者必须登上三级台阶才能到达主屋的门廊。小屋的室外走廊建好后，减少了居住者上下台阶的次数，也缩短了停车位（位于小屋前方）与主屋间的距离。
2100
固定门
壁炉
主屋
2100
固定门
室外走廊
地板：铁平石① 材质地砖 30mm
住宅用地南低北高，户外露台为悬臂梁结构，看上去像是微微悬浮在地面之上。在露台可以欣赏到斜前方郁郁葱葱的绿树。露台北侧与地面之间的高度差较小，方便住户登阶而上由此方向进入小屋。
独立小屋的室外走廊是居住者外出归家时进入主屋的必经之路。每次回到主屋时都会从小屋走廊经过，在心理层面缩短了主屋与小屋间的距离。

A 正等轴测图

1 ≫

于住宅用地东北侧观独立小屋。小屋与主屋并非平行排布，而是略有偏斜，如此可以更自然地与周围绿树融为一体。

利用独立小屋连接主屋与户外空间

此处展示的住宅，住户在设计初期提出："希望能够在密林环绕的空间内坐在壁炉旁烤火。"为满足其要求，设计师制定了"主屋+独立小屋"的建造方案。最初计划将独立小屋建在与主屋距离较远的地点，但考虑到雨雪天气出行的便利性，设计师最终还是决定缩短主屋与小屋间的距离。

如第107页的平面图所示，主屋与小屋之间距离极近，小屋的部分空间改造为室外走廊，可通向主屋。小屋的入户门建在室外走廊内，有效缩短了与主屋的距离，雨雪天气时，居住者来往于两者之间也非常方便。停车位位于小屋前方，居住者从停车位前往主屋时也需要经过小屋的室外走廊，可以顺便看到小屋内的情况。

① 铁平石：广泛分布在日本长野县诹访地区、佐久地区的一种辉石安山岩。（译者注）

室外走廊将主屋与独立小屋连为一体

独立小屋虽是单纯的左右对称的悬山顶结构，但由于西侧的一部分空间改为室外走廊，屋内空间看起来并非左右对称。只需一点小小的设计便可以为单纯的空间结构赋予更丰富的变化。

桌椅区是小屋内最佳的休息区域。鉴于小屋建好后，居住者会在此区域长时间停留，因此设计师将桌椅摆放在悬山顶正脊的正下方，尽可能扩大桌椅区的空间范围。由于吊顶高度自桌面上方至露台方向逐渐降低，故而人面向露台而坐时，视线会更加专注于屋外的风景。

室外走廊吊顶高度较低，方便清洁与维护，例如吊顶结蜘蛛网时可立即清理干净。

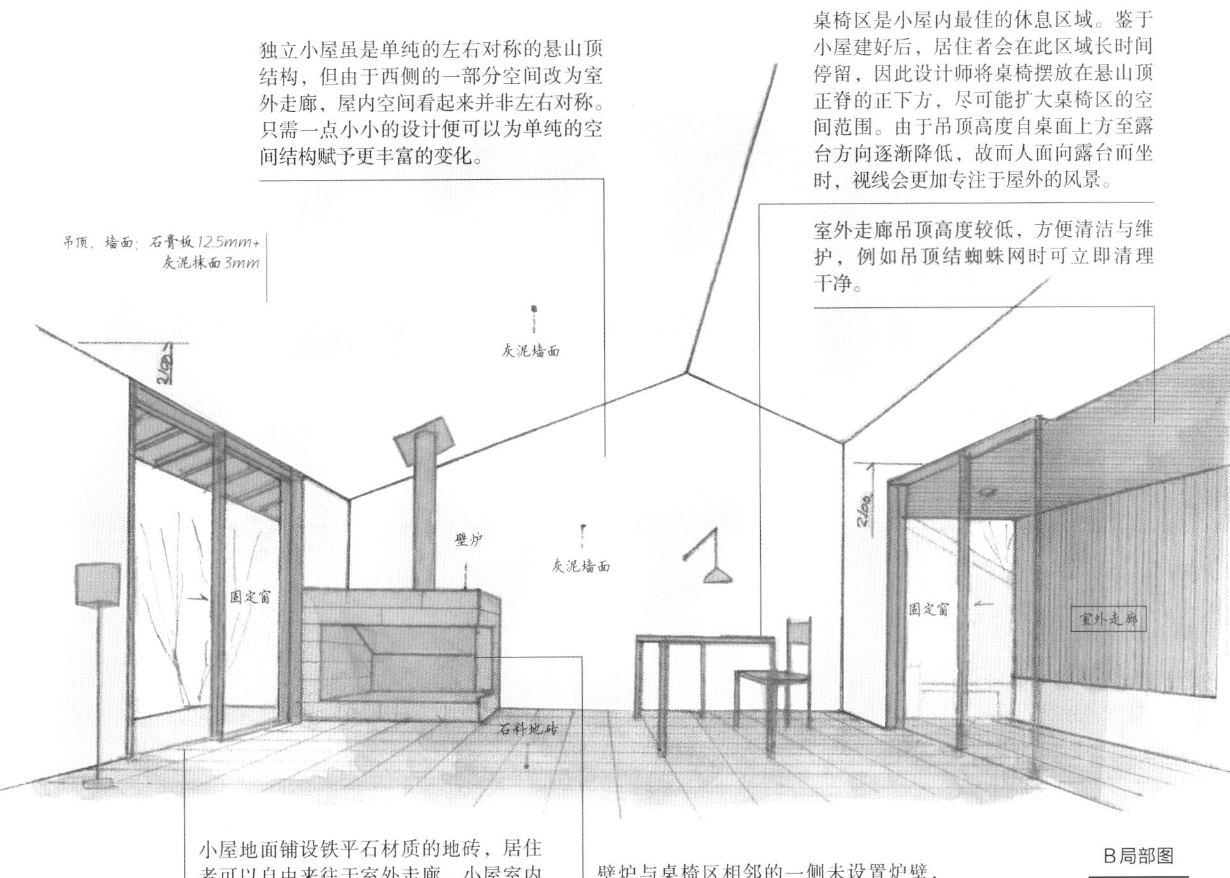
吊顶、墙面：石膏板12.5mm+
灰泥抹面3mm
灰泥墙面
壁炉
灰泥墙面
固定窗
固定窗
室外走廊
石料地砖

小屋地面铺设铁平石材质的地砖，居住者可以自由来往于室外走廊、小屋室内及户外露台之间，无需脱鞋。木柴存放于露台下方，取用方便。

壁炉与桌椅区相邻的一侧未设置炉壁，方便居住者坐在桌旁欣赏壁炉内火焰燃烧的景象。

B局部图

外墙面：落叶松15mm

小屋及主屋室内的吊顶较高，形状与屋顶相同，室外走廊区域的吊顶则较低，且为平顶。居住者归家时，需要先经过低矮的室外走廊区，再进入主屋室内，吊顶高度陡增，更显室内空间宽敞。

C局部图

2 于住宅用地西南侧观独立小屋。小屋的室外走廊及两级台阶将主屋与停车位连在了一起。

3 独立小屋面积较小，屋内的窗户也较为小巧。这样的设计可以削弱室内采光，进而突显室外树林的美感。

L

独立小屋与主屋风格一致，展现整体感

主屋与独立小屋的房檐高度一致，有助于展现二者的整体性。

考虑到冬季时屋顶积雪的掉落风险，设计师选用了悬山顶结构，房檐伸出山墙外。

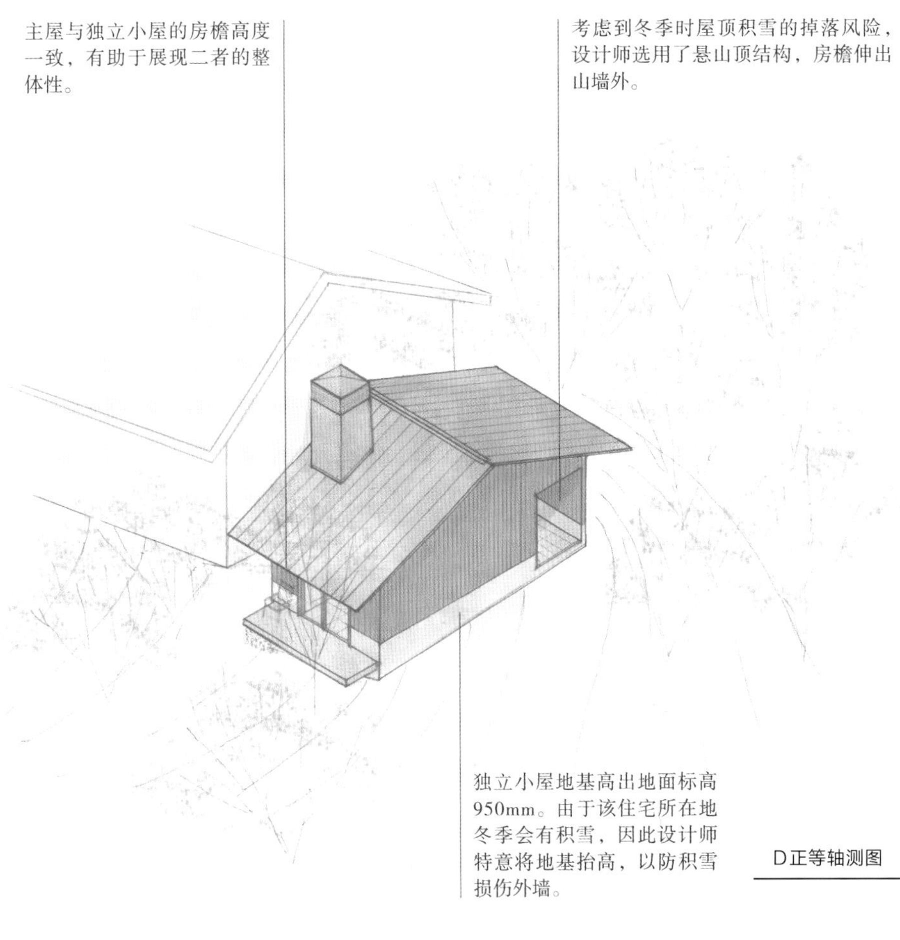

独立小屋地基高出地面标高950mm。由于该住宅所在地冬季会有积雪，因此设计师特意将地基抬高，以防积雪损伤外墙。

D正等轴测图

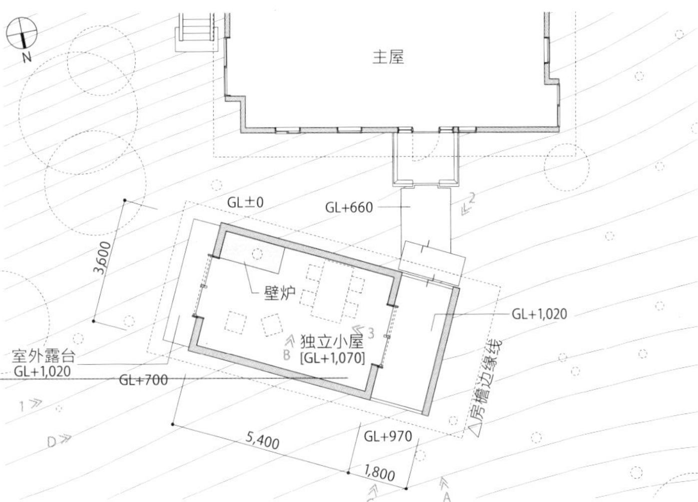

N
主屋
GL±0
GL+660
3,600
壁炉
GL+1,020
独立小屋
[GL+1,070]
室外露台
GL+1,020
GL+700
房檐边缘线
5,400
GL+970
1,800
A
B
C
D
1
2
3

独立小屋与主屋并非平行排布，而是略有偏移。院中最佳风景位于东南方向，小屋偏斜的角度恰好可确保人在屋中时能够欣赏到东南侧的风景，人通过小屋室外走廊时，视线路径也会有所变化，而非一成不变。

平面图

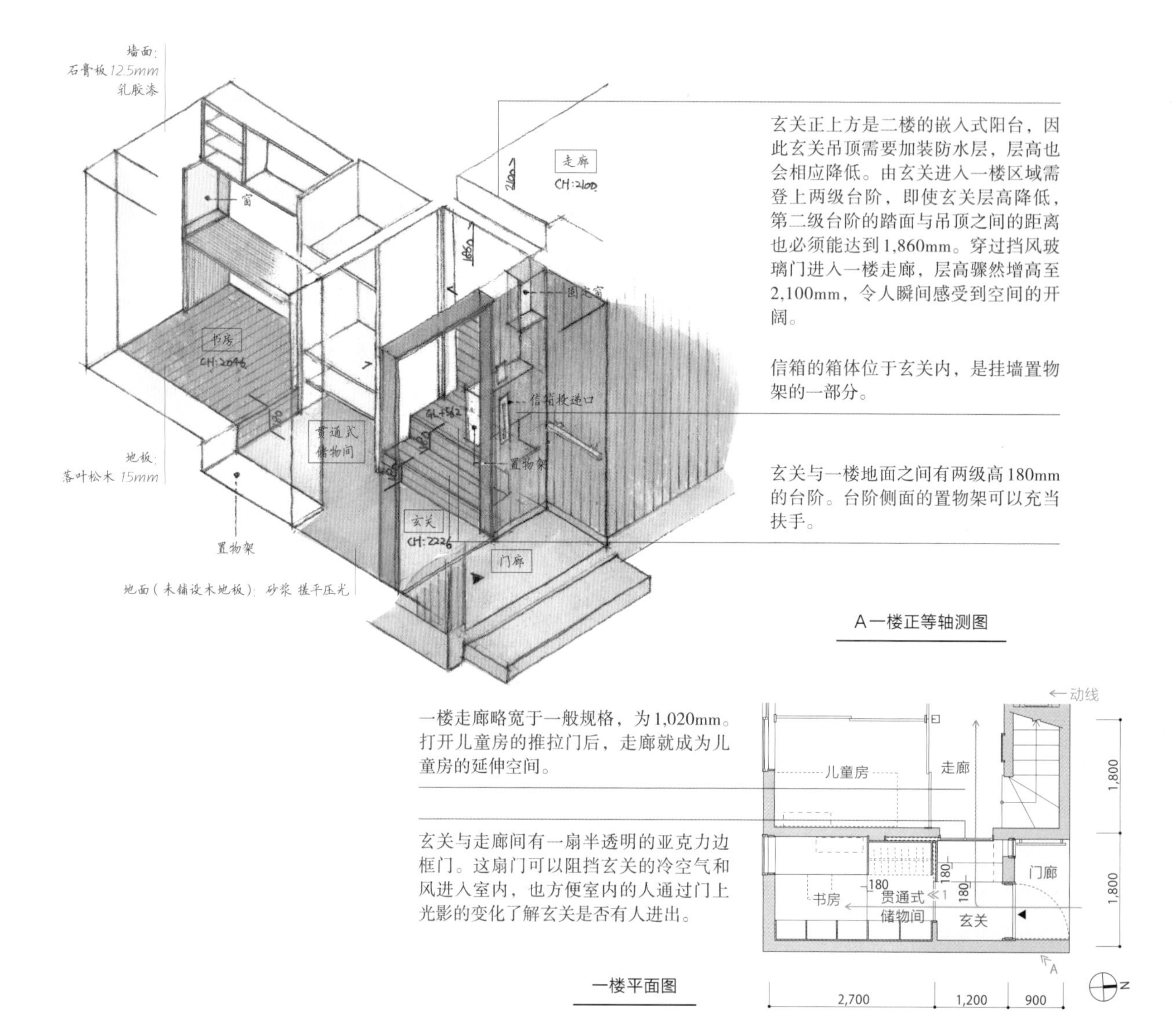

墙面：
石膏板 12.5mm
乳胶漆
走廊
CH:2100
窗
书房
CH:2046
贯通式
储物间
信箱投递口
置物架
玄关
CH:2226
门廊
地板：
落叶松木 15mm
置物架
地面（未铺设木地板）：砂浆 搓平压光
玄关正上方是二楼的嵌入式阳台，因此玄关吊顶需要加装防水层，层高也会相应降低。由玄关进入一楼区域需登上两级台阶，即使玄关层高降低，第二级台阶的踏面与吊顶之间的距离也必须能达到1,860mm。穿过挡风玻璃门进入一楼走廊，层高骤然增高至2,100mm，令人瞬间感受到空间的开阔。
信箱的箱体位于玄关内，是挂墙置物架的一部分。
玄关与一楼地面之间有两级高180mm的台阶。台阶侧面的置物架可以充当扶手。
A一楼正等轴测图
一楼走廊略宽于一般规格，为1,020mm。打开儿童房的推拉门后，走廊就成为儿童房的延伸空间。
玄关与走廊间有一扇半透明的亚克力边框门。这扇门可以阻挡玄关的冷空气和风进入室内，也方便室内的人通过门上光影的变化了解玄关是否有人进出。
动线
儿童房
走廊
门廊
书房
贯通式
储物间
玄关
180
1,800
2,700
1,200
900
一楼平面图

J

打造“独立小屋”式书房

K

即使家庭关系温馨和睦，我们在家中也需要拥有一间可以独处的房间。该房间建议设置在玄关隔壁，可由玄关直接进入，无需经过客厅，营造出远离主生活区的“独立小屋”一般的氛围。

此处展示的住宅，居住者希望在工作日的晚上以及节假日时能够专注地使用电脑办公，因此设计师在玄关旁设置了一间书房。书房与卧室、客厅等功能区距离较远，有助于使用者集中精力工作，不受其他家人的打扰。而玄关与书房之间设有贯通式储物间，从玄关需要经过储物间的过道才可以进入书房，突出了书房“独立”的特点。

≪1
于玄关观书房。在玄关处可以看到些许透过书房窗户洒落的阳光，在视觉上增加了玄关的进深。

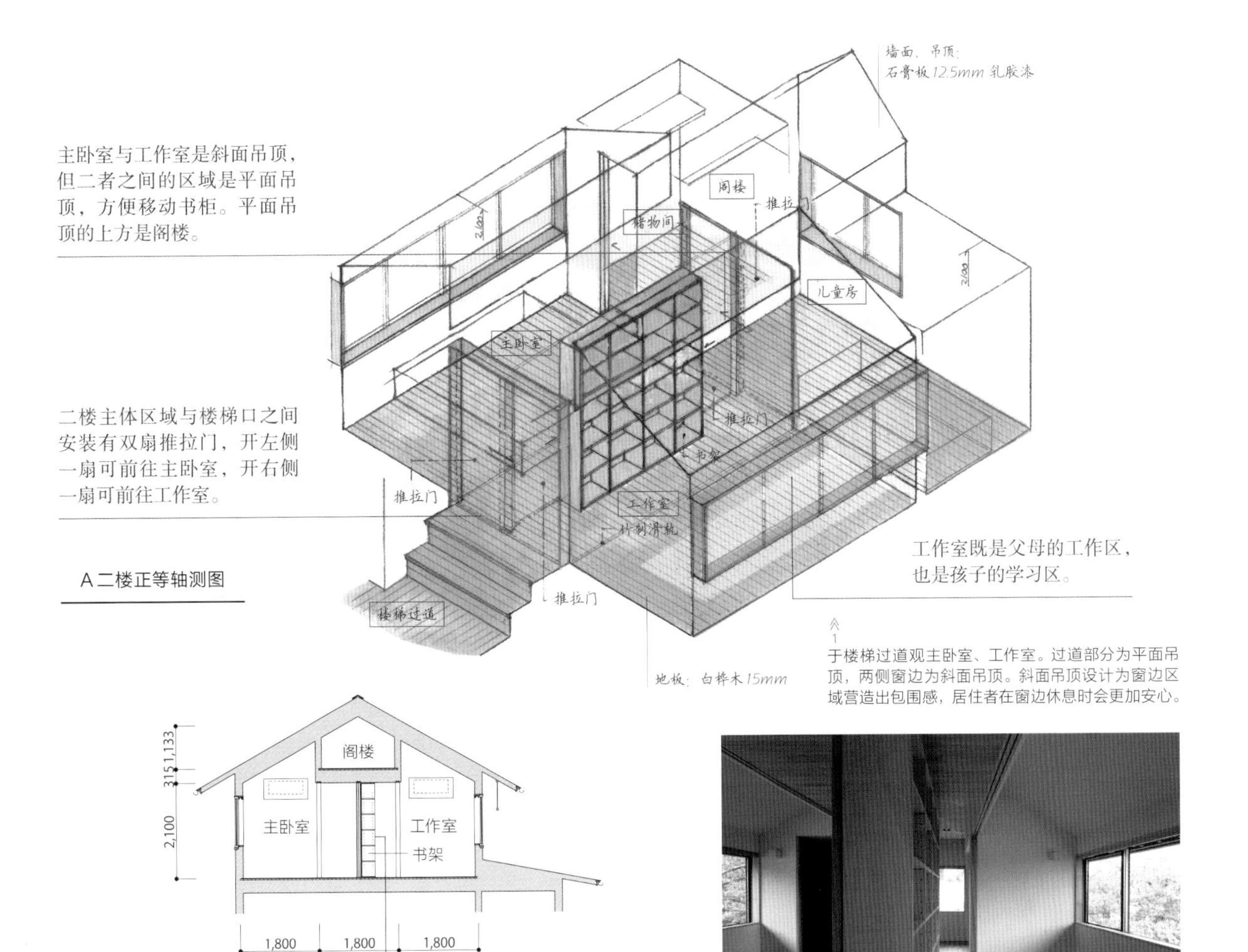

墙面、吊顶：
石膏板12.5mm 乳胶漆
阁楼
推拉门
储物间
儿童房
主卧室
推拉门
书架
推拉门
工作室
竹制滑轨
推拉门
楼梯过道
地板：白桦木15mm
2,100
2,100
阁楼
主卧室
工作室
书架
1,133
315
2,100
1,800
1,800
1,800

主卧室与工作室是斜面吊顶，但二者之间的区域是平面吊顶，方便移动书柜。平面吊顶的上方是阁楼。

二楼主体区域与楼梯口之间安装有双扇推拉门，开左侧一扇可前往主卧室，开右侧一扇可前往工作室。

A 二楼正等轴测图

工作室既是父母的工作区，也是孩子的学习区。

1 于楼梯过道观主卧室、工作室。过道部分为平面吊顶，两侧窗边为斜面吊顶。斜面吊顶设计为窗边区域营造出包围感，居住者在窗边休息时会更加安心。

书架高2,100mm，直通吊顶，无论今后移动到何处，都可以与吊顶完美相接。

二楼剖面图

利用家具与推拉门打造便于拆卸的隔断墙

有些住户希望将儿童房建成不完全独立的单间，方便将来孩子自立门户后对其进行改造。针对这种情况，我们建议可以将主卧室与儿童房放在同一个开间内，仅用家具及推拉门进行隔断，未来变更房间布局时简单又方便。

此处展示的住宅，一楼是客厅、餐厅，二楼是儿童房、主卧室及工作室。主卧室与工作室之间以书架及推拉门作为隔断。当家中孩子数量增加，需要两个儿童房时，可以在工作室地面预先铺好的滑轨上直接安装推拉门，将工作室改为第二个儿童房。

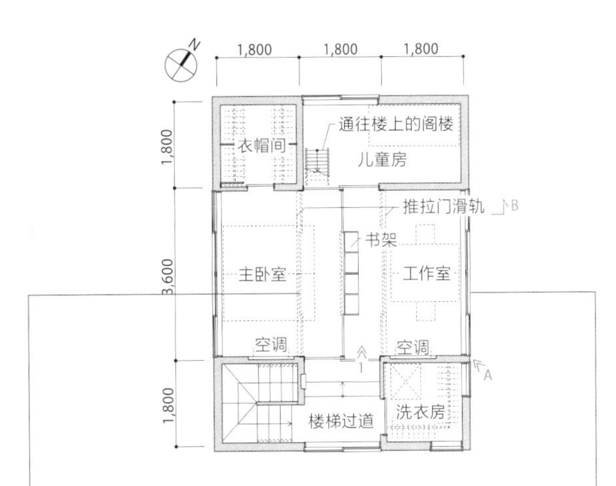

N
1,800
1,800
1,800
1,800
衣帽间
通往楼上的阁楼
儿童房
推拉门滑轨
B
书架
3,600
主卧室
工作室
空调
空调
1
A
1,800
楼梯过道
洗衣房

工作室与主卧室均预先铺设有推拉门的滑轨，居住者今后变更房间布局时可以拥有更多的选择。滑轨可采用竹制构件，与实木地板更加搭配。

房屋的东侧是庭院。工作室安装有一整排玻璃窗，方便居住者欣赏庭院的风景。

二楼平面图

“不亲不疏”的儿童房布局

想要建立“亲而有间、疏而不远”的良好亲子关系，儿童房与父母卧室之间需要保持恰到好处的距离，即孩子与父母虽在各自的房间中，却也能时时感知到对方的存在。

此处展示的住宅，儿童房内未设置收纳柜，孩子与父母共用一间储物间。如第111页二楼平面图所示，储物间位于二楼一角，儿童房与父母居住的主卧室均有出入口可进出储物间。孩子年龄较小时，可将储物间与儿童房、主卧室之间的推拉门打开，使三个原本相对独立的房间变为一个整体空间。由于储物间在儿童房外，将来孩子长大后，需要走出房间取放物品，因此父母也无需担心他会躲在自己的房间内不出门。儿童房与楼梯相邻的一侧安装有室内窗，父母在一楼厨房时，可以透过楼梯和这扇窗户了解房间内孩子的情况。

≪1 于主卧室观储物间。自然风可从主卧室经由储物间到达儿童房。空调安装在储物间内，为儿童房、主卧室共用。

利用储物间连通儿童房与主卧室

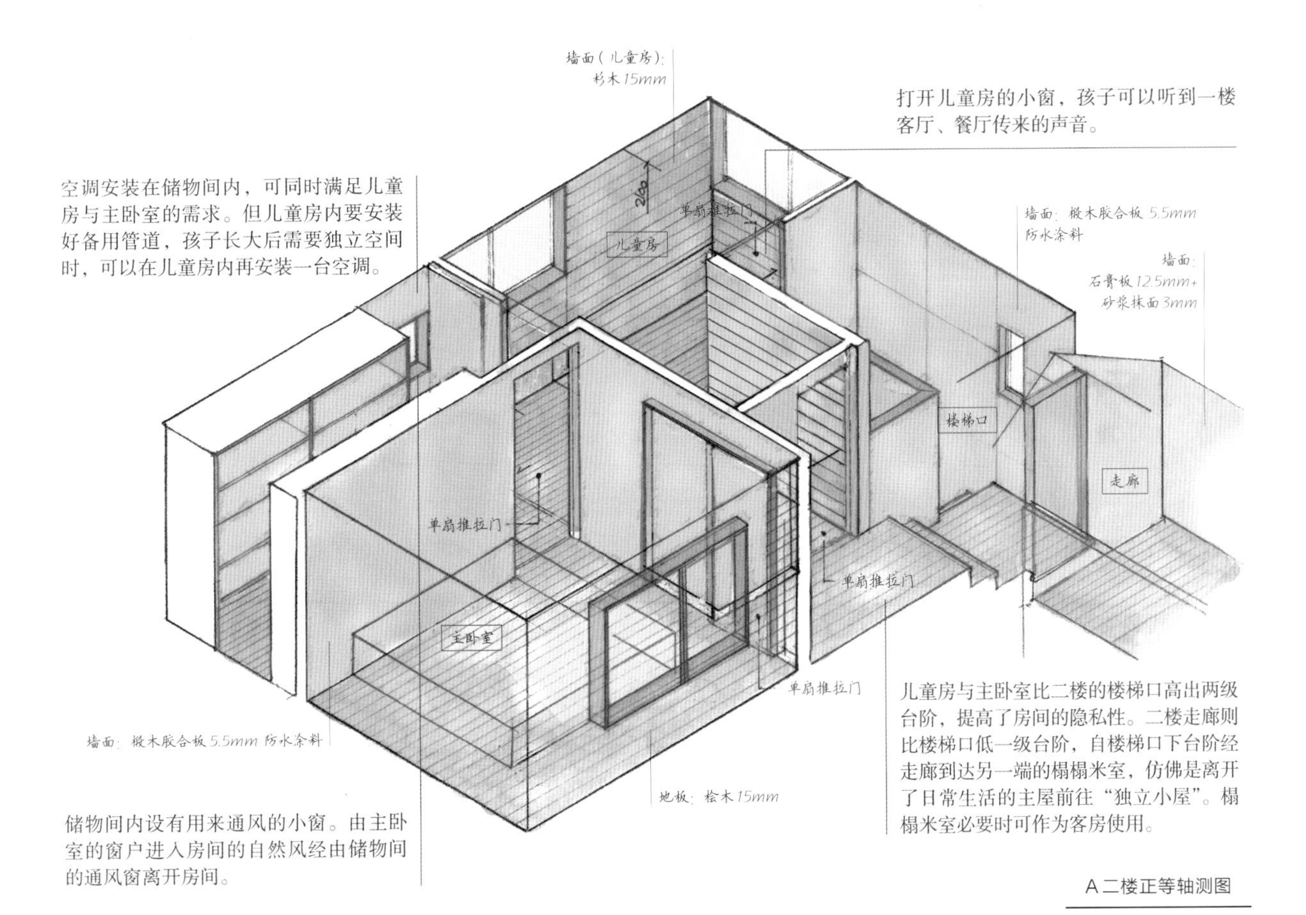

墙面(儿童房):
杉木15mm
2100
单扇推拉门
儿童房
墙面：椴木胶合板 5.5mm
防水涂料
墙面：
石膏板 12.5mm+
砂浆抹面 3mm
楼梯口
走廊
单扇推拉门
单扇推拉门
主卧室
单扇推拉门
墙面：椴木胶合板 5.5mm 防水涂料
地板：桧木 15mm

打开儿童房的小窗，孩子可以听到一楼客厅、餐厅传来的声音。

空调安装在储物间内，可同时满足儿童房与主卧室的需求。但儿童房内要安装好备用管道，孩子长大后需要独立空间时，可以在儿童房内再安装一台空调。

儿童房与主卧室比二楼的楼梯口高出两级台阶，提高了房间的隐私性。二楼走廊则比楼梯口低一级台阶，自楼梯口下台阶经走廊到达另一端的榻榻米室，仿佛是离开了日常生活的主屋前往“独立小屋”。榻榻米室必要时可作为客房使用。

储物间内设有用来通风的小窗。由主卧室的窗户进入房间的自然风经由储物间的通风窗离开房间。

A 二楼正等轴测图

2 于儿童房观储物间。儿童房虽然是独立的房间，但打开推拉门（图中右侧的门）后，可以看到储物间，因此并无封闭感。

二楼走廊的一端是楼梯口、儿童房及父母卧室，另一端则是宛如“独立小屋”般的榻榻米室。走廊区域被布置为全家人共用的学习、工作区，可防止孩子一直在自己的房间内闭门不出。

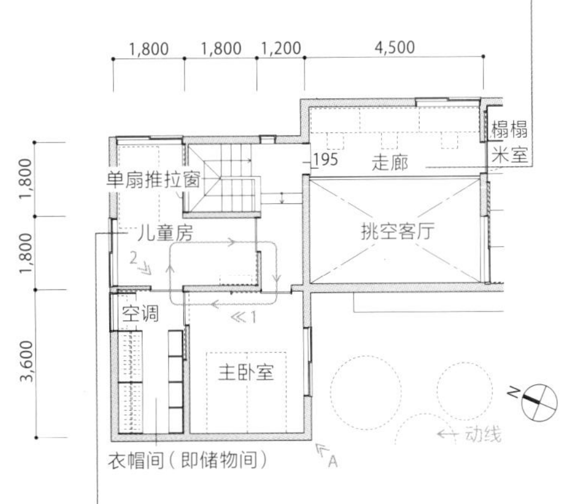

1,800
1,800
1,200
4,500
1,800
1,800
3,600
榻榻米室
195
走廊
单扇推拉窗
儿童房
挑空客厅
2
空调
1
主卧室
动线
衣帽间（即储物间）
A

儿童房的平面图呈“L”形。房间可软性分隔为学习区与就寝区两部分。

二楼平面图

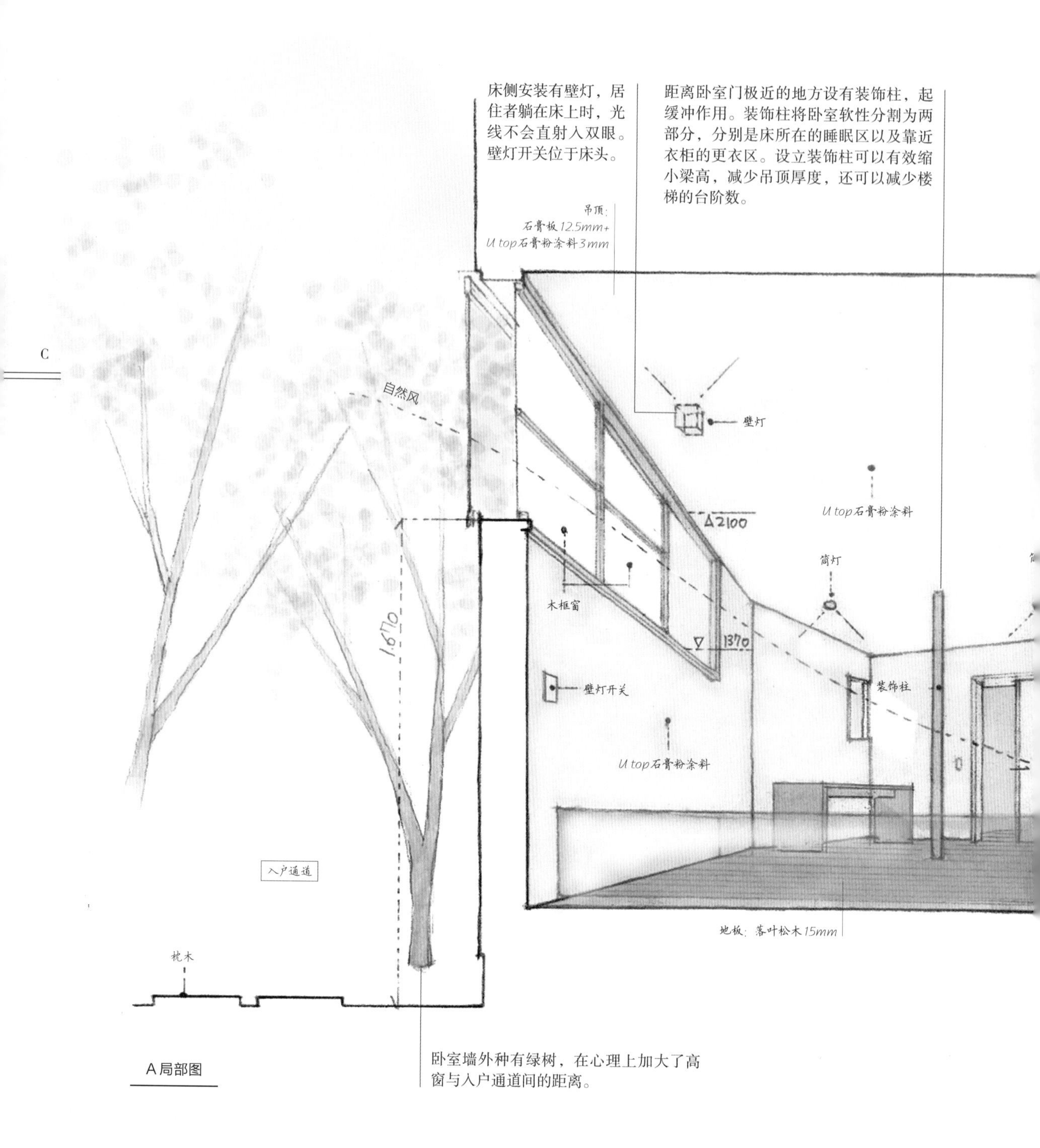
C
床侧安装有壁灯，居住者躺在床上时，光线不会直射入双眼。壁灯开关位于床头。
距离卧室门极近的地方设有装饰柱，起缓冲作用。装饰柱将卧室软性分割为两部分，分别是床所在的睡眠区以及靠近衣柜的更衣区。设立装饰柱可以有效缩小梁高，减少吊顶厚度，还可以减少楼梯的台阶数。
吊顶：
石膏板12.5mm+
U top石膏粉涂料3mm
自然风
壁灯
U top石膏粉涂料
2100
筒灯
木框窗
1670
1370
壁灯开关
装饰柱
U top石膏粉涂料
入户通道
地板：落叶松木15mm
枕木
卧室墙外种有绿树，在心理上加大了高窗与入户通道间的距离。

A局部图

如何令卧室更具安全感

如果住宅位于高密度住宅区内，且临街，为了确保房间采光，很多家庭会选择将客厅、餐厅、厨房安排在二楼，将卧室安排在一楼。但这样的设计会暴露卧室的隐私，来往行人很容易看到卧室内的情形。这种情况建议将卧室窗做成高窗，如此既可以确保室内采光，又可以保证隐私安全，令居住者获得更加安心的居住体验。

此处展示的住宅，住宅东侧临街，南侧为入户门及入户通道，设计师在卧室南侧墙面安装高窗，东侧墙面则未安装任何窗户。白天，阳光透过入户通道两侧的树木枝丫洒入卧室；晚上，关闭高窗的窗扇，窗户与墙面融为一体，营造出更加舒适、静谧的休憩空间。

卧室安装高窗，可防止隐私外泄

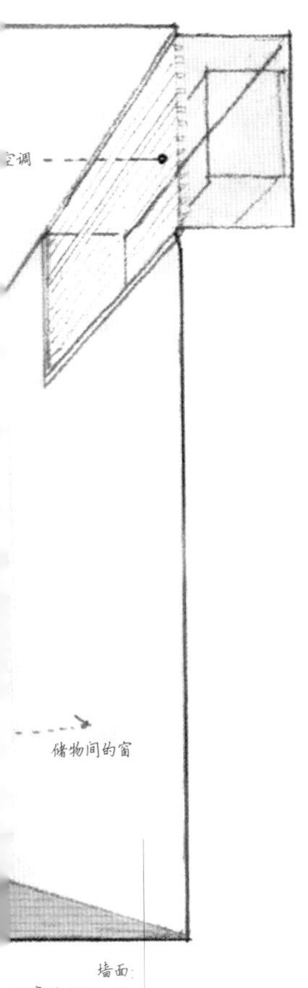

空调
储物间的窗
墙面：
石膏板12.5mm+
石膏粉涂料3mm

1 于玄关观卧室。阳光透过高窗洒满整间卧室。

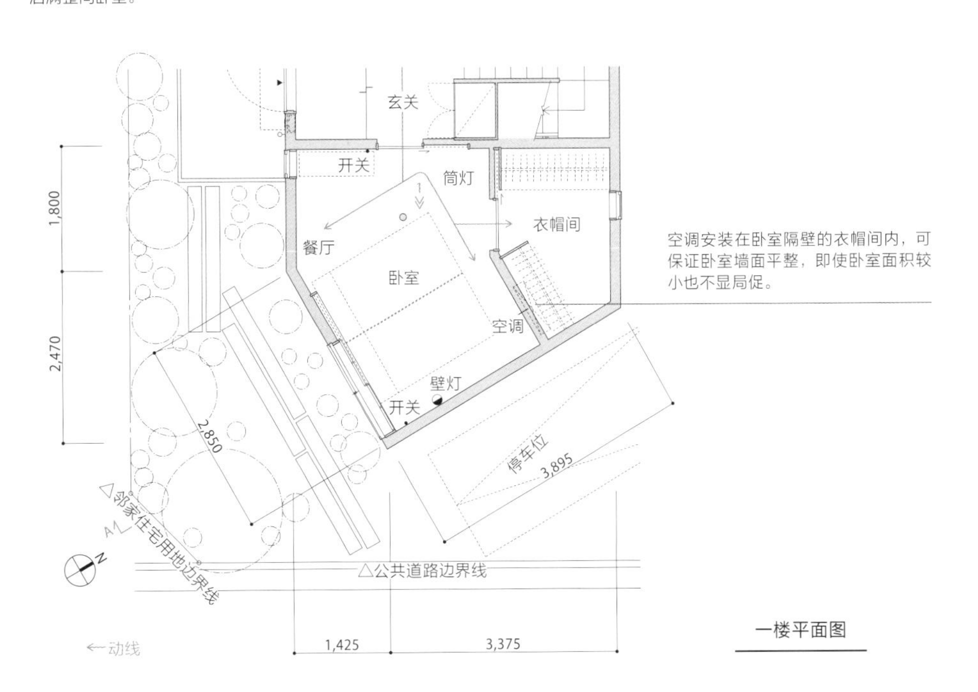

玄关
开关
筒灯
衣帽间
餐厅
卧室
空调
壁灯
开关
停车位
1,800
2,470
2,850
3,895
△邻家住宅用地边界线
△公共道路边界线
←动线
1,425
3,375

空调安装在卧室隔壁的衣帽间内，可保证卧室墙面平整，即使卧室面积较小也不显局促。

一楼平面图

善用“窗+树”组合

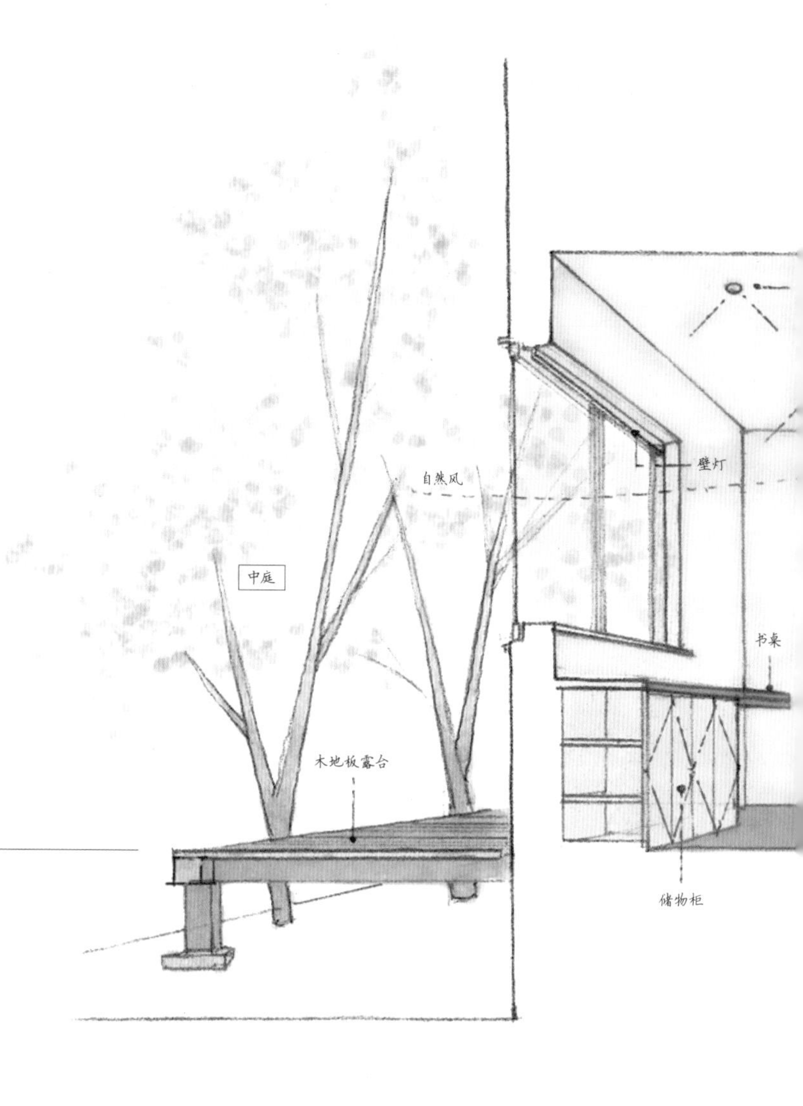

自然风
壁灯
中庭
书桌
木地板露台
储物柜

D

该住宅用地的地面自公共道路一侧至卧室方向逐渐升高。卧室地面又比室外地面略高，进一步增大了与室外空间的距离，有效阻隔了路人的视线。卧室外是木地板露台及小庭院，露台略高于中庭地面，站在露台上恰好可以看到绿树的枝叶。

A 局部图

利用“树墙”遮挡邻家视线

如果住宅位于城市中心区域，周边建筑物密度高、间隔小，可在窗前栽种树木，不仅能够满足观景需求，还可以遮挡邻家视线，保护家庭隐私。

此处展示的住宅，卧室南侧为采光庭院，北侧临街，且街道与卧室外墙之间还有一处长约1.5m的小院。卧室南北两侧各栽种了一排树木，充当了自家与邻居家之间的缓冲地带。因为这两面“树墙”的存在，卧室南北两侧均可安装大面积的玻璃窗。窗外栽种落叶树，一年四季皆可为卧室创造舒适的环境——夏季时枝叶繁茂，遮挡烈日；冬季时绿叶落尽，不会影响卧室采光。

≪1 卧室东侧窗。窗下一部分空间放置储物柜，一部分空间放置书桌，方便居住者在卧室读书写字。储物柜（书桌）同时也是室内与室外的缓冲地带。

由于窗户的上边框与吊顶之间的墙体遮挡了吊顶的采光，于是设计师安装了壁灯进行补光。阳光透过卧室窗照亮屋内的部分区域，略显昏暗的地方适合摆放床及书桌。

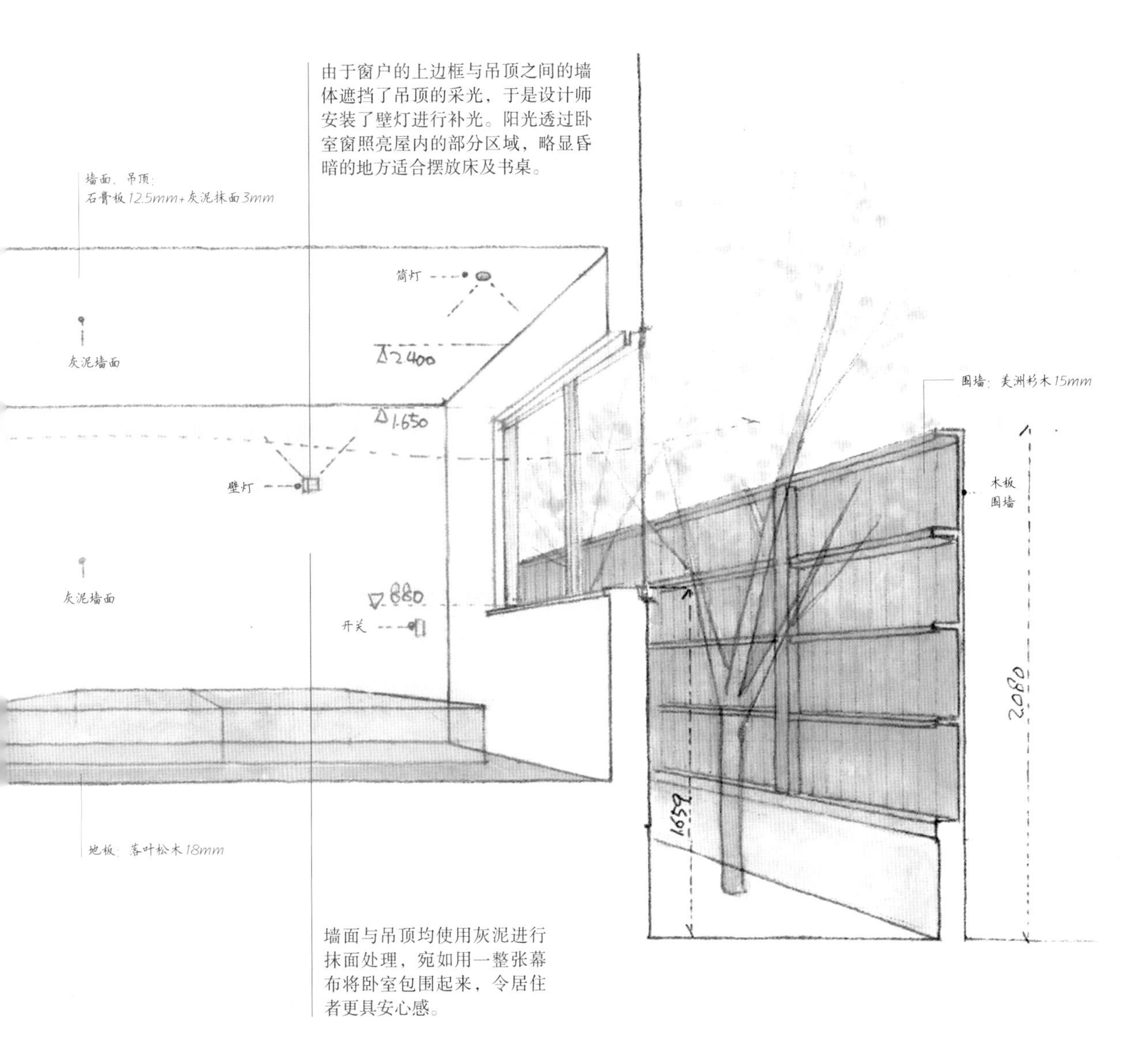

墙面、吊顶：
石膏板12.5mm+灰泥抹面3mm
筒灯
灰泥墙面
2400
1650
壁灯
灰泥墙面
880
开关
地板：落叶松木18mm
围墙：美洲杉木15mm
木板围墙
2080
1659

墙面与吊顶均使用灰泥进行抹面处理，宛如用一整张幕布将卧室包围起来，令居住者更具安心感。

木地板露台既是休闲区也是衣物晾晒区。卧室窗下设置有储物柜及书桌，在视觉上增大室内外空间的距离。

卧室东侧为楼梯过道，居住者可从楼梯过道直接进入露台。衣物晾晒区设置在露台东北角，方便居住者从卧室或卫生间进入。

床的左右两侧墙面设有腰窗，正前方墙面无窗。人站在露台看向卧室时，可以看到阳光透过腰窗洒落在床正前方的墙面上，显得卧室空间更加宽敞、通透。

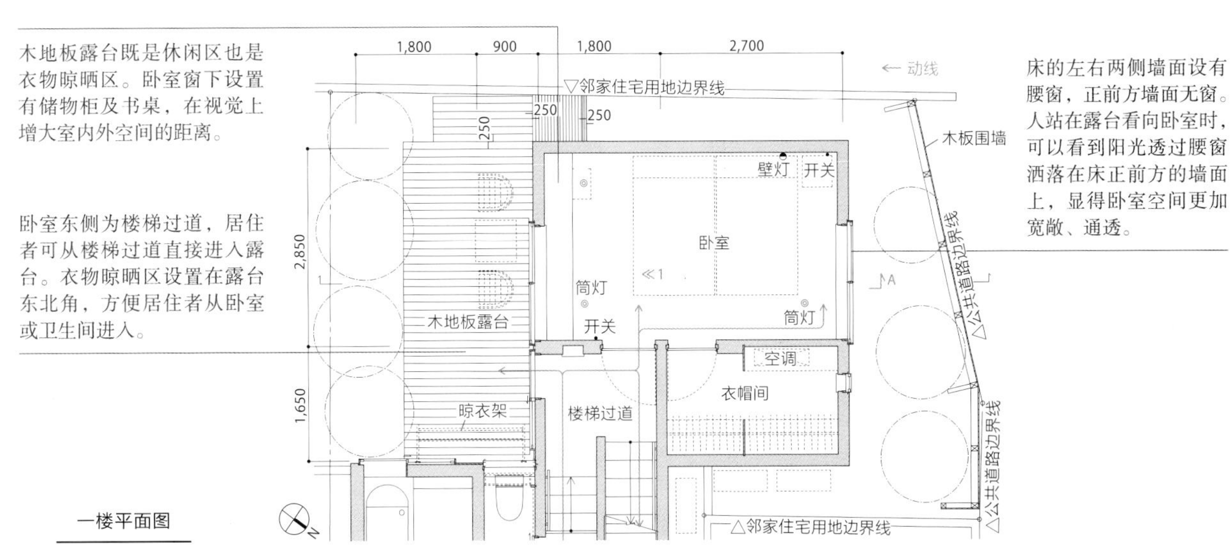

1,800
900
1,800
2,700
← 动线
▽邻家住宅用地边界线
250
250
250
木板围墙
壁灯
开关
卧室
2,850
筒灯
≪1
A
筒灯
公共道路边界线
木地板露台
开关
空调
衣帽间
1,650
晾衣架
楼梯过道
公共道路边界线
△邻家住宅用地边界线
N

一楼平面图

将窗边区域布置为室内外缓冲带

如果家中庭院面积较大，我们通常会希望在卧室也安装大面积玻璃窗，方便欣赏院中风景。这种情况建议大家一定要在窗边布置缓冲空间，以免室内外距离过近，影响日常生活。

此处展示的住宅，住宅用地面积较大，住户选择建独栋大平层，房屋四周围绕着一圈庭院。为了方便居住者更好地在屋内欣赏院中美景，设计师设计了宽大的房檐；为了冬日屋内也能获得充足的采光，设计师又为房屋安装了大面积的玻璃窗，但未按照日本传统民居建造惯例设置户外檐廊。为了避免室内外距离过近，影响日常生活，设计师在窗下安装了450mm高的矮柜（同时也可作为长椅使用），充当室内与室外的缓冲地带。

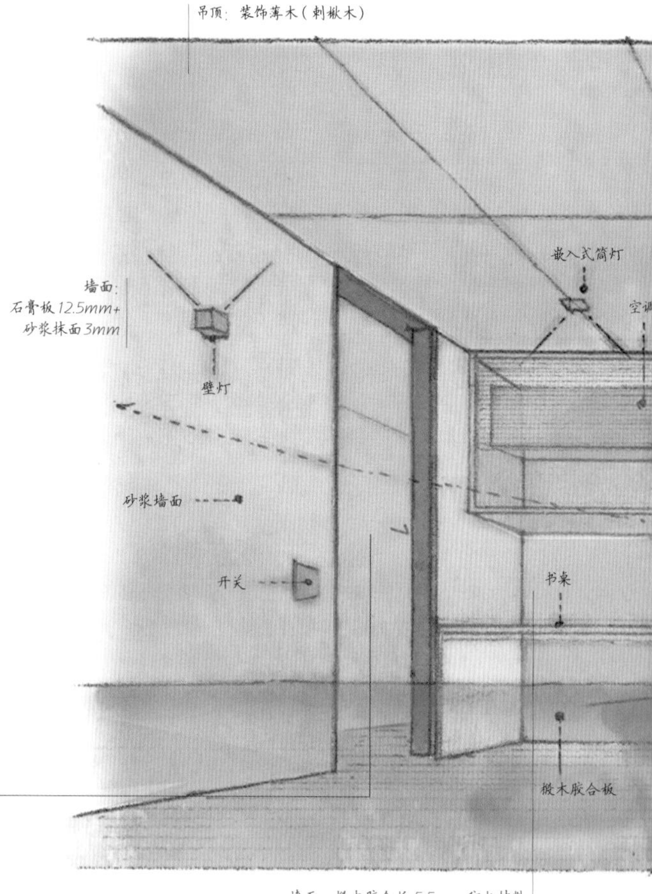

吊顶：装饰薄木（刺楸木）
嵌入式筒灯
墙面：
石膏板12.5mm+
砂浆抹面3mm
壁灯
砂浆墙面
开关
书桌
椴木胶合板
墙面：椴木胶合板5.5mm 防水材料

门窗均为通顶设计。居住者的视线在水平方向不受任何阻挡，虽然吊顶较低，但房间整体依然显得宽敞、明亮，毫不压抑。

A局部图

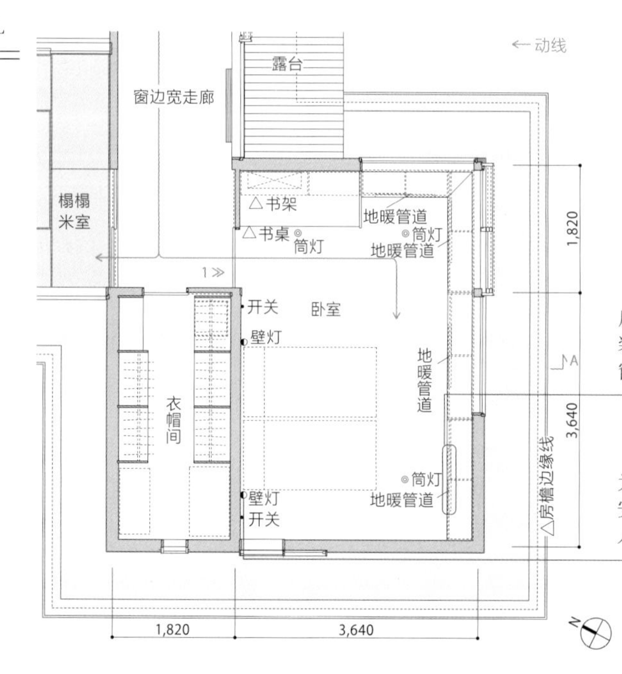

动线
露台
窗边宽走廊
榻榻米室
书架
书桌
筒灯
地暖管道
筒灯
地暖管道
开关
卧室
壁灯
地暖管道
衣帽间
筒灯
壁灯
地暖管道
开关
房檐边缘线
1,820
3,640
1,820
3,640
A

房间采用蓄热式地暖供热。地暖管道安装在收纳柜下。暖空气从窗下缓缓上升，窗户四周及房间各处都可以变得暖洋洋。

为了提高天井亮度，设计师在床头上方安装了壁灯。筒灯则选择木质边框，嵌入吊顶内。

一楼平面图

能储物的矮柜替代檐廊

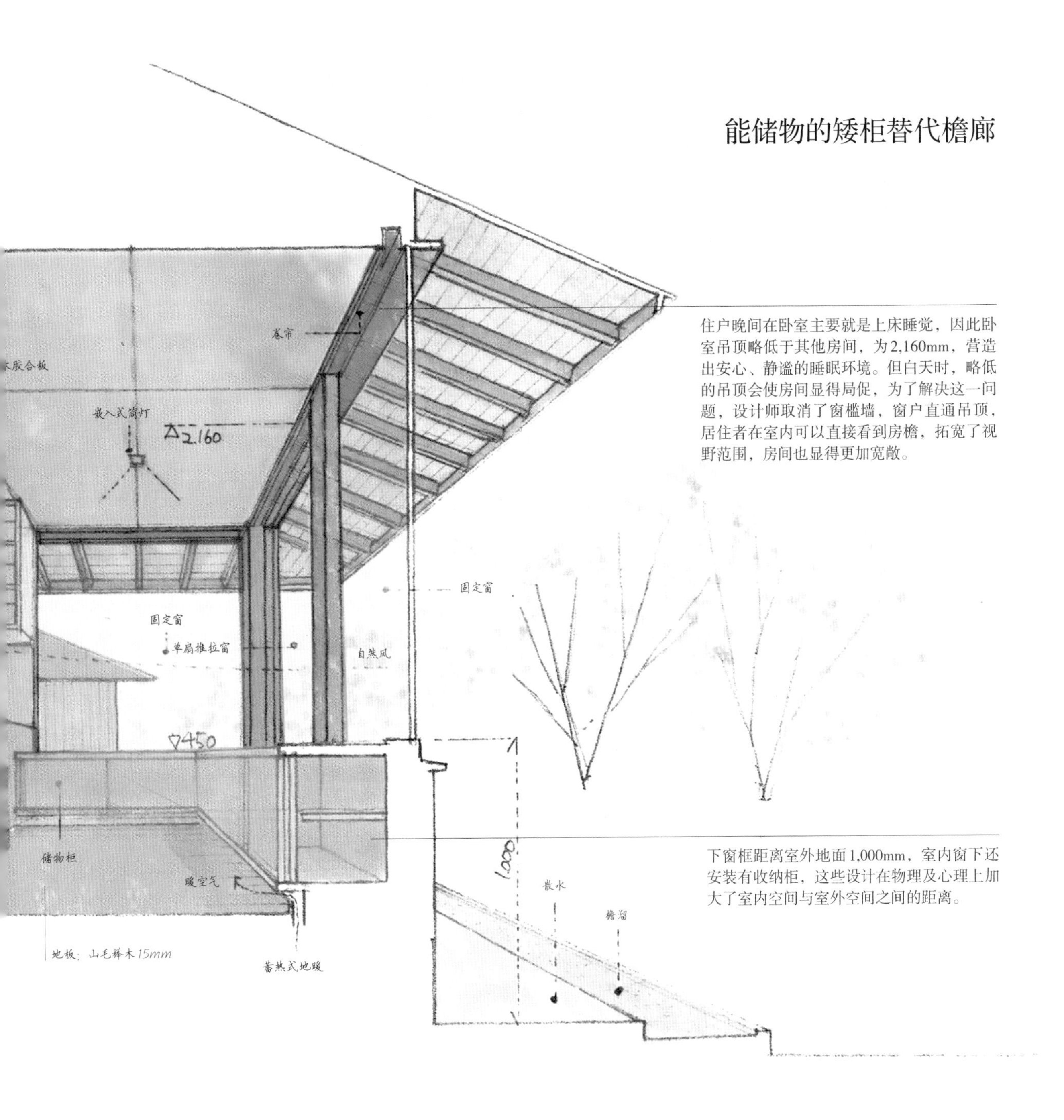
木胶合板
嵌入式筒灯
卷帘
△2,160
固定窗
单扇推拉窗
自然风
▽450
储物柜
暖空气
地板：山毛榉木15mm
蓄热式地暖
1,000
散水
檐留

住户晚间在卧室主要就是上床睡觉，因此卧室吊顶略低于其他房间，为2,160mm，营造出安心、静谧的睡眠环境。但白天时，略低的吊顶会使房间显得局促，为了解决这一问题，设计师取消了窗槛墙，窗户直通吊顶，居住者在室内可以直接看到房檐，拓宽了视野范围，房间也显得更加宽敞。

下窗框距离室外地面1,000mm，室内窗下还安装有收纳柜，这些设计在物理及心理上加大了室内空间与室外空间之间的距离。

1≫
吊顶为刺楸木胶合板，墙面用砂浆抹面。但图片左侧书桌部分的墙面为椴木胶合板。居住者在书桌区域工作时，可能会对墙面造成磕碰，椴木胶合板的饰面不易留下划痕。

与周边自然环境保持适度距离

如果住宅用地所处地区建筑物密度较小，周围是大片的树林或农田，那么我们在设计住宅时，如何令住宅与外部的自然环境保持恰到好处的距离就显得尤为重要。既要确保室内外空间保持适度距离，又要确保居住者可以在家中欣赏自然风景。

此处展示的住宅，房屋处于郁郁葱葱的树木包围之中。白天时的树林美景，到了晚间就会变为黑影憧憧，略显恐怖。此时如果卧室与树林距离过近，居住者将无法安心休息。为此，设计师将房屋的地基抬高了1,017mm，以拉开室内外间的距离。抬高地基后再在卧室安装大面积的玻璃观景窗，居住者便不会感到任何不安。

1 外墙以落叶松木板材饰面。板材最初为红褐色，经过时间的洗礼，颜色会发生改变，逐渐与周围自然环境融为一体。

提升地基高度，让窗户与树林保持适当距离

卧室窗安装有木质百叶窗，可以用来调整阳光照射的方向。百叶窗完全收入窗帘盒后，不会影响窗框的整体外观。

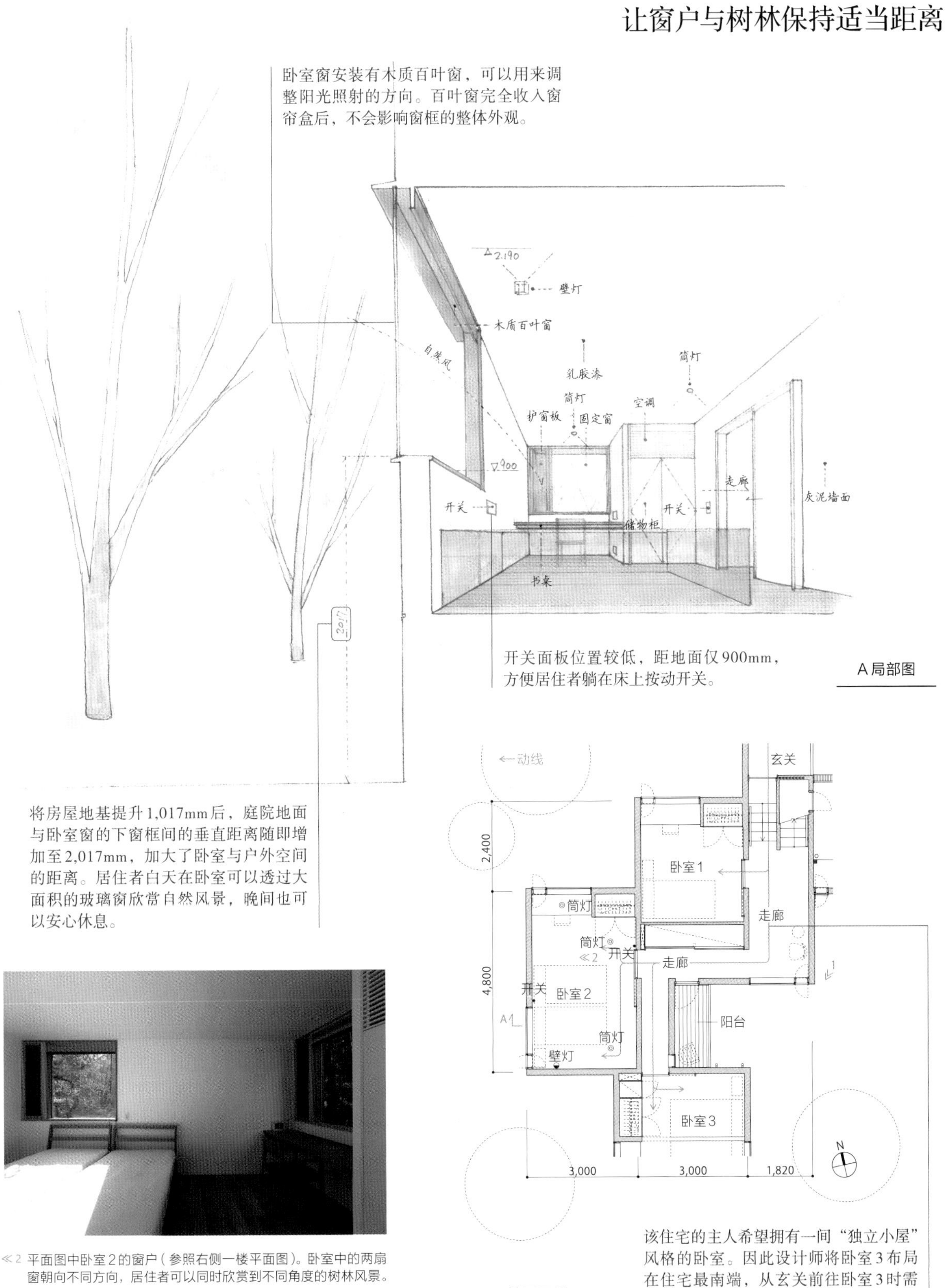

2,190
壁灯
木质百叶窗
自然风
乳胶漆
筒灯
筒灯
护窗板
固定窗
空调
900
开关
开关
走廊
灰泥墙面
储物柜
书桌
2017
A局部图
动线
玄关
卧室1
走廊
筒灯
筒灯
≪2
开关
走廊
开关
卧室2
阳台
筒灯
壁灯
卧室3
2,400
4,800
3,000
3,000
1,820
N

开关面板位置较低，距地面仅900mm，方便居住者躺在床上按动开关。

将房屋地基提升1,017mm后，庭院地面与卧室窗的下窗框间的垂直距离随即增加至2,017mm，加大了卧室与户外空间的距离。居住者白天在卧室可以透过大面积的玻璃窗欣赏自然风景，晚间也可以安心休息。

≪2 平面图中卧室2的窗户（参照右侧一楼平面图）。卧室中的两扇窗朝向不同方向，居住者可以同时欣赏到不同角度的树林风景。

一楼平面图

该住宅的主人希望拥有一间“独立小屋”风格的卧室。因此设计师将卧室3布局在住宅最南端，从玄关前往卧室3时需要经过一段“口”形的走廊。

将客房独立于主生活区之外

客房可以设计为榻榻米的日式风格，一屋多用。建议将客房设置在玄关旁，独立于家庭主要生活区外，既可以作为客卧接待留宿的亲朋，也可作为会客室接待做客的邻居，十分方便。

此处展示的住宅，住户希望在家中布置一间可以供亲朋好友留宿的卧室。设计师将客房设计为榻榻米，增加了房间的使用功能。客房位于玄关旁，与家中其他房间保持有一定的距离，无论是回乡探亲的亲戚，还是关系亲密的朋友，住在这里都不会感到尴尬、不便。

客房窗外就是公共道路。设计师将窗台加深至300mm，确保室内外空间保持适当的距离。窗台距地面仅有450mm，略低于其他房间，人席地而坐时恰好可以将手臂放在窗台上。窗台下安装有暖气。

E

窗台：杉木30mm

墙面：石膏板12.5mm+粗砂灰泥抹面3mm

空调

300

2160

1410

日式壁橱

450

暖气

1820

客房

壁龛

榻榻米地垫（无包边）

推拉门

洗漱间

暖气

门廊

340

鞋柜

玄关

地板（未铺设木地板）：水刷石抹灰地面

客房与玄关间的过渡区域。此处的木地板铺贴方向与玄关不同，表明二者分属不同的功能区。

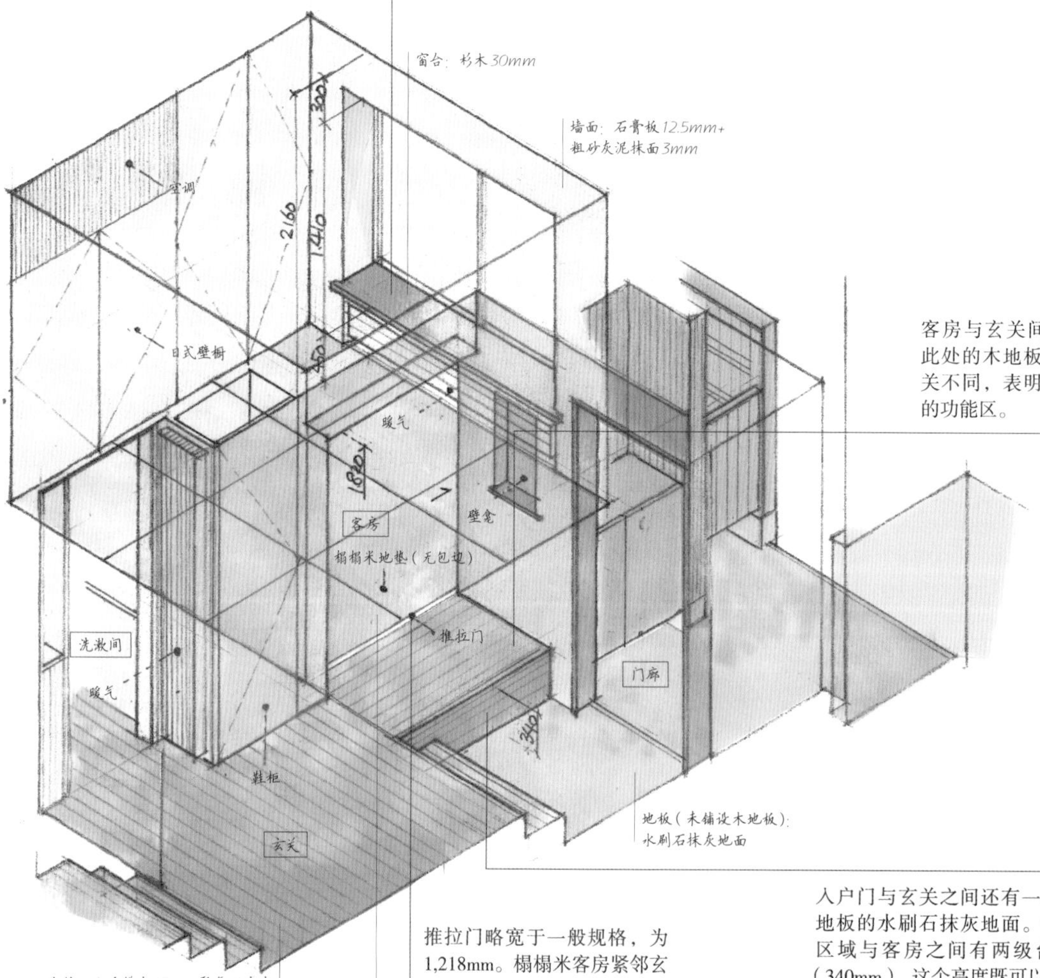

入户门与玄关之间还有一小片未铺设木地板的水刷石抹灰地面。该水刷石地面区域与客房之间有两级台阶的高度差（340mm），这个高度既可以确保客房与入户门之间保持一定的距离，又方便人坐在台阶上换鞋。

推拉门略宽于一般规格，为1,218mm。榻榻米客房紧邻玄关，适合作为接待访客的会客室。

地板：山毛榉木15mm聚氨酯清漆

地板（客房）：榻榻米地垫55mm

A一楼正等轴测图

在玄关旁设置榻榻米风格的会客区

1↗
于玄关观客房（会客室兼客卧）。虽然客房的推拉门较宽，但并未通顶，与吊顶间有墙面相连，令客房更具包围感与安全感。

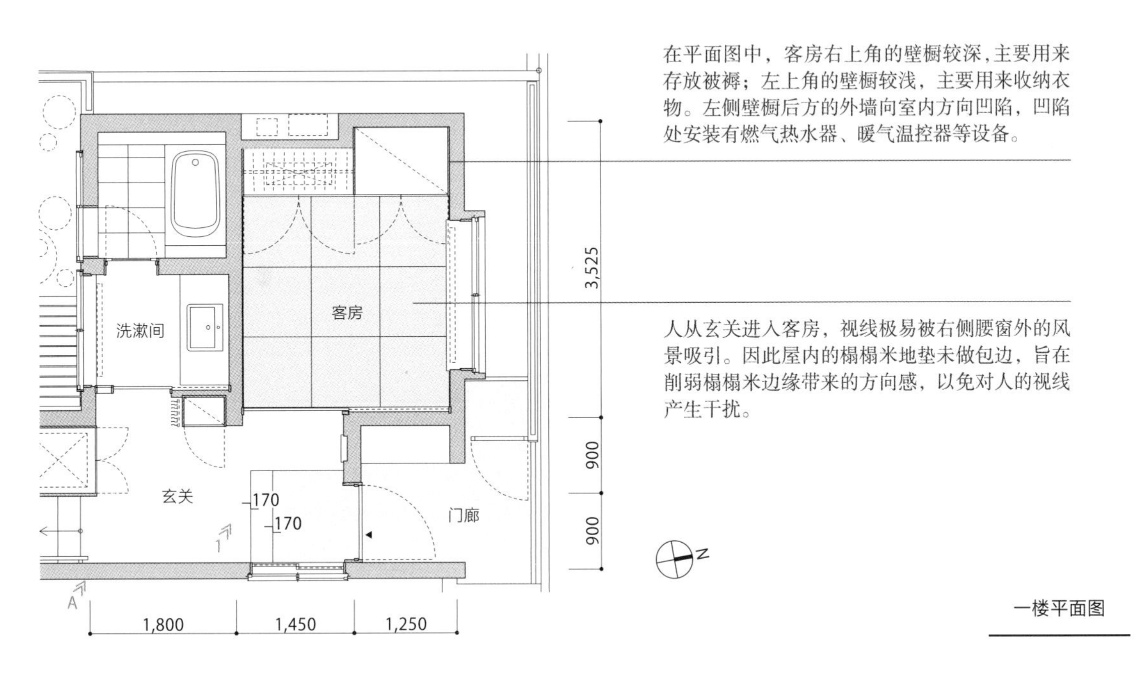

洗漱间
客房
玄关
门廊
170
170
1
A
3,525
900
900
1,800
1,450
1,250
N

在平面图中，客房右上角的壁橱较深，主要用来存放被褥；左上角的壁橱较浅，主要用来收纳衣物。左侧壁橱后方的外墙向室内方向凹陷，凹陷处安装有燃气热水器、暖气温控器等设备。

人从玄关进入客房，视线极易被右侧腰窗外的风景吸引。因此屋内的榻榻米地垫未做包边，旨在削弱榻榻米边缘带来的方向感，以免对人的视线产生干扰。

一楼平面图

于窗边布置舒适的榻榻米地台

只需在窗边设置一个铺有榻榻米地垫的小地台，就可以赋予房间更多的功能。地台白天作沙发，晚上是睡床。

此处展示的住宅，母亲与子女两代人同住。母亲的卧室里有一个不足1.66㎡的小地台。地台铺有榻榻米地垫，既是床铺，又是沙发，因此房间便不只有“卧室”这一种功能。而且地台较高，母亲铺床时无需弯腰，减轻了身体负担。

F

1 于地台上观壁龛及摆放电视的置物架。房间吊顶较低，为1,920mm，人坐在地台上，既不会感到压抑，也不会感到空旷，舒适又安心。

多功能小型榻榻米地台，既是沙发也是床

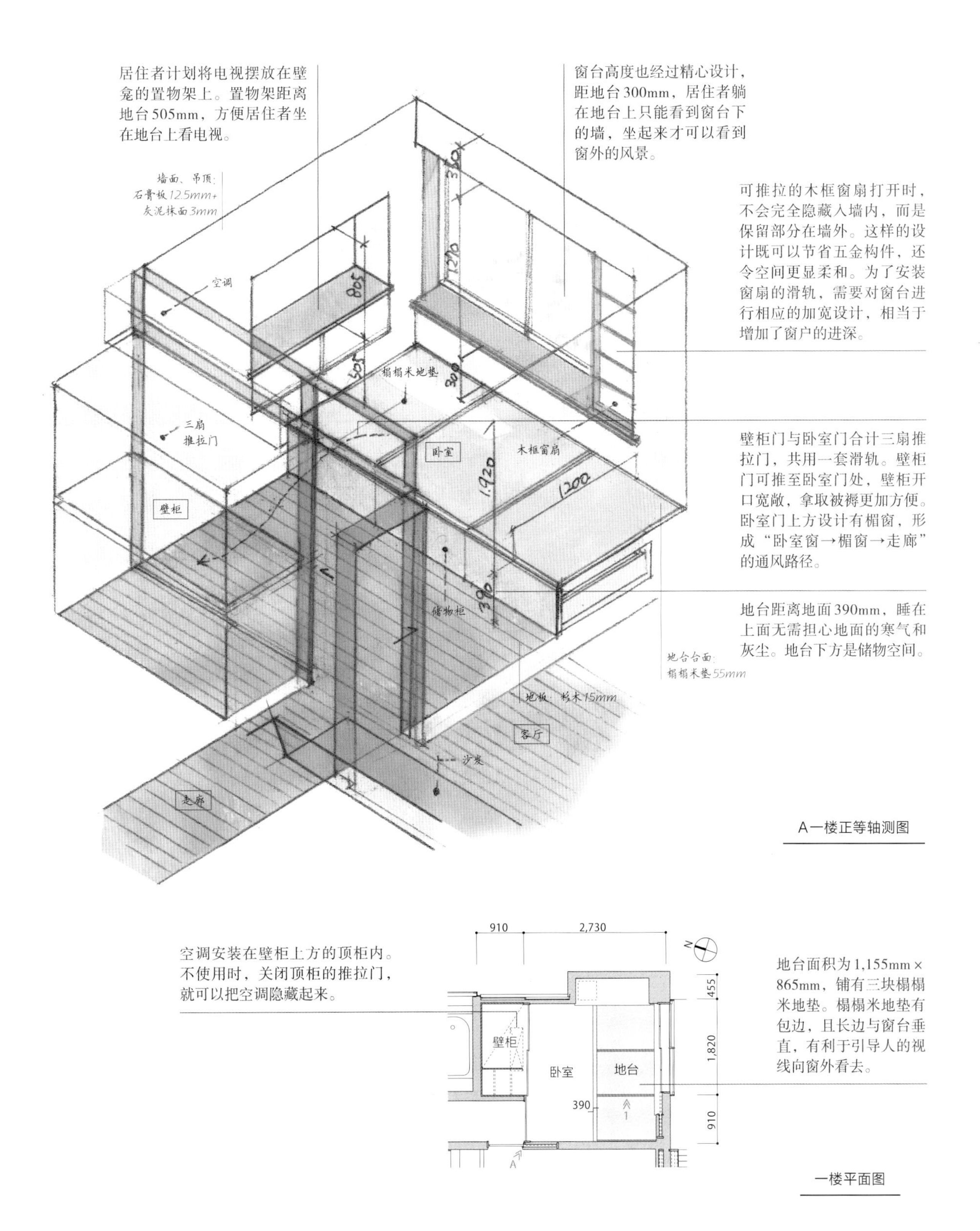

居住者计划将电视摆放在壁龛的置物架上。置物架距离地台505mm，方便居住者坐在地台上看电视。
窗台高度也经过精心设计，距地台300mm，居住者躺在地台上只能看到窗台下的墙，坐起来才可以看到窗外的风景。
墙面、吊顶：石膏板12.5mm+灰泥抹面3mm
可推拉的木框窗扇打开时，不会完全隐藏入墙内，而是保留部分在墙外。这样的设计既可以节省五金构件，还令空间更显柔和。为了安装窗扇的滑轨，需要对窗台进行相应的加宽设计，相当于增加了窗户的进深。
空调
360
1270
805
505
300
榻榻米地垫
三扇推拉门
卧室
木框窗扇
1920
1200
壁柜
壁柜门与卧室门合计三扇推拉门，共用一套滑轨。壁柜门可推至卧室门处，壁柜开口宽敞，拿取被褥更加方便。卧室门上方设计有楣窗，形成“卧室窗→楣窗→走廊”的通风路径。
390
储物柜
地台距离地面390mm，睡在上面无需担心地面的寒气和灰尘。地台下方是储物空间。
地台台面：榻榻米垫55mm
地板：杉木15mm
客厅
沙发
走廊
A一楼正等轴测图
空调安装在壁柜上方的顶柜内。不使用时，关闭顶柜的推拉门，就可以把空调隐藏起来。
910
2,730
N
455
1,820
910
壁柜
卧室
地台
390
A
地台面积为1,155mm×865mm，铺有三块榻榻米地垫。榻榻米地垫有包边，且长边与窗台垂直，有利于引导人的视线向窗外看去。
一楼平面图

佳案赏析3　案例A

在郁郁葱葱的林间
享受远离琐碎日常的幸福时光

案例A的住宅用地位于山脚下的一片杂木林内。

设计住宅时，主人提出的基本要求是不能破坏杂木林纤柔、细腻的环境氛围。同时希望自己和家人在家中便可感受到光影变幻、清风吹拂，与大自然亲密接触。

住宅由多栋悬山顶结构的房屋构成。
右：经过多年风雨的洗礼，外墙与窗框的颜色逐渐与周围的树木融为一体。

左：居住者站在厨房时可以看到餐厅、阳台以及窗外的风景。
右：餐厅与客厅分属两个不同的空间，但并未完全隔断，一家人各自在餐厅、客厅活动时，彼此间可以听到对方的声音，看到对方的身影。
右下：客厅的燃木炉。燃木炉前方的装饰柱将空间分割为两部分。

案例A的住宅用地位于一处杂木林内，林中有包括麻栎、枹栎、山樱、栗子树等多种落叶乔木。针对此类住宅进行设计时，首先要考虑的是建筑的外观——如何才能使建筑物更加自然地与周围环境融为一体呢？设计师对住宅用地及其周边环境进行实际勘测时，在杂木林中偶然看到了一间久未住人的小屋。小屋是简单的悬山顶结构，静静地伫立在那里。由于常年的风吹日晒，它的外墙已斑驳掉色，与周围林木枝干的颜色极为接近。这间小屋给了设计师极大的灵感。

想要与周围的自然环境和谐统一，建筑物的外观造型也要尽可能自然、流畅，悬山顶无疑是极佳的选择。然而悬山顶结构的房屋必须体量足够大，才能够满足住户对于居住面积的需求，但如此一来，住宅便会显得庞大、笨重，与周围纤细的林木对比明显，格格不入。为此，设计师化整为零，将住宅拆分为四栋体积较小的悬山顶房屋。四栋房屋呈雁形阵排布，方便雨、雪由屋顶滑落至地面。房屋与房屋产生空间重叠时，彼此的屋顶直接插入对方的房屋内，插入屋内的屋顶构件在室内投下一片阴影，适合布置为休闲区。

住宅整体坐北朝南，并未顺应附近省道的走向设计，方便居住者欣赏窗外风景。居住者无论是坐在餐厅的餐桌旁、客厅的沙发上，还是楼梯旁的长椅上、卧室的书桌旁，都可以透过附近的窗户看到住宅周围的杂木林以及杂木林外围的红松林，冬季时甚至还可以看到远方的山脊。除观景窗外，住宅内还有一些“不起眼”的功能窗，用于家中的采光与通风，在无形中将大自然的气息带入家中。

全家人的卧室都安排在一楼。由于住宅整体呈雁形阵布局，因此卧室与卧室之间相错排布，需以走廊相连。地基做了加高处理，一楼的地面略高于室外地面，居住起来更有安全感，且居住者将视线转向窗外时，看到的是杂木林的枝叶部分，而非树干。住宅一楼与二楼之间还有一个相当于1.5层的夹层。卫生间的所有功能区都布置在夹层，方便一楼、二楼使用。卫生间远远高于室外地面，无需担心隐私泄露，可以安装大面积玻璃窗，使空间显得更加宽敞。

我们在住宅建成的第十年上门拍摄了这一组照片。外墙面的落叶松木板材的颜色已经不再鲜艳，与周围树干颜色相近，住宅整体与周围的环境和谐统一。居住者在家中便能够感受到光影变幻与清风吹拂，近距离与大自然接触，摆脱日常生活的琐碎与忙碌。

左：阳光透过枝丫，柔和地洒在灰泥墙面上。
右上：卧室左右两侧皆有观景窗，视野开阔。
右下：居住者坐在卧室的书桌前能够感受到阳光与天气的变化（右图）。各卧室以走廊相连（左图）。

左上：居住者在浴室内也能欣赏到窗外的风景。
左下：室外郁郁葱葱的枝叶映照在室内的玻璃上（右图）。清晨的阳光透过洗漱间的小窗洒在洗手台上（左图）。
中：一楼的楼梯过道摆着一把椅子，方便居住者坐下来欣赏窗外风景。
右上：二楼楼梯过道。窗户朝北，阳光柔和，适宜读书（上图）。一楼楼梯过道，前方绿意盎然的风景指引着上楼的方向（下图）。

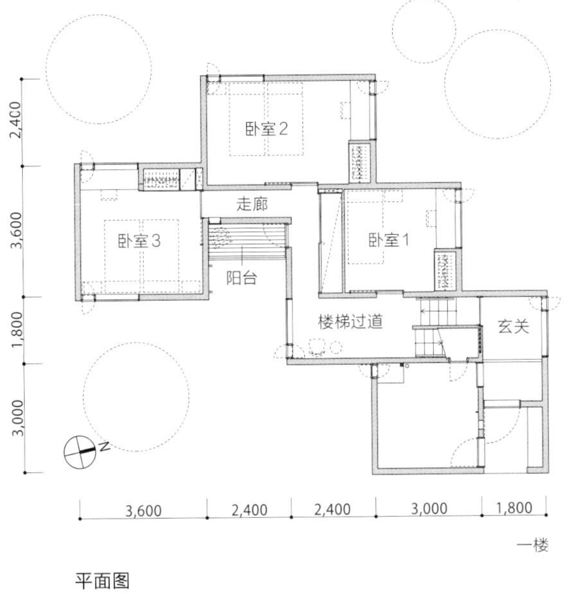

卧室2
卧室3
走廊
卧室1
阳台
楼梯过道
玄关
2,400
3,600
1,800
3,000
3,600
2,400
2,400
3,000
1,800
一楼

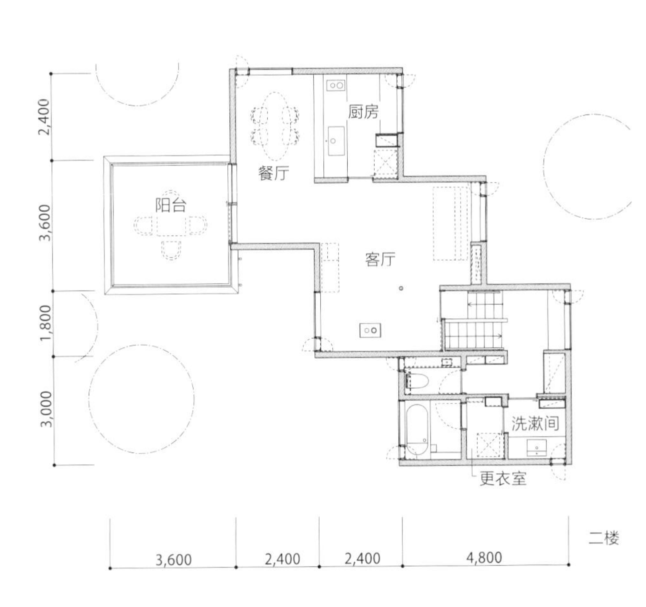

厨房
餐厅
阳台
客厅
洗漱间
更衣室
2,400
3,600
1,800
3,000
3,600
2,400
2,400
4,800
二楼

平面图

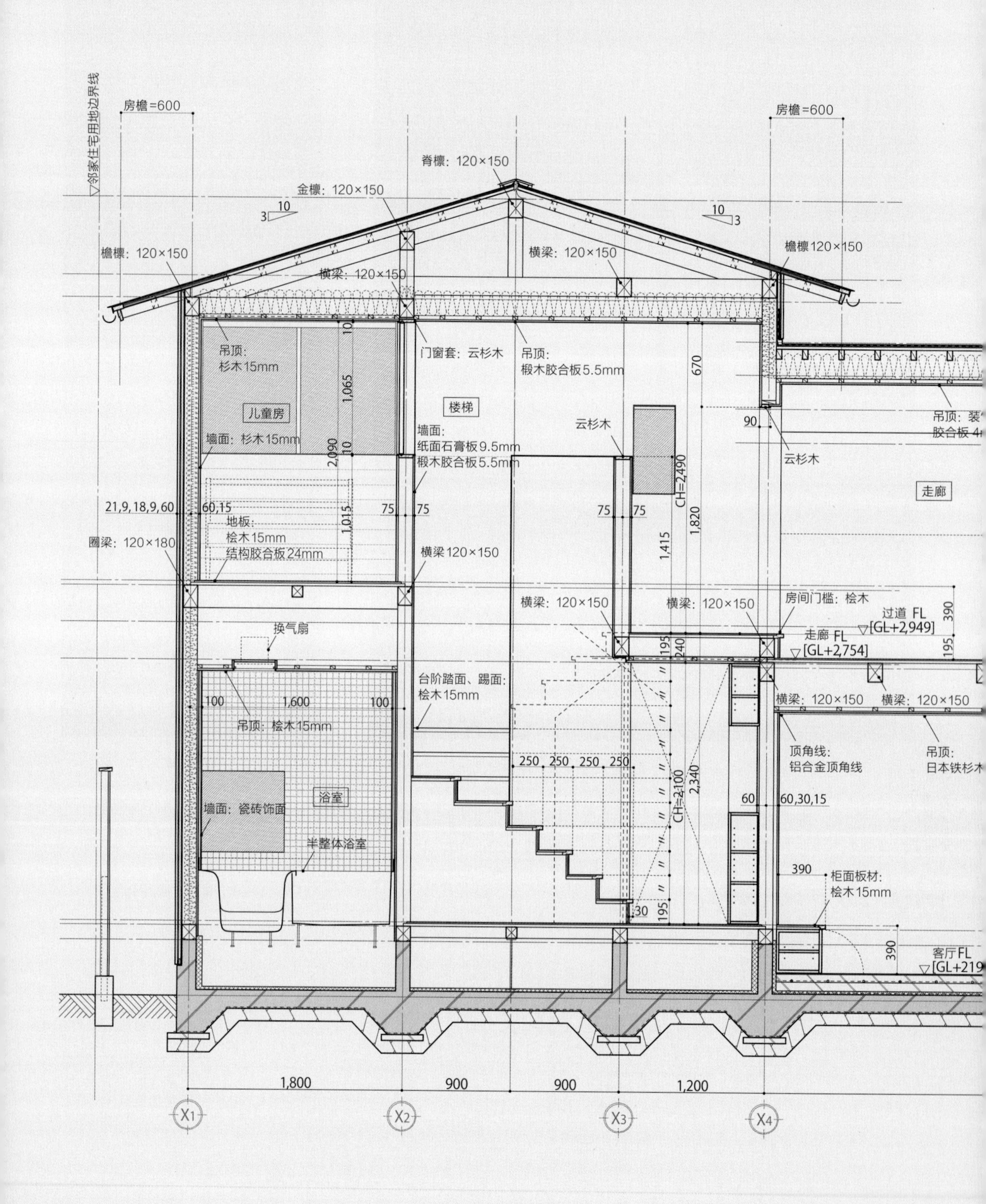

▽邻家住宅用地边界线
房檐=600
房檐=600
脊檩：120×150
金檩：120×150
檐檩：120×150
横梁：120×150
横梁：120×150
檐檩120×150
吊顶：
杉木15mm
儿童房
门窗套：云杉木
吊顶：
椴木胶合板5.5mm
楼梯
墙面：杉木15mm
墙面：
纸面石膏板9.5mm
椴木胶合板5.5mm
云杉木
云杉木
吊顶：装
胶合板4
走廊
21,9,18,9,60
60,15
地板：
桧木15mm
结构胶合板24mm
圈梁：120×180
横梁120×150
CH=2,490
横梁：120×150
横梁：120×150
房间门槛：桧木
过道 FL
[GL+2,949]
走廊 FL
[GL+2,754]
换气扇
台阶踏面、踢面：
桧木15mm
横梁：120×150
横梁：120×150
吊顶：桧木15mm
顶角线：
铝合金顶角线
吊顶：
日本铁杉木
浴室
墙面：瓷砖饰面
半整体浴室
CH=2,100
柜面板材：
桧木15mm
客厅FL
[GL+219
1,800
900
900
1,200
X1
X2
X3
X4

第5章 如何布置楼梯与走廊

想要打造宜居住宅，仅仅将每个房间布置得舒适、便利是不够的，连接各个房间的“通道”也需要经过精心设计。

楼梯是家中很特殊的空间，它的占地面积只有3㎡左右，高度却能达到4~5m。为了方便自己年老后上下楼，很多人会选择建独立的楼梯间，且楼梯也不会选择直上直下的一段式结构，而是会做转角平台。

考虑到热岛效应的影响，有些家庭会在楼梯最高一级台阶的踏面部分安装推拉门。建议选择玻璃材质的推拉门，或者在楼梯与隔壁房间共用的墙面上开小窗，以消除楼梯间的封闭感。人活动的声音、晚饭的香气都会经由这扇小窗传到楼上、楼下，通过听觉与嗅觉将全家人维系在一起。还可以在楼梯过道或转角处布置一把长椅，有人在这里活动时，楼上、楼下的家人都可以知晓。

此外，还可以在楼梯的设计上用一些小巧思，令上下楼梯不再枯燥无聊，如利用窗外的风景或阳光指引上楼的方向，或是模糊楼层与楼层间的边界感，淡化人心中对“此时正在上楼或下楼”这一行为的感知。

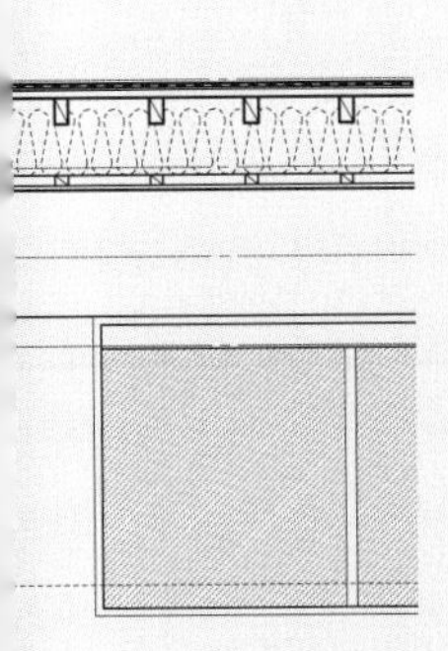
mm
合板24mm

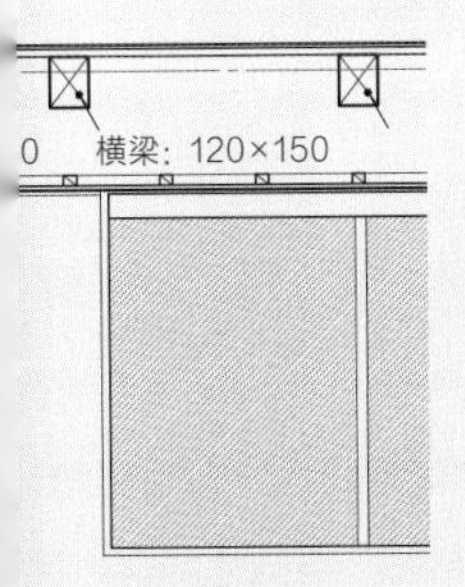
0 横梁：120×150
砂浆 桃形铲抹面
地暖

将楼梯打造为维系亲情的“传音筒”

楼梯居中、各功能区围绕楼梯排布的布局模式称为环形布局。环形布局的住宅，楼梯位于正中央，无法安装室外窗，但可以在楼梯与相邻房间共用的墙面上安装室内窗，将各个独立的房间连为一体。

此处展示的住宅，楼梯与客厅、楼梯与书房之间分别安装有室内窗，客厅、书房内的声音、灯光等会通过楼梯传到家中其他房间。例如，在二楼的家人可以听到一楼客厅传来的声音，晚上归家的人在玄关就可以看到二楼书房的灯光，感受到家庭的温暖。此时的楼梯已经不是单纯的移动通道，还是维系家族亲情的“传音筒”，爬楼梯也因此变得充满乐趣。

F

≪1 于二楼过道处观楼梯。书房的室内窗确保了楼梯的采光，客厅的室内窗则确保了楼梯的通风。

通过声音与灯光感受家人的存在

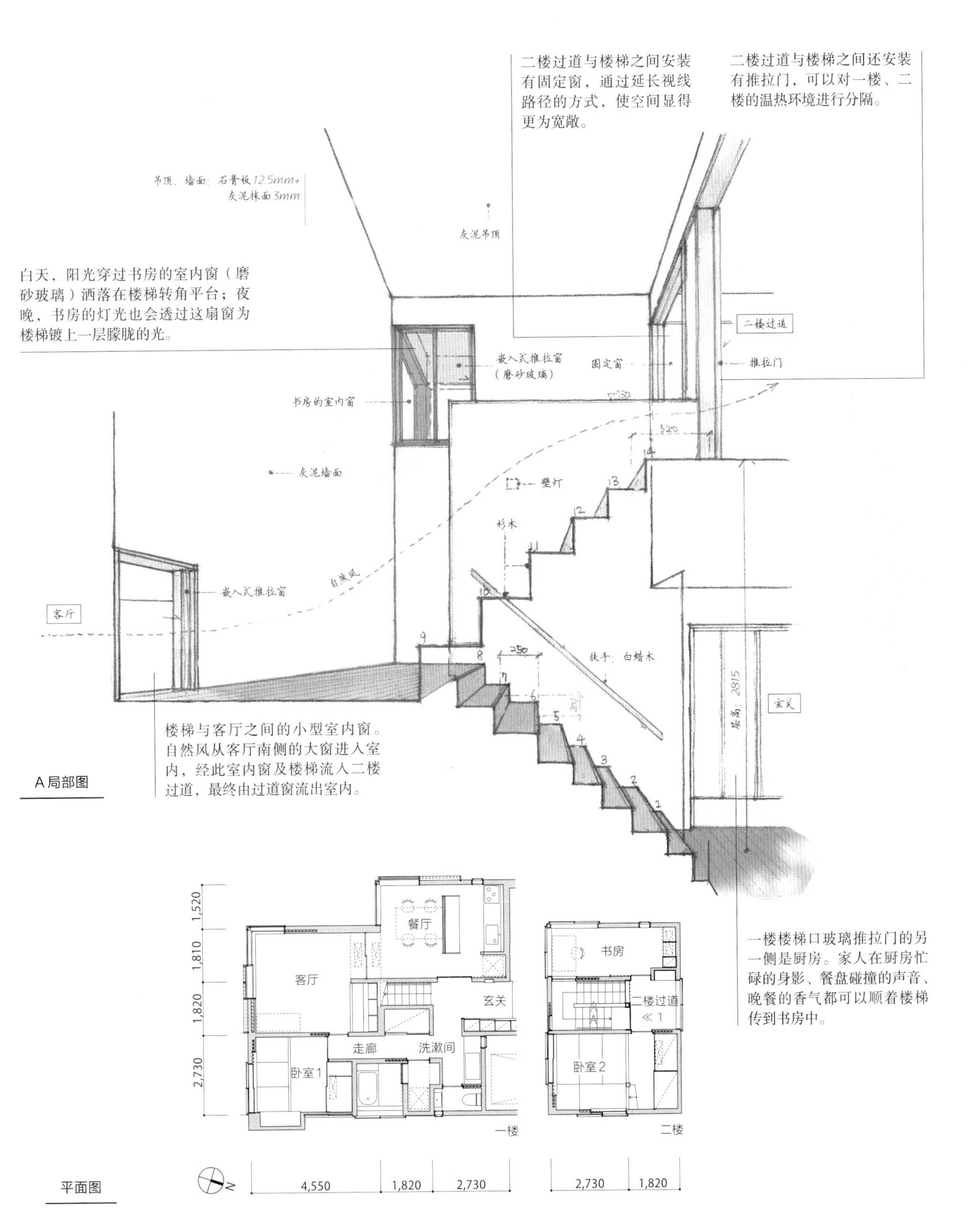

二楼过道与楼梯之间安装有固定窗，通过延长视线路径的方式，使空间显得更为宽敞。
二楼过道与楼梯之间还安装有推拉门，可以对一楼、二楼的温热环境进行分隔。
吊顶、墙面：石膏板12.5mm+灰泥抹面3mm
灰泥吊顶
白天，阳光穿过书房的室内窗（磨砂玻璃）洒落在楼梯转角平台；夜晚，书房的灯光也会透过这扇窗为楼梯镀上一层朦胧的光。
嵌入式推拉窗（磨砂玻璃）
固定窗
二楼过道
推拉门
书房的室内窗
灰泥墙面
壁灯
杉木
自然风
嵌入式推拉窗
客厅
扶手：白蜡木
玄关
层高：2815
楼梯与客厅之间的小型室内窗。自然风从客厅南侧的大窗进入室内，经此室内窗及楼梯流入二楼过道，最终由过道窗流出室内。
A局部图
一楼楼梯口玻璃推拉门的另一侧是厨房。家人在厨房忙碌的身影、餐盘碰撞的声音、晚餐的香气都可以顺着楼梯传到书房中。
餐厅
客厅
玄关
走廊
洗漱间
卧室1
书房
二楼过道
卧室2
一楼
二楼
1,520
1,810
1,820
2,730
4,550
1,820
2,730
2,730
1,820
平面图

C

1 于客厅观二楼楼梯过道。过道处吊顶低于两端的客厅与餐厅，可突显客厅与餐厅的宽敞、通透。

利用光线指引上楼的方向

日本的城市住宅区房屋密度较大，因此无论是房间内还是楼梯间，很多时候都无法安装观景窗，但是可以在楼梯间安装小型采光窗，利用光线指引上楼的方向。

此处展示的住宅，楼梯转角平台的一侧墙面上开有小窗，柔和的阳光透过小窗洒落在正对楼梯的墙面上，吸引人登上一级又一级的台阶。二楼楼梯口正对阳台，居住者到达楼梯转角平台后，一转身，又会沿着阳台光线的指引，继续上楼。

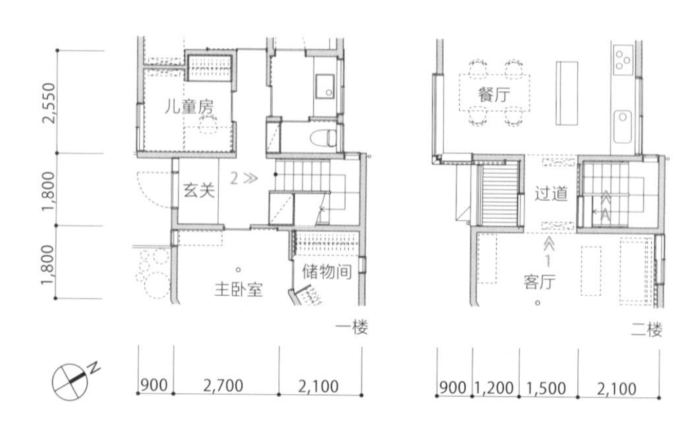

2,550
1,800
1,800
儿童房
玄关
2
主卧室
储物间
一楼
900
2,700
2,100
N
餐厅
过道
1
客厅
二楼
900
1,200
1,500
2,100

平面图

以光线指引上楼方向，提升对前方的期待感

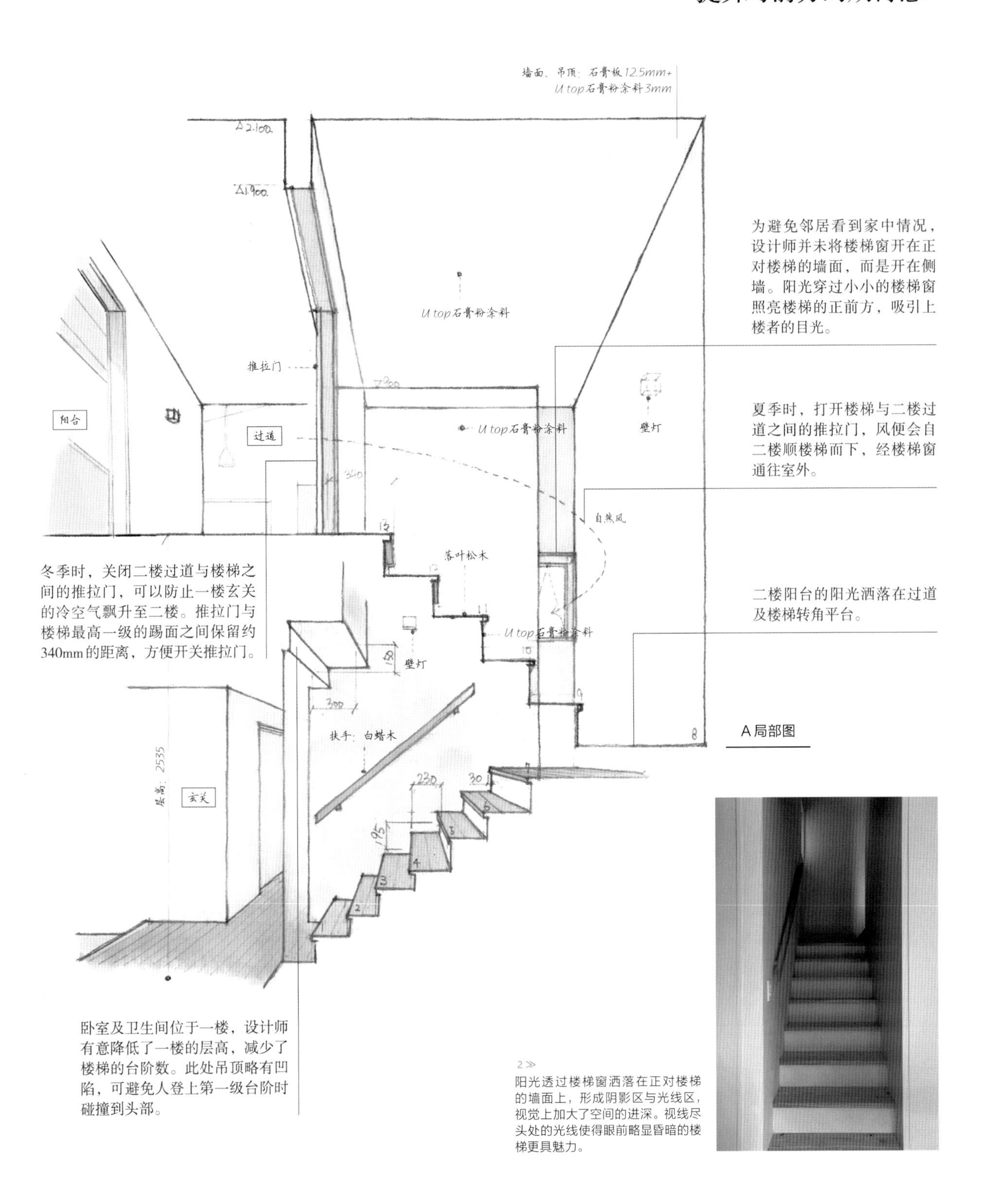
墙面、吊顶：石膏板12.5mm+
U top石膏粉涂料3mm
Δ2.100
Δ1.900
U top石膏粉涂料
推拉门
阳台
过道
U top石膏粉涂料
壁灯
340
自然风
落叶松木
U top石膏粉涂料
壁灯
150
300
扶手：白蜡木
层高：2535
玄关
230
30
195
A局部图

为避免邻居看到家中情况，设计师并未将楼梯窗开在正对楼梯的墙面，而是开在侧墙。阳光穿过小小的楼梯窗照亮楼梯的正前方，吸引上楼者的目光。

夏季时，打开楼梯与二楼过道之间的推拉门，风便会自二楼顺楼梯而下，经楼梯窗通往室外。

二楼阳台的阳光洒落在过道及楼梯转角平台。

冬季时，关闭二楼过道与楼梯之间的推拉门，可以防止一楼玄关的冷空气飘升至二楼。推拉门与楼梯最高一级的踢面之间保留约340mm的距离，方便开关推拉门。

卧室及卫生间位于一楼，设计师有意降低了一楼的层高，减少了楼梯的台阶数。此处吊顶略有凹陷，可避免人登上第一级台阶时碰撞到头部。

2≫
阳光透过楼梯窗洒落在正对楼梯的墙面上，形成阴影区与光线区，视觉上加大了空间的进深。视线尽头处的光线使得眼前略显昏暗的楼梯更具魅力。

为走廊赋予新功能

有些住宅在布局时，以走廊为轴线，其他房间于走廊两侧分布。这种类型的住宅，房间与房间之间通常相对独立、封闭。如果您选择了这样的布局结构，建议可略加宽走廊的宽度，为走廊赋予更多的新功能，也为家人增加更多接触的机会。

此处展示的住宅，一条宽达1,200mm的走廊贯穿东西方向，走廊南侧为儿童房及主卧室，北侧则是储物间与楼梯。室内走廊通常只有910mm左右，本案例中的走廊加宽了约300mm，普通的走廊就变成了全家人的更衣室和孩子们的游乐场。

1≫
于玄关观走廊。走廊上摆放有座椅、矮柜等家具，墙面上还有穿衣镜，整个走廊就是一间步入式衣帽间。

将1,200mm的宽大走廊变为更衣室与游乐场

儿童房与走廊之间的推拉门直通吊顶。将来孩子长大成人搬走之后，父母可以将推拉门拆除，使儿童房与走廊连成一个大开间，变为工作室。两间儿童房之间也是使用通顶的推拉门作隔断，方便今后拆除。

两间儿童房原本是一个大开间，中间以推拉门作隔断，开间内唯一的窗户也恰好被一分为二，每个房间各保留一半。各房间的卷帘是独立安装的，方便各自调整室内采光。

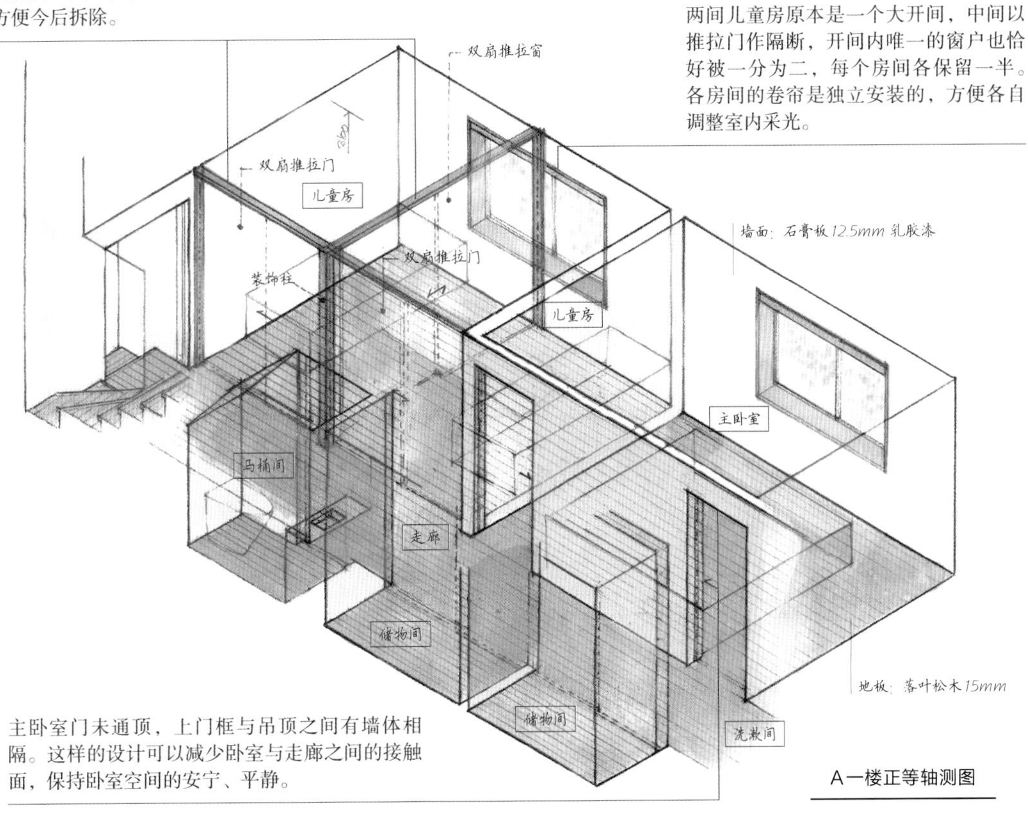

双扇推拉窗
双扇推拉门
儿童房
双扇推拉门
装饰柱
墙面：石膏板12.5mm 乳胶漆
儿童房
主卧室
马桶间
走廊
储物间
储物间
地板：落叶松木15mm
洗漱间

主卧室门未通顶，上门框与吊顶之间有墙体相隔。这样的设计可以减少卧室与走廊之间的接触面，保持卧室空间的安宁、平静。

A一楼正等轴测图

主卧室设置两个出入口，形成环形动线。床摆放在房间正中，不会影响到人进出卧室。

儿童房、主卧室、浴室、洗漱间、洗衣房、储物间、马桶间、楼梯等功能区沿走廊分布。由于走廊较宽，全家人同时进出走廊也不会显得拥挤。

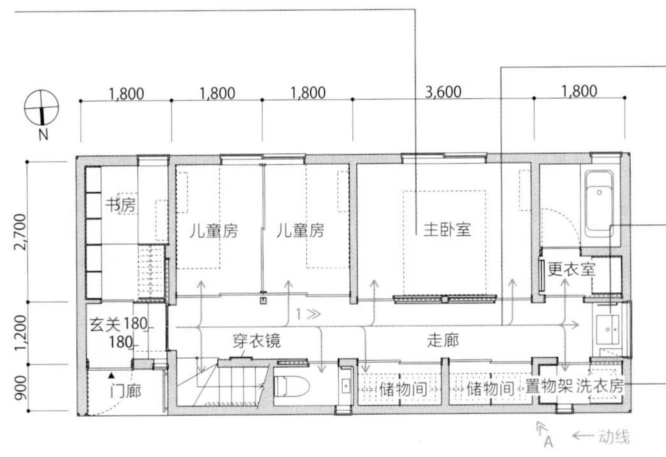

1,800
1,800
1,800
3,600
1,800
N
2,700
1,200
900
书房
儿童房
儿童房
主卧室
更衣室
玄关180
180
穿衣镜
走廊
门廊
储物间
储物间
置物架
洗衣房
A
动线

走廊宽1,200mm，最西端是卫生间的各个功能分区，北侧则是储物间。

洗衣机位于一楼，衣物晾晒区则在二楼。走廊较宽，居住者抱着装有衣服的衣篓来往于楼上楼下也丝毫不会感到局促。

一楼平面图

大面积观景窗需要配备“调焦”空间

如果你准备在家中安装大面积观景窗，建议在窗前留出一条缓冲地带。这条缓冲地带就如同相机镜头，是为调整焦距而设置的伸缩空间，可以模糊室内空间与室外空间在规模上的差距。以阳台或露台作为观景窗的“调焦”空间，能够确保室内空间与室外空间之间保持适当的距离。此处展示的住宅，住宅用地南侧为公共道路以及榉树行道树。住宅一楼与二楼各设置了“调焦”空间以方便居住者欣赏南侧风景，二楼为阳台，一楼为铺有榻榻米地垫的阳台及木地板露台。

该住宅一楼与二楼分别居住着两代人。如B局部图所示，二楼的玄关紧邻阳台。阳台为半开放式，清洁、维护极为方便，还可以摆放盆栽装点空间。阳台与客厅以落地推拉窗相隔，打开落地窗后，两者就变为一个通透的大开间。

G

3300
1950
厨房
玄关

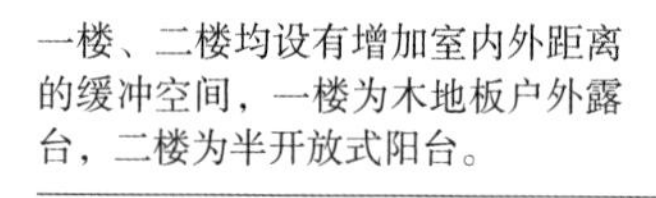
一楼、二楼均设有增加室内外距离的缓冲空间，一楼为木地板户外露台，二楼为半开放式阳台。

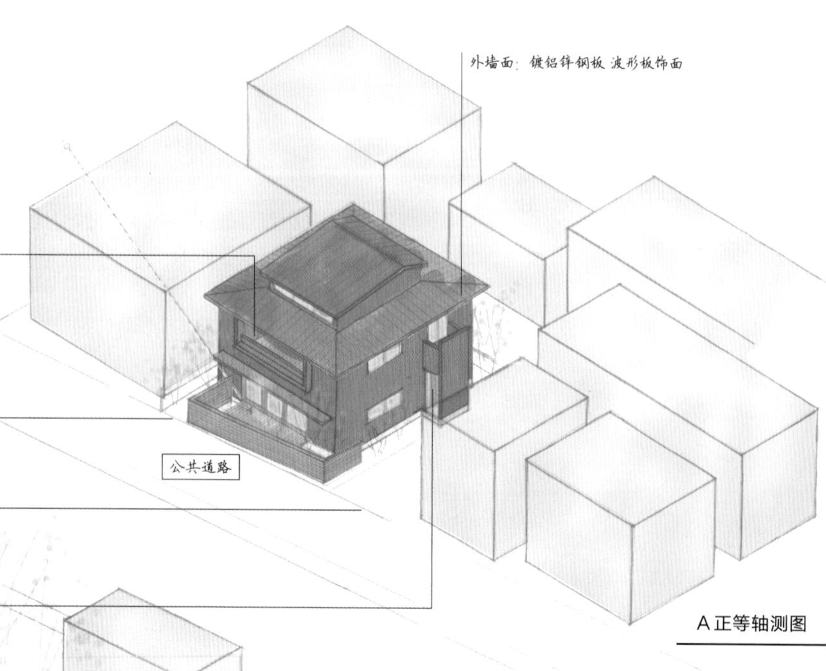
外墙面：镀铝锌钢板 波形板饰面
一楼和二楼分别居住着两代人。一楼的入户门位于住宅东侧，二楼入户门位于住宅西侧，两代人彼此间保持适度距离，互不影响。
公共道路
二楼书房阳台正下方为一楼玄关外的门廊。阳台的地板成为门廊的屋顶，可为门廊遮风挡雨。
N

A正等轴测图

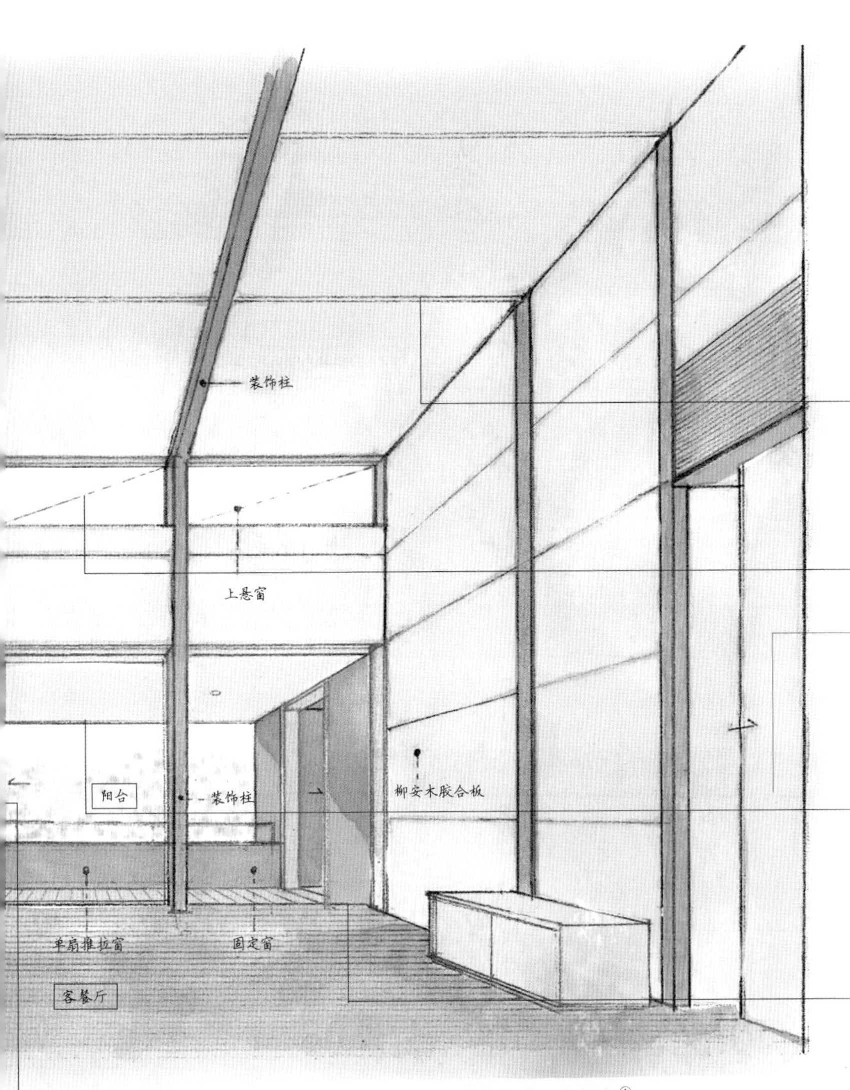
装饰柱
上悬窗
阳台
装饰柱
柳安木胶合板
单扇推拉窗
固定窗
客餐厅
墙面：柳安木胶合板 5.5mm

利用半开放式阳台增大室内外空间距离

将灯轨内嵌在柳安木胶合板的接缝处，避免空间内出现多余的素材，以突显装饰梁的方向性（室内装饰梁皆指向阳台方向）。

居住者坐在客厅的沙发上，可以透过落地窗及阳台看到郁郁葱葱的榉树，透过高窗看到湛蓝的天空。阳光穿过高窗洒落在客厅的吊顶面上，光线一直延伸至房间深处。

阳台外墙位于防火线外，且阳台两端垭口与阳台外侧墙面之间有墙体相隔，因此垭口的门套部分可选用木质板材饰面。

落地窗的下边框做嵌入式隐藏设计，弱化阳台与客厅之间的分界线，既使空间显得宽敞、通透，又可防止室外的风通过窗框与地板间的缝隙进入室内。

室内全部的吊顶、墙面均选用柳安木胶合板饰面，装饰柱为天龙杉木①。装饰柱兼作中梃，落地窗下边框内嵌于地板中，整体空间显得简洁、清爽。所有门窗框的细部花纹均选用同一种简约造型，既可以降低成本，又可以营造出统一的风格。

B局部图

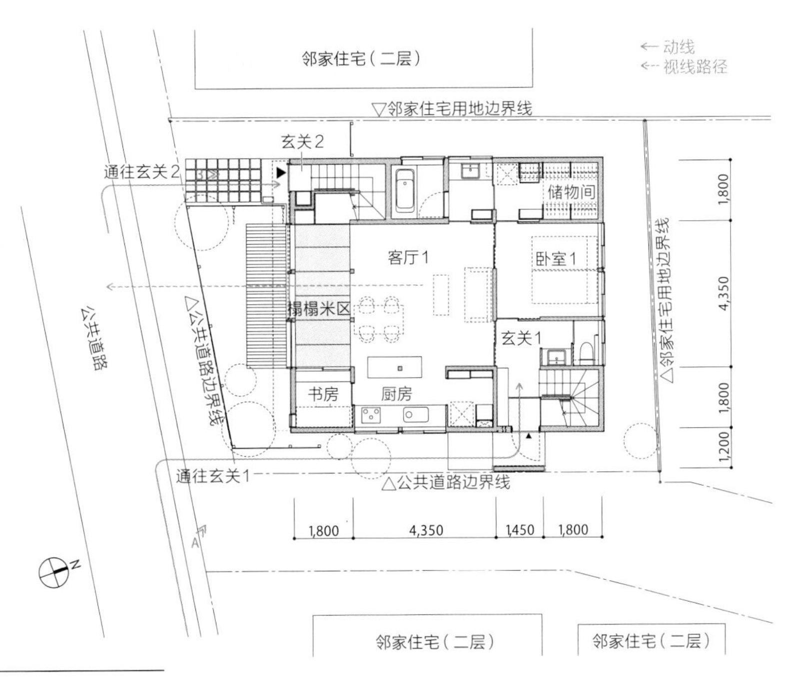
邻家住宅（二层）
← 动线
←· 视线路径
▽邻家住宅用地边界线
玄关2
通往玄关2
储物间
客厅1
卧室1
榻榻米区
玄关1
书房
厨房
公共道路
△公共道路边界线
△邻家住宅用地边界线
通往玄关1
△公共道路边界线
1,800
4,350
1,800
1,200
1,800
4,350
1,450
1,800
A
N
邻家住宅（二层）
邻家住宅（二层）

一楼平面图

① 天龙杉木：产自日本静冈县天龙地区的杉木。（译者注）

住宅中央为缓坡的坡屋顶结构，能够确保室内吊顶高度。由于住宅北侧受到临街建筑高度限制线的制约，因此选择了重檐的四角攒尖顶结构，且四面的屋顶皆为缓坡。位于中央的客厅吊顶较高，四周的房间吊顶则较低，空间整体张弛有度，重点突出。

阳台地面低于客厅地面240mm。打开落地窗后，可以坐在台阶上欣赏室外风景。

由于二楼阳台需要做防水层，因此楼下空间的吊顶相应较低。设计师在这一区域铺设榻榻米地垫，人席地而坐时，较低的吊顶不会显得压抑，反而会营造出宁静、安心的氛围。

邻家住宅用地边界线
▽临街建筑高度限制线
△邻家住宅用地边界线北侧线
阁楼
阳台（半开放）
客厅2
≪B
卧室2
客厅1
卧室1
1,230
2,250
480
2,400
500
1,800
4,350
3,250

剖面图

降低住宅外围的吊顶高度，为中央区域营造出包围感

3 ≫ 二楼入口。进入狭小的入户门，顺楼梯而上，便可到达二楼的阳台。入户时所经过的狭窄空间更能凸显出二楼阳台的宽敞与通透。

2
于二楼阳台观玄关。打开落地窗后，客厅与阳台就变成了一个大开间。

吊顶高3,300mm，方便今后悬挂大幅装饰画。天龙杉木的装饰柱是室内装潢的亮点之一，将客餐厅大开间紧紧联系为一个整体。此外，墙面悬挂装饰画时，装饰柱又变身为画框、突显装饰画的存在感。

室内开口部高度全部一致，饰面材料的花纹也保持平行，整个空间尽显统一、有序。

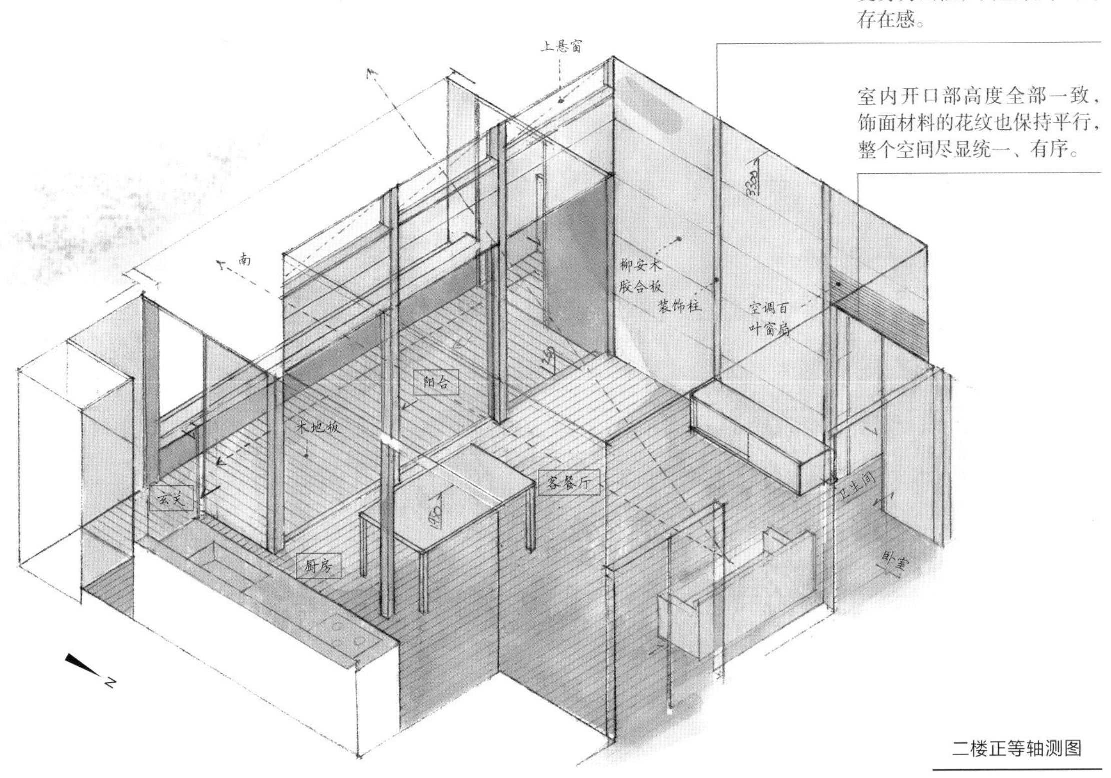

上悬窗
南
3300
柳安木
胶合板
装饰柱
空调百
叶窗扇
阳台
木地板
客餐厅
玄关
厨房
卫生间
卧室
N

二楼正等轴测图

预先设定视线

此处展示的住宅，每层楼之间都只相差半层楼的高度。此类住宅在设计楼梯时，必须预先设定好视线，确保行进的前方有吸引视线的亮点设计。

本案例中的住宅用地并不平整，南高北低，设计师结合土地特点，选择将住宅建造为跃层结构，每层之间存在半层楼的高度差，人在楼梯处可以隐约看到各楼层的情况。1.5层为中庭，2层为玻璃推拉门及厨房，2.5层为儿童房及可以充当孩子活动场地的宽敞过道。每次上楼时，都可以稍稍感受到各层的家人都在做些什么。此外，2层与2.5层之间的楼梯为镂空式设计，共有6级踏面，踏面与踏面间无踢面，削弱顶层的儿童房与其他房间的联系，营造出独立感。顶层高窗的阳光，穿过镂空楼梯洒落在一楼的地面上，于无形中引导人的视线向楼上看去。

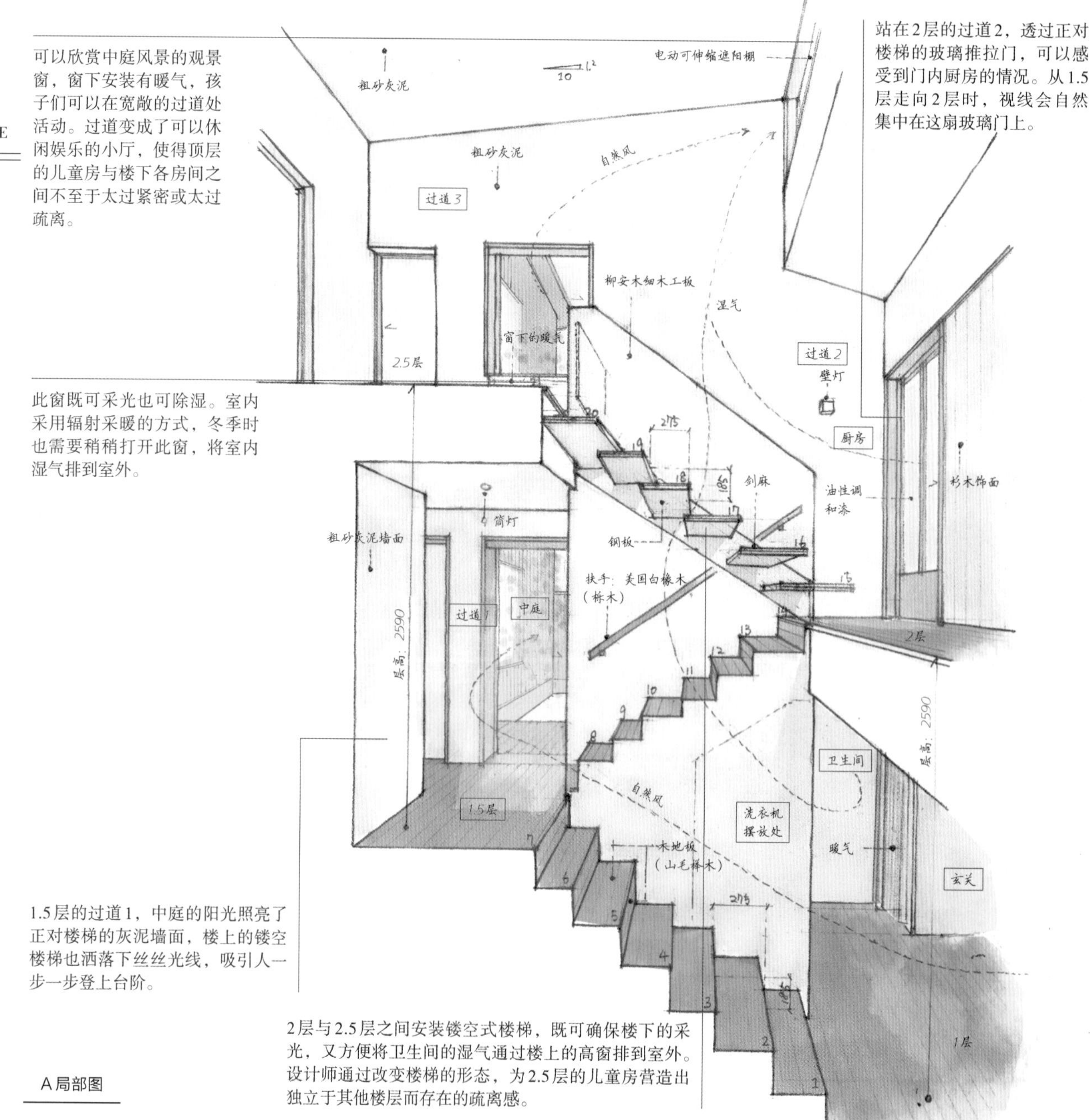

粗砂灰泥
电动可伸缩遮阳棚
粗砂灰泥
自然风
过道3
柳安木细木工板
湿气
窗下的暖气
2.5层
过道2
壁灯
厨房
275
185
剑麻
油性调和漆
杉木饰面
筒灯
粗砂灰泥墙面
钢板
扶手：美国白橡木（栎木）
过道1
中庭
层高：2590
2层
卫生间
1.5层
自然风
洗衣机摆放处
木地板（山毛榉木）
暖气
玄关
1层

E

可以欣赏中庭风景的观景窗，窗下安装有暖气，孩子们可以在宽敞的过道处活动。过道变成了可以休闲娱乐的小厅，使得顶层的儿童房与楼下各房间之间不至于太过紧密或太过疏离。

站在2层的过道2，透过正对楼梯的玻璃推拉门，可以感受到门内厨房的情况。从1.5层走向2层时，视线会自然集中在这扇玻璃门上。

此窗既可采光也可除湿。室内采用辐射采暖的方式，冬季时也需要稍稍打开此窗，将室内湿气排到室外。

1.5层的过道1，中庭的阳光照亮了正对楼梯的灰泥墙面，楼上的镂空楼梯也洒落下丝丝光线，吸引人一步一步登上台阶。

2层与2.5层之间安装镂空式楼梯，既可确保楼下的采光，又方便将卫生间的湿气通过楼上的高窗排到室外。设计师通过改变楼梯的形态，为2.5层的儿童房营造出独立于其他楼层而存在的疏离感。

A局部图

每次上下楼梯都能
隐约看到家人在做些什么

≪1 于玄关观楼梯。利用光线的明暗对比指引上楼的方向。

2≫ 于1.5层观2层。图中右下角为玄关，左上角为厨房。上下楼梯时，可以同时了解到不同楼层、不同房间的情况，简单的机械性移动也因此而充满乐趣。

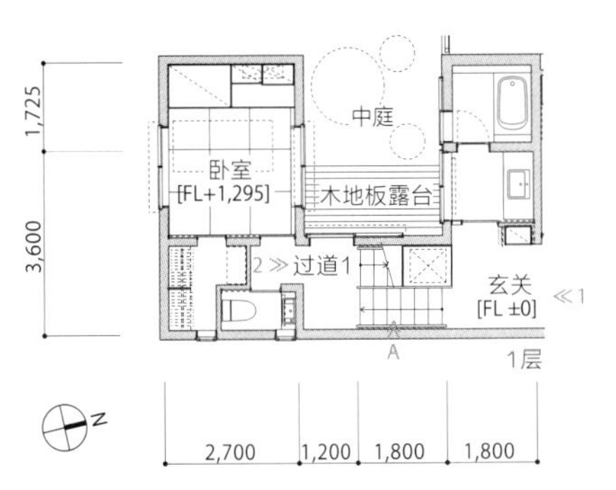

1,725
3,600
中庭
卧室
[FL+1,295]
木地板露台
2≫过道1
玄关
[FL ±0]
≪1
A
1层
2,700
1,200
1,800
1,800

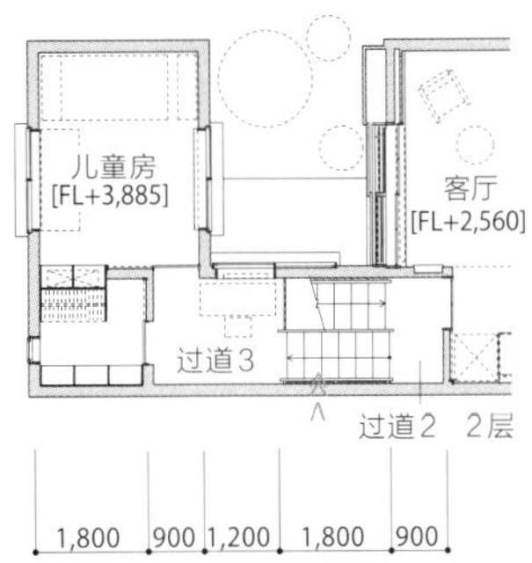

儿童房
[FL+3,885]
客厅
[FL+2,560]
过道3
A
过道2
2层
1,800
900
1,200
1,800
900

平面图

利用窗外风景指引上楼的方向

A

如果住宅用地周边风景优美，建议可在楼梯间开观景窗，居住者每次上下楼梯时都可以欣赏到窗外的景色。此处展示的住宅，住宅用地周围是郁郁葱葱的树林，住宅为跃层结构，楼层与楼层之间相差半层楼的高度。每一层正对楼梯的墙面均开有观景窗，人在上楼时，会自然地被窗外的风景吸引视线。1.5层正对楼梯的观景窗外是连香树，二楼正对楼梯的观景窗外是栗子树，窗下还有一把长椅。

≪3 于1.5层观二楼过道2处的观景窗及窗下长椅。人坐在长椅上时，仿佛置身于窗外的栗子树下。

2≫ 于二楼过道2观1.5层过道1。透过观景窗可以看到部分建筑外墙，隐约可以看出雁形阵结构。

≪1 于一楼玄关处观1.5层过道1。楼梯正对面的观景窗夺人眼球。阳光透过玻璃窗照亮了周边的灰泥墙面，光线的明暗对比吸引人抬步上前。

在楼梯的正前方展示迷人的室外风景

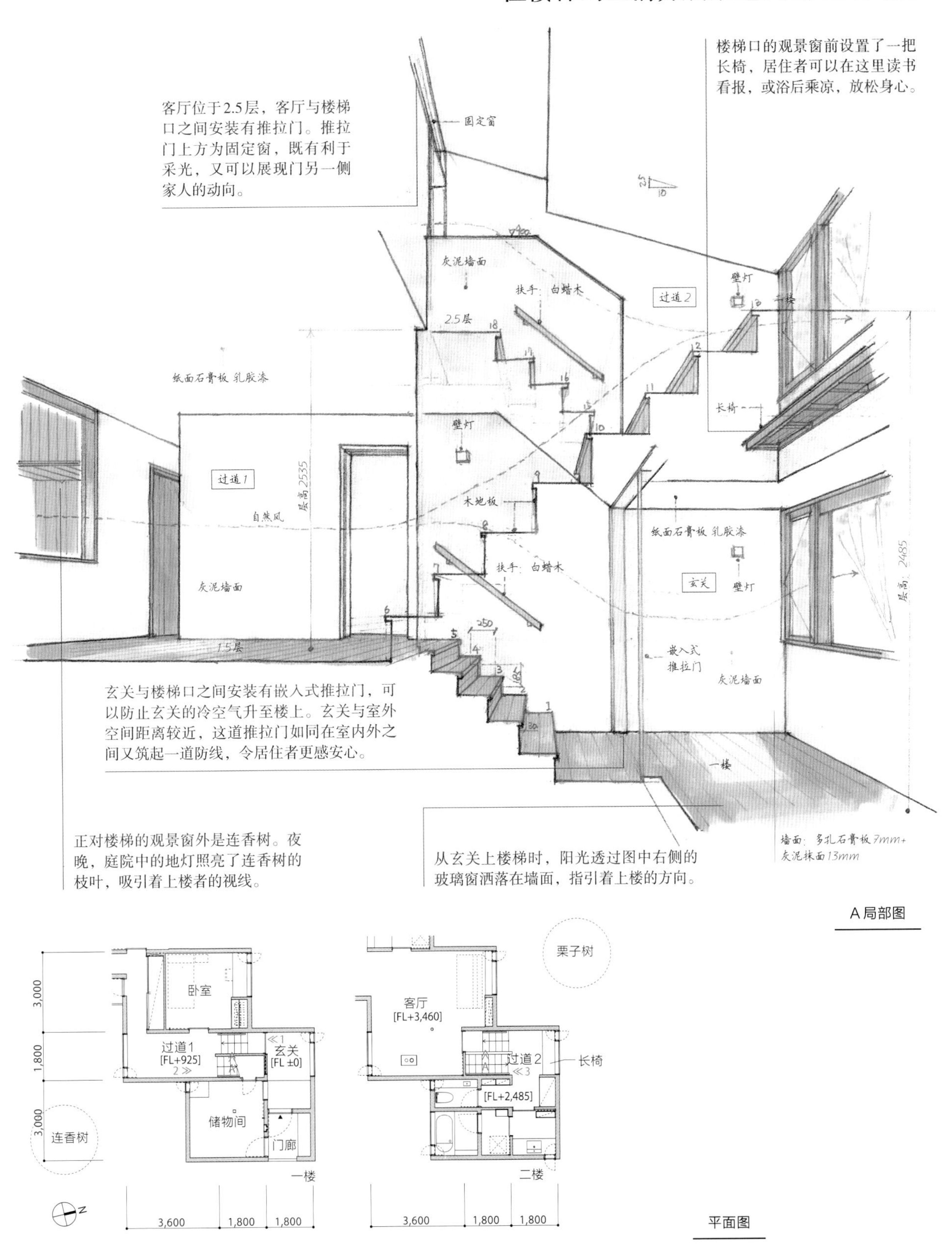
楼梯口的观景窗前设置了一把长椅，居住者可以在这里读书看报，或浴后乘凉，放松身心。
客厅位于2.5层，客厅与楼梯口之间安装有推拉门。推拉门上方为固定窗，既有利于采光，又可以展现门另一侧家人的动向。
固定窗
灰泥墙面
扶手：白蜡木
过道2
壁灯
2.5层
纸面石膏板 乳胶漆
长椅
壁灯
过道1
层高2535
自然风
木地板
纸面石膏板 乳胶漆
扶手：白蜡木
玄关
壁灯
层高2485
灰泥墙面
1.5层
250
嵌入式
推拉门
灰泥墙面
玄关与楼梯口之间安装有嵌入式推拉门，可以防止玄关的冷空气升至楼上。玄关与室外空间距离较近，这道推拉门如同在室内外之间又筑起一道防线，令居住者更感安心。
一楼
正对楼梯的观景窗外是连香树。夜晚，庭院中的地灯照亮了连香树的枝叶，吸引着上楼者的视线。
从玄关上楼梯时，阳光透过图中右侧的玻璃窗洒落在墙面，指引着上楼的方向。
墙面：多孔石膏板7mm+
灰泥抹面13mm
A局部图
卧室
过道1
[FL+925]
玄关
[FL ±0]
储物间
门廊
连香树
3,000
1,800
3,000
一楼
3,600
1,800
1,800
栗子树
客厅
[FL+3,460]
过道2
长椅
[FL+2,485]
二楼
3,600
1,800
1,800
平面图

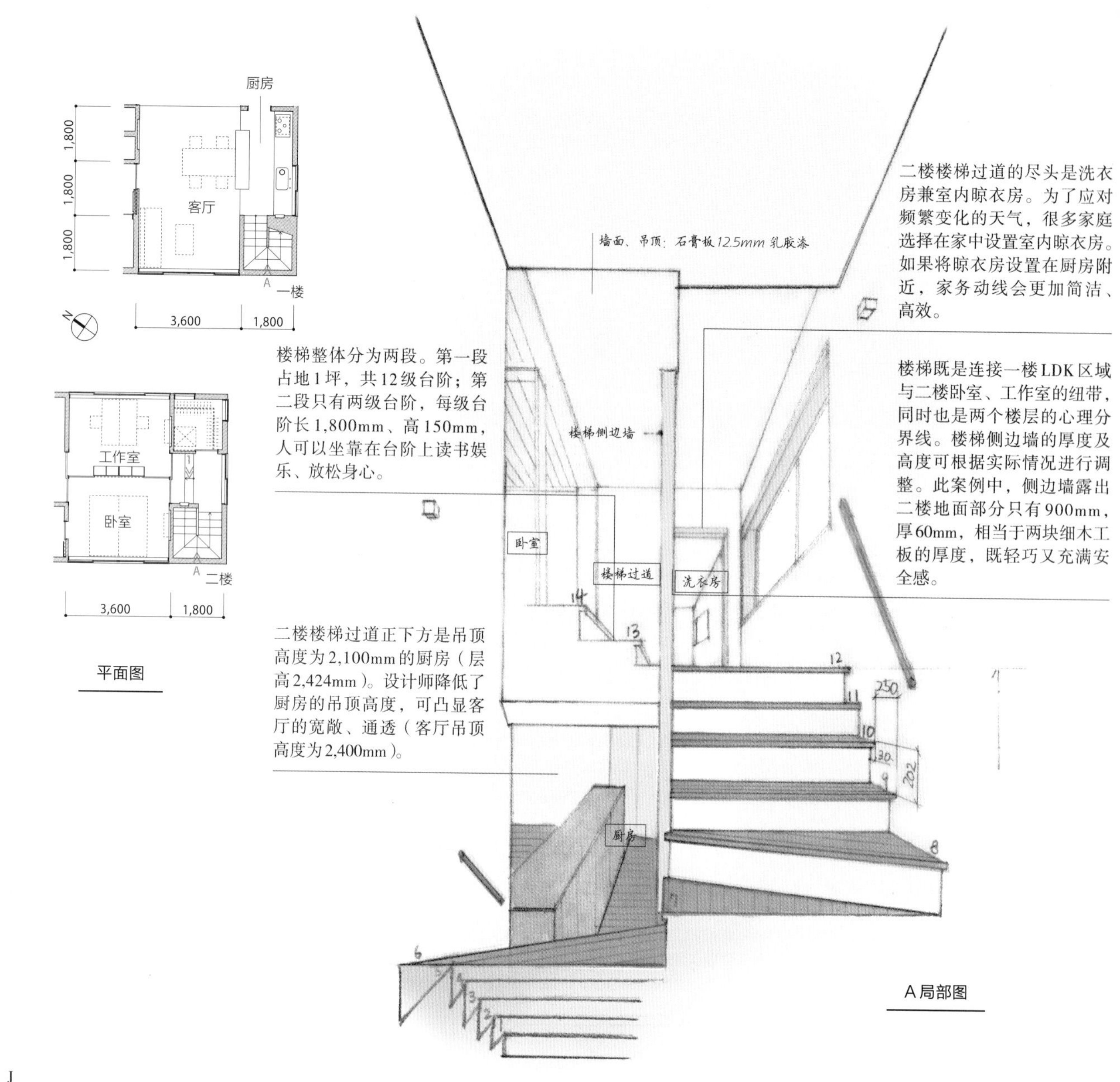
厨房
1,800
1,800
1,800
客厅
A 一楼
3,600
1,800
N
工作室
卧室
A 二楼
3,600
1,800
平面图
墙面、吊顶：石膏板12.5mm 乳胶漆
二楼楼梯过道的尽头是洗衣房兼室内晾衣房。为了应对频繁变化的天气，很多家庭选择在家中设置室内晾衣房。如果将晾衣房设置在厨房附近，家务动线会更加简洁、高效。
楼梯整体分为两段。第一段占地1坪，共12级台阶；第二段只有两级台阶，每级台阶长1,800mm、高150mm，人可以坐靠在台阶上读书娱乐、放松身心。
楼梯既是连接一楼LDK区域与二楼卧室、工作室的纽带，同时也是两个楼层的心理分界线。楼梯侧边墙的厚度及高度可根据实际情况进行调整。此案例中，侧边墙露出二楼地面部分只有900mm，厚60mm，相当于两块细木工板的厚度，既轻巧又充满安全感。
楼梯侧边墙
卧室
楼梯过道
洗衣房
二楼楼梯过道正下方是吊顶高度为2,100mm的厨房（层高2,424mm）。设计师降低了厨房的吊顶高度，可凸显客厅的宽敞、通透（客厅吊顶高度为2,400mm）。
14
13
12
11
250
10
230
9
202
8
厨房
7
6
5
4
3
2
A局部图

J

只有1坪大小的楼梯也可以不显局促

K

考虑到住宅的整体结构，室内楼梯所占面积不宜过大，通常为1坪以内。但如果层高较高，1坪大小的楼梯就会显得局促、狭窄。此类层高的住宅无需拘泥于1坪的常规，建议可增建楼梯转角平台，将原本直上直下的楼梯分为数段，每一段的占地面积都可以是1坪。

此处展示的住宅，一楼客厅的吊顶高2,400mm（实际层高2,727mm）。如果在客厅搭建一条占地1坪、直上直下的楼梯，楼梯会变得非常陡，使用起来十分危险。于是，设计师将楼梯设置在厨房的尽头，并将厨房的吊顶高度降低至2,100mm（层高2,424mm），楼梯也更改成两段式结构。厨房与其正上方的二楼楼梯过道、洗衣房之间的楼梯是第一段，这段楼梯共12级台阶，占地面积1坪。二楼楼梯过道与二楼主要区域之间的楼梯是第二段，这段楼梯只有两级台阶，但却使得楼梯整体结构紧凑却不显局促。

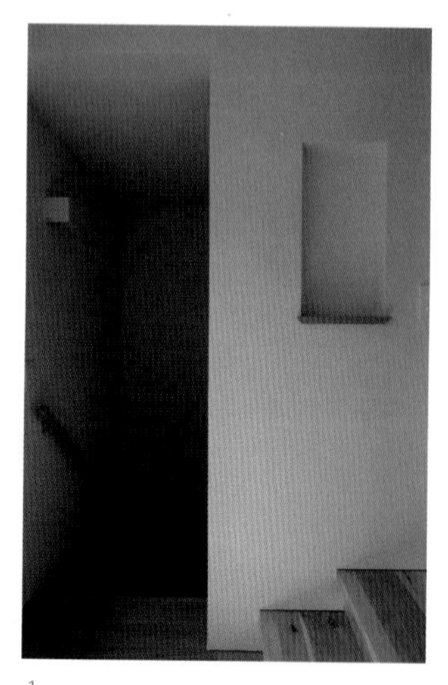

1 于过道观楼梯。在过道墙面设窗或壁龛，以吸引上楼人的视线。

利用楼梯拓展客厅空间

如果住宅只有两层，楼梯口可建在二楼客厅内，人从一楼上到二楼后直接进入客厅，楼梯上方空间与客厅上方空间连为整体，令客厅显得更加宽敞、通透。

此处展示的住宅，一楼是主卧室、儿童房、书房与卫生间，二楼则是客餐厨区域。设计师降低了一楼的层高，因此一、二楼之间可以搭建12级台阶的直通楼梯，无需另建转角平台。楼梯口位于客厅最北端，客厅吊顶与屋顶形状相同，为斜面吊顶，这样的设计令客厅空间在视觉上更显宽敞、通透。此外，由于一、二楼间以直通楼梯相连，保温措施、取暖设备无需进行特殊设计就可以保证楼上、楼下处于相同的温热环境之中，令居住者获得舒适的居住体验。

楼梯北侧的侧边墙安装有横向长窗，由一楼、二楼南侧窗进入室内的自然风可从此窗流向室外。人坐在客厅的沙发上时，视线可越过电视看到此窗窗外的树林，且为逆光状态，眼睛不会感到不适。

客厅与楼梯之间的楼梯侧边墙可以兼作电视柜。电视柜台面下方安装有暖气，既可以取暖，又可以防止一楼冷空气进入二楼。

第11级台阶踏面面积较大，充当着客厅与楼梯之间的缓冲区域，可以在感官上增大客厅与楼梯之间的距离。

正对楼梯的墙体刚好遮挡住背面的厨房，人在一楼的楼梯口处不会看到厨房内忙乱的景象，营造出平静、舒适的楼梯环境。但二楼的各种声音会通过楼梯传到一楼。

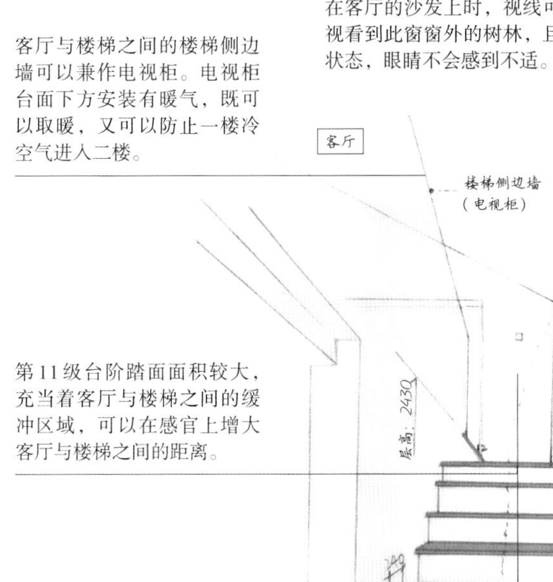

客厅
楼梯侧边墙
（电视柜）
层高：2430
走廊
240
202.5
墙面：石膏板12.5mm 乳胶漆
地板：
落叶松木15mm

A局部图

1 ≫ 于客厅观楼梯。楼梯正上方的吊顶是二楼斜面吊顶的最低处，离开楼梯进入客厅后，会感觉空间更加开阔、通透。

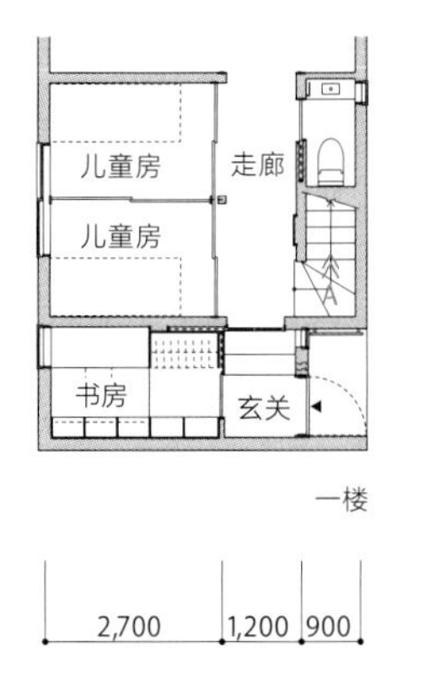

儿童房
儿童房
走廊
书房
玄关
一楼
2,700
1,200
900

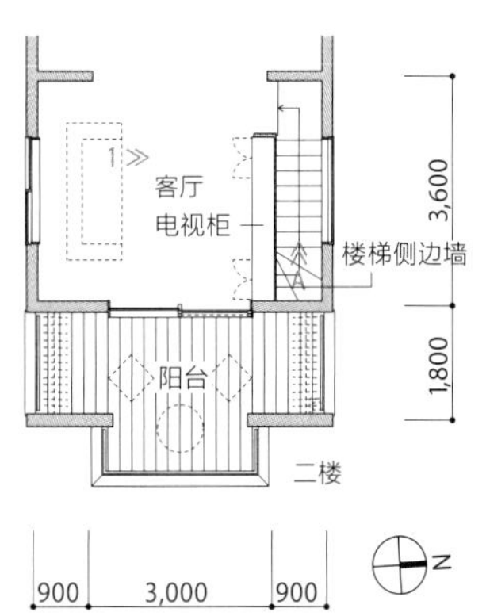

客厅
电视柜
楼梯侧边墙
阳台
二楼
3,600
1,800
900
3,000
900
N

平面图

一楼客厅的声音可以通过上方挑空部分传到二楼。二楼走廊略宽，为1,800mm，也可兼作书房使用。

打开儿童房的室内窗，儿童房与一楼的餐厅就连在了一起，两个房间里的人可以听到彼此的声音，感知彼此的动向。

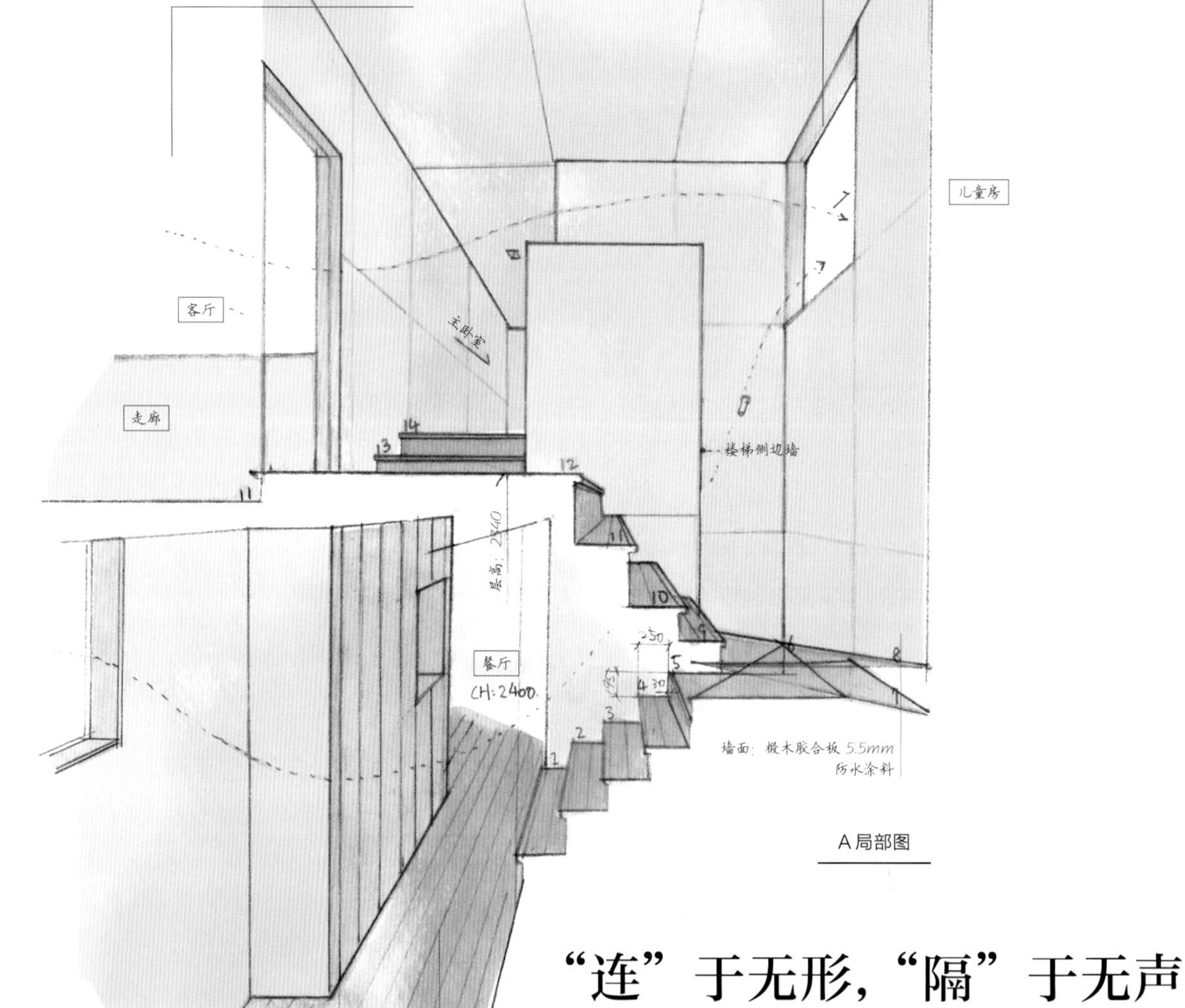
儿童房
客厅
主卧室
走廊
楼梯侧边墙
层高：2340
餐厅
CH:2400
墙面：椴木胶合板 5.5mm
防水涂料
洗漱间、马桶间
CH=2.100

A局部图

餐厅与马桶间之间的过道较宽，为1,200mm。设计师在过道一侧安装了收纳壁柜，缩窄了过道的实际宽度，在心理上增大了马桶间与餐厅之间的距离。

“连”于无形，“隔”于无声的楼梯布局

楼梯如果设置得巧妙，也可以成为分隔不同功能区的软性隔断。此处展示的住宅，如第151页平面图所示，一楼的楼梯位于餐厅与马桶间之间，对两功能区进行了软性分隔。从餐厅前往马桶间需要经过楼梯旁的过道，仿佛马桶间在餐厅的尽头。而且马桶间距离楼梯极近，二楼去马桶间十分方便。

这里的楼梯还是二楼两条动线的分界点。居住者自一楼上二楼后，在楼梯口处直行是一条动线，右转是另一条动线。直行动线通向摆放有沙发的走廊，右转动线则通往主卧室及儿童房。设计师通过直行与右转两个简单的动作，对两大私密程度不同的功能区做出了明确的区隔。儿童房内安装有室内窗，房内的情况可以通过室内窗与楼梯传到一楼。

利用楼梯了解儿童房内的情况

主卧室
储物间
儿童房
客厅挑空部分
室内窗
走廊
楼梯口过道
A
二楼
3,600
1,800
1,800
900
1,200
1,800
1,800
N
厨房
洗衣房
餐厅
客厅
A
一楼
1,200
1,800
1,800
平面图

1≫
于楼梯口过道观儿童房方向。打开儿童房正对楼梯的室内窗，自然风便可经挑空客厅、二楼走廊进入儿童房内。

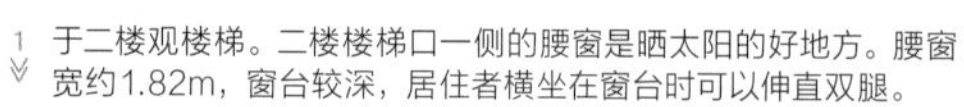

1 于二楼观楼梯。二楼楼梯口一侧的腰窗是晒太阳的好地方。腰窗宽约1.82m，窗台较深，居住者横坐在窗台时可以伸直双腿。

2 于一楼观楼梯。玄关与一楼楼梯口之间相距约1.82m，这一段空间也被设计为休闲放松的场所。

在楼梯周围创造与家人“偶遇”的空间

如果家中可供家人聚集的场所只有客厅与餐厅，那么一家人大部分时间都会只窝在自己的房间内。但如果楼梯周围可以设置几处可供坐卧休闲的场地，便可增加家人间“偶遇”、交谈的机会。

此处展示的住宅为两代人共同居住。两代人共用同一处卫生间，但拥有各自的客厅及餐厅。两组客厅、餐厅之间以楼梯相连，楼梯侧边墙的观景窗既可确保室内采光，又方便居住者欣赏庭院风景。观景窗的窗台同时也是一把长椅，这里是两代人共有的休憩空间。

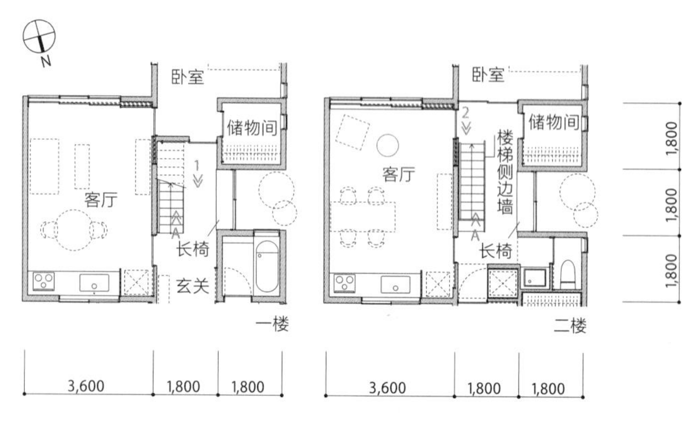
N
卧室
储物间
客厅
1
长椅
玄关
一楼
3,600
1,800
1,800
卧室
储物间
2
客厅
楼梯侧边墙
长椅
二楼
1,800
1,800
1,800
3,600
1,800
1,800

平面图

将楼梯附近的窗台改造为休闲放松的长椅

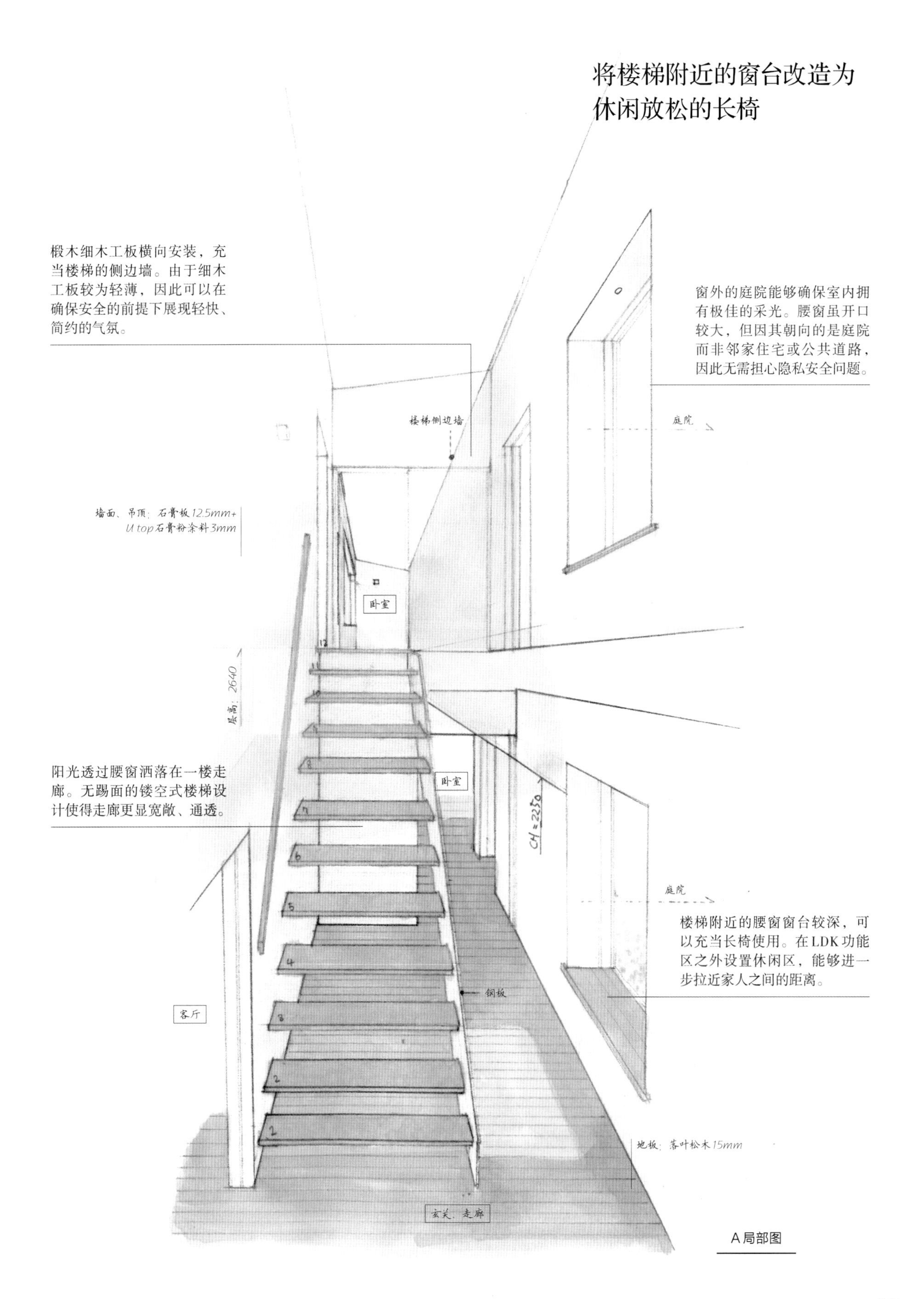

椴木细木工板横向安装，充当楼梯的侧边墙。由于细木工板较为轻薄，因此可以在确保安全的前提下展现轻快、简约的气氛。
窗外的庭院能够确保室内拥有极佳的采光。腰窗虽开口较大，但因其朝向的是庭院而非邻家住宅或公共道路，因此无需担心隐私安全问题。
楼梯侧边墙
庭院
墙面、吊顶：石膏板12.5mm+
U top石膏粉涂料3mm
卧室
层高：2640
阳光透过腰窗洒落在一楼走廊。无踢面的镂空式楼梯设计使得走廊更显宽敞、通透。
卧室
CH=2250
庭院
楼梯附近的腰窗窗台较深，可以充当长椅使用。在LDK功能区之外设置休闲区，能够进一步拉近家人之间的距离。
钢板
客厅
地板：落叶松木15mm
玄关、走廊

A局部图

本书中的案例一览

D

规模：木结构三层建筑
住宅用地：
103.71平方米
室内面积：
121.92平方米
建筑面积：
134.07平方米
所在页面：6、52、88、92、114

A

规模：木结构二层建筑
住宅用地：
1980平方米
室内面积：
131.76平方米
建筑面积：
146.88平方米
所在页面：10、54、88、94、118、124、146

E

规模：木结构二层建筑
住宅用地：
74.31平方米
室内面积：
85.23平方米
建筑面积：
87.48平方米
所在页面：8、40、86、90、120、144

B

规模：木结构二层建筑
住宅用地：
101.66平方米
室内面积：
107.68平方米
建筑面积：
107.68平方米
所在页面：22、152

F

规模：木结构二层建筑（改建）
住宅用地：
165.30平方米
室内面积：
103.82平方米
建筑面积：
106.25平方米
所在页面：38、74、98、122、134

C

规模：木结构二层建筑
住宅用地：
116.07平方米
室内面积：
90.38平方米
建筑面积：
92.54平方米
所在页面：18、36、112、136

G

规模：木结构二层建筑
住宅用地：
143.92平方米
室内面积：
141.63平方米
建筑面积：
152.94平方米
所在页面：50、74、84、102、140

H

规模：木结构二层建筑
住宅用地：
115.39平方米
室内面积：
87.48平方米
建筑面积：
103.68平方米
所在页面：20、48、70、92

I

规模：木结构单层建筑
住宅用地：
489.19平方米
室内面积：
134.57平方米
建筑面积：
136.64平方米
所在页面：20、50、58、76、82、100

J

规模：木结构二层建筑
住宅用地：
140.77平方米
室内面积：
90.72平方米
建筑面积：
93.96平方米
所在页面：14、46、78、108、148

K

规模：木结构二层建筑
住宅用地：
337.74平方米
室内面积：
93.42平方米
建筑面积：
106.06平方米
所在页面：2、24、80、108、138、148

L

规模：木结构单层建筑
住宅用地：
2860.00平方米
室内面积：
19.44平方米
建筑面积：
25.92平方米
所在页面：104、116

M

规模：木结构二层建筑
住宅用地：
140.75平方米
室内面积：
116.52平方米
建筑面积：
123.57平方米
所在页面：16、44、60、110、150

手绘插图：丸山弹
助理：铃木雪乃
　　　乌山治子

摄影：砺波周平（封面、第24-29页、第60-67页、第108页、第110-111页、第124-131页、第138页、第151页）
　　　丸山弹　（除以上外的其他页面）
平面户型图：坪内俊英（不包括每章首页的住宅结构图）
图书设计：O design

本书作者

丸山弹（MARUYAMA DAN）
1975年出生于日本东京
1998年毕业于日本成蹊大学
2003—2007年工作于堀部安嗣建筑设计事务所
2007年成立丸山弹建筑设计事务所
2007年至今于日本京都艺术大学担任客座讲师